宁夏地质灾害形成机理与风险评价

弓永峰　何小锋　王国瑞
王　辉　扈志勇　等著

地质出版社
·北　京·

内 容 提 要

本书对宁夏地质灾害的形成机理与风险评价进行了深入的研究，介绍了最新的研究成果。全书共八章，涉及宁夏地质灾害的发育特征、分布规律、形成机理、成灾模式、滑坡失稳机理、泥石流成灾机理、地质灾害风险评价与管控等内容。系统总结了宁夏地质灾害类型、发育特征与分布规律，提出不同结构类型地质灾害的形成机理与成灾模式；采用现场调查、钻探、力学试验、数值分析等手段，分析了降雨、人类工程活动及地震影响下滑坡的失稳机理；通过运动学分析，揭示了典型泥石流成灾机理；采用信息量法、矩阵分析法开展全区地质灾害风险评价，提出风险管控建议。

本书图文并茂，理论与实践相结合，可供从事地质灾害防治、工程地质、岩土工程等领域的科研和工程技术人员参考，也可供有关院校和科研机构的教师、科技人员、研究生等参考使用。

图书在版编目（CIP）数据

宁夏地质灾害形成机理与风险评价 / 弓永峰等著. —北京：地质出版社，2024. 5

ISBN 978-7-116-13914-5

Ⅰ. ①宁… Ⅱ. ①弓… Ⅲ. ①地质灾害—风险评价—宁夏 Ⅳ. ①P694

中国国家版本馆 CIP 数据核字（2023）第 238943 号

NINGXIA DIZHI ZAIHAI XINGCHENG JILI YU FENGXIAN PINGJIA

责任编辑： 吕　静
责任校对： 王　瑛
出版发行： 地质出版社
社址邮编： 北京市海淀区学院路 31 号，100083
电　　话： （010）66554528（邮购部）；（010）66554590（编辑室）
网　　址： https://www.gph.clmpg.com
传　　真： （010）66554686
印　　刷： 北京地大彩印有限公司
开　　本： 889 mm×1194 mm 1/16
印　　张： 11.5
字　　数： 350 千字
版　　次： 2024 年 5 月北京第 1 版
印　　次： 2024 年 5 月北京第 1 次印刷
审 图 号： 宁 S［2023］第 048 号
定　　价： 120.00 元
书　　号： ISBN 978-7-116-13914-5

《宁夏地质灾害形成机理与风险评价》

编辑委员会

主　任： 常晋宏

副主任： 吕世民

委　员： 李浩源　王树军　张　凡　肖兆龙　贺永红　杨智军
杨兆科　罗小俊　万学瑞　苏　蓉

编写组

主　编： 弓永峰　何小锋

副主编： 王国瑞　王　辉　扈志勇

编写人： 张　刚　吴学华　闫金凯　仲佳鑫　范朝霞　李韫玲
方　璐　王　军　姬浩文　徐　磊　梁新富　高世昌
吕纯青

前　言

宁夏地处我国青藏高原和黄土高原过渡地带，地貌类型多，地形复杂，新构造运动活跃，属地质灾害易发区。地质灾害类型主要有滑坡、崩塌、泥石流和地面塌陷。截至2023年底，全区已查明地质灾害隐患点1016处，其中滑坡439处、崩塌410处、泥石流164处、地面塌陷3处，威胁约1.86万人生命和12.48亿元财产安全。随着极端气候增多、人类工程活动加剧，宁夏地质灾害仍将呈易发多发态势，地质灾害防治形势依旧复杂严峻。多年来，宁夏切实围绕调查评价、监测预警、综合治理、应急支撑四大体系建设，聚焦重点地区、重点时段、重点隐患，紧盯关键领域、关键环节、关键问题，全面推进地质灾害防治体系与防治能力现代化建设，取得了显著成效，有效保障人民群众生命财产安全，但仍需深化地质灾害形成机理与风险防控的认识，在机理成灾、科技防灾、智慧避灾等能力建设上有待进一步提高。

针对宁夏地质灾害形成机理与风险评价等关键问题，作者团队开展了多年的研究工作，系统总结了宁夏地质灾害类型、发育特征与时空分布规律，提出不同结构类型地质灾害的形成机理与成灾模式；采用现场调查、钻探、力学试验、数值分析等手段，分析了降雨、人类工程活动及地震影响下滑坡的失稳机理；通过运动学分析，揭示了典型泥石流成灾机理；采用信息量法、矩阵分析法开展全区地质灾害风险评价，提出风险管控建议。在上述成果总结梳理基础上形成本书，以期为宁夏地质灾害高质量防治提供科学支撑。

本书共分八章，具体内容与主要编写分工如下：

第一章总结了宁夏地质灾害现状、地质灾害防治成效，提出宁夏地质灾害防治存在的问题。本章由弓永峰、何小锋、吴学华等执笔。

第二章总结了宁夏自然地理与区域地质环境概况。本章由王国瑞、扈志勇、仲佳鑫等执笔。

第三章系统总结了宁夏地质灾害类型及发育特征，分析了滑坡、崩塌、泥石流、地面塌陷等地质灾害的时空分布规律。本章由弓永峰、王辉、方璐、王军等执笔。

第四章系统分析了不同结构类型地质灾害的形成机理，提出黄土单一结构、黄土-泥岩组合结构、残坡积物-基岩组合结构的地质灾害成灾模式，主要总结为滑移-拉裂型、拉裂-倾倒型、滑移-压致-拉裂型、蠕滑-拉裂型及浅层塑流滑移型。本章由弓永峰、张刚、何小锋、徐磊、高世昌等执笔。

第五章开展了典型滑坡失稳机理研究，分别提出了降雨诱发型、人类工程活动影响型及地震诱发型滑坡地质灾害的失稳机理。本章由弓永峰、闫金凯、吴学华、姬浩文等执笔。

第六章深入研究了典型泥石流地质灾害成灾机理，提出泥石流的形成机理、成灾模式及运动特征。本章由弓永峰、何小锋、王国瑞、梁新富等执笔。

第七章开展了地质灾害风险评价，包括易发性评价、危险性评价、易损性评价和风险性评价，得到风险区划图。本章由扈志勇、何小锋、张刚、吕纯青等执笔。

第八章提出了地质灾害风险管控建议。本章由弓永峰、范朝霞、李韫玲等执笔。

全书由弓永峰、何小锋、王国瑞、闫金凯统稿、定稿、编排完成。本书插图由王辉、扈志勇、张刚、方璐等完成；资料整理由王国瑞、何小锋、王军、姬浩文、徐磊、梁新富等完成。

本书的成果是在宁夏矿山地质环境监测与生态修复创新团队、宁夏地质灾害风险调查评价项目、宁夏重点研发计划项目（2023BEG20251）、宁夏青年拔尖人才培养项目（王辉）、宁夏青年托举人才培养项目（王国瑞）、宁夏自然科学基金（2023AAC03746）等项目共同资助下完成的。

本书在编撰过程中得到了宁夏自然资源厅、中国地质科学院、宁夏气象局、宁夏自然资源勘测调查院、宁夏测绘地理信息院、宁夏矿产地质调查院、宁夏水文环境地质调查院以及各市（县、区）自然资源局等有关部门和各级领导的支持与帮助。感谢中国地质环境监测院副院长王立朝教授、长安大学倪万魁教授、宁夏国土资源调查监测院陆彦俊正高职高级工程师、宁夏自然资源资产统计核算中心郁冬梅正高职高级工程师等的帮助。借此机会，特向对本项研究提供帮助、支持和指导的所有领导、专家和同行表示衷心的感谢！

本书凝聚了全体执笔作者和参研人员的共同心血，在完成之际，特向大家致以衷心的感谢。

由于学术水平所限，书中难免有不妥之处，敬请读者批评指正。

作者

2023年12月于银川

目　录

第一章　绪　　论

第一节　宁夏地质灾害现状

宁夏地处我国青藏高原和黄土高原过渡地带，地貌类型多，地形复杂，新构造运动活跃，属地质灾害易发区。地质灾害类型主要有滑坡、崩塌、泥石流和地面塌陷等。截至 2023 年 12 月，全区已查明地质灾害隐患点 1016 处，其中滑坡 439 处、崩塌 410 处、泥石流 164 处、地面塌陷 3 处，约 1.86 万人和 12.48 亿元财产安全受到威胁。按照险情分级，中型地质灾害有 47 处、小型有 969 处。滑坡、崩塌主要分布于固原市全境和海原县，泥石流主要分布于贺兰山东麓和中卫市、同心县等山前地带和丘陵地区，地面塌陷主要分布于宁东煤田、王洼煤田等煤矿开采区。

第二节　宁夏地质灾害防治成效

宁夏坚决贯彻落实习近平总书记关于防灾减灾救灾的重要论述和指示批示精神，按照自然资源部和自治区党委、政府决策部署，始终坚持把保障人民群众生命财产安全作为政治责任和第一要务，切实加强以隐患排查、风险调查、综合治理、监测预警、应急支撑为主的地质灾害防治体系建设，有效保障人民群众生命财产安全。

1. 立足早部署，印发地灾防治规划

为进一步突出源头管控作用，每年汛期前印发《地质灾害防治规划》《突发地质灾害应急预案》等，全面指导各级自然资源部门围绕调查评价、监测预警、综合治理、应急支撑、信息化建设和技防能力提升等方面部署重点任务，为科学防范地质灾害提供基本保障。

2. 立足早发现，完善风险防控体系

每年汛期前对全区地质灾害隐患点进行深度排查，组织专家评估分析，分类分级提出防范建议，并将结果移送各市、县（区），按照四级网格化防治体系，逐级逐点落实责任人和监测人，确保每个隐患点有人管、有人托底。

3. 立足早预警，建设监测预警体系

截至 2023 年底，建设地质灾害专业监测点 192 处，累计安装专业监测设备 743 套，监测预警网络覆盖度、精准度和时效性逐步提升。同时，全区自然资源部门自上而下与同级气象、水利、应急等部门建立联席会商制度，加强降雨期间地质灾害风险研判，推行基于智能网格的精准化、精细化地质灾害气象风险预警模式，并建立“一人吹哨，千人响应”的预警“叫应”和“响应”机制，确保预警信息第一时间到村到户到人，第一时间响应行动，第一时间应急救援，第一时间疏散转移到位。

4. 立足早处置，加强综合治理体系

结合隐患排查、风险普查等成果，争取资金、整合资源，按照“宜治则治、宜搬则搬、轻重缓急”原则，指导县（区）先后投入 1.1 亿元开展工程治理和避险搬迁，治理地灾点 155 处，保护受威胁群众 3897 人，保护财产 2.2 亿元；搬迁群众 131 户 654 人。

第三节　宁夏地质灾害防治存在问题

习近平总书记两次赴宁夏调研并发表重要讲话，多次对宁夏工作作出重要指示，为建设现代化美丽新宁夏指明了前进方向、提供了根本遵循。新时期，党中央、国务院把自然灾害防治摆在更加突出的位置，自治区党委、政府坚决贯彻落实习近平总书记关于防灾减灾救灾重要指示精神和“两个坚持、三个转变”防灾减灾救灾新理念，自治区党委十三届四次全会、五次全会对地质灾害防治提出了新的更高要求对标新时代地质灾害防治新要求，宁夏地质灾害防治仍存在一些问题亟需改善。

1. 地质灾害调查评价精细化不足

重庆、广东、四川等省（直辖市）围绕重点城镇、重要干线以及高风险区、极高风险区，开展1：1万地质灾害精细化调查项目，查明查清地质灾害孕灾条件、危险性状况、承载体基本情况，综合研判风险区，制定风险管控措施，大幅提升防治精度。宁夏虽然率先完成地质灾害调查与区划、地质灾害详细调查、地质灾害风险普查、地质灾害风险调查评价，但比例尺均为1：5万，地质灾害风险调查评价项目中按照国家要求，局部开展过1：1万地质灾害调查，但面积较小，尚未真正意义上开展高风险区及极高风险区1：1万地质灾害精细化调查，且近年来，400 mm等降水线北扩东移，南部山区降水量整体增大，地质灾害防治形势愈加严峻。

2. 地质灾害风险管控推进缓慢

2020年以来，自然资源部和中国地质调查局先后组织浙江、重庆、四川、贵州、云南、甘肃、陕西、广东、湖南、福建10个省（直辖市）开展风险双控试点。云南完善“五位一体”网格化和“一点多员”的管理责任体系，强化短时临灾气象风险预警；甘肃初步编制了技术指南，建立“源头管控+网格管理”防控模式；陕西以商洛市镇安县为试点，在地灾综合防治工作基础上提出闭环管理的“十化模式”；福建将风险管控分解为汛前准备、汛中防范、发灾应急、灾后重建4个阶段，逐阶段细化措施。2023年，宁夏首次以隆德县为试点，探索地质灾害“隐患点+风险区”双控，但尚未建立一套地区特色的管控体系，整体进度较为缓慢。

3. 地质灾害早期识别频率过低

2020年以来，浙江、湖北、四川、重庆等省（直辖市）充分利用现有技术优势，开展地质灾害早期识别，发现未知点，预判风险区，提高防治精度和准度。2022年，宁夏首次探索采用综合遥感识别地质灾害隐患，取得了一定成果，但宁南地区地质灾害多数由人类工程活动引起，规模相对较小，识别难度较大，同时宁夏地质灾害早期识别频率为每年一次，频率较低，特别是针对汛期过程中发现新地质灾害隐患及时性不够，增大了防控难度。

第二章　自然地理与区域地质环境概况

第一节　气象水文

一、气象

宁夏地处内陆，位于我国西北地区东部，处于黄土高原和青藏高原的交汇地带，大陆性气候特征十分典型。宁夏南北跨越4个纬度，各地区气候差异较大，可分为北部引黄灌区、中部干旱区、南部黄土丘陵半干旱区和六盘山阴湿区。

宁夏降水量地区差异明显，年际、年内各月变化大，时空分配不均，总体上降水量由南向北递减。降水形式多以局地突发性短历时强降雨为主，雨量集中。

降水是诱发崩塌、滑坡、泥石流灾害最主要、最直接的因素。地质灾害的发生与年降水量的季节变化明显对应相关，其活动强度与降水量大小呈滞后的正相关关系，区内大量的滑坡、崩塌等发生在雨季强烈降雨后的某一时间。地质灾害的发生与降水的形式存在明显的相关性。间断性弱降水，地质灾害形成的概率较小；强降水、连续性降水，尤其是暴雨、连阴雨，形成地质灾害的概率明显增大。

二、水文

宁夏地处黄河上游，全境属于黄河流域，主要河流为黄河干流及其支流。黄河支流有祖厉河、清水河、苦水河、葫芦河、泾河及黄河两岸诸沟。

宁夏地表径流具有总量少，年径流地区分配不均，年际、年内变化大等特点。地表径流的致灾作用主要为对沟谷和河岸的下切、侧蚀和对坡脚岩土体的浸泡软化、侵蚀作用。河（沟）、水库地表水对河岸斜坡、水库库岸岩土体的侧蚀和对坡脚的长期浸泡，既增大了斜坡临空面，又降低了岩土体抗剪强度，在重力作用下，多发生滑坡、崩塌等地质灾害。这一作用在黄土、新近系—古近系泥质岩类及软硬相间岩体分布区非常明显。

崩塌、滑坡通常多沿河（沟）谷呈串珠状分布，右岸隐患点密度大于左岸，这一现象在红河流域、汝河流域（彭阳县境内）和葫芦河支流滥泥河流域（西吉县）非常明显，其主要原因之一是在地转偏向力的作用下，北半球的水系多偏向右蚀，增加了岩土体临空高度。另一方面，河（沟）水流速度越快，能量越大，下蚀、侧蚀越强烈。宁夏南部山区、丘陵区地形陡峻，是祖厉河、清水河、苦水河、葫芦河、泾河等河流（或支流）的发源地，溯源侵蚀、侧蚀、下蚀作用强烈。在地表水、松散岩土体、地貌等因素的共同作用下，地质灾害发育亦成必然。

第二节　地形地貌

宁夏地处黄土高原、内蒙古高原和青藏高原的交汇地带，总体地势南高北低、西高东低，全境海拔1000 m以上。南部黄土丘陵区海拔2000 m左右，中部山间平原海拔1300~1500 m，北部平原区海拔1100~1200 m，三者形成宁夏的三级地势阶梯。其余地区为山地和山前丘陵及沙漠，山地与平原交错分布。

宁夏有山地、丘陵、台地、盆地和沙漠五种地貌类型，地质灾害的数量、类型和规模在各地貌类型中存在很大差异。地质灾害主要集中在丘陵区，以滑坡、崩塌为主，其次为山地区和盆地区，以崩塌、泥石流为主。台地区地质灾害分布相对较少，沙漠区无地质灾害发育。

地形是泥石流形成的基础条件，也是控制泥石流形成的重要因素之一。主沟纵坡降不同，山坡坡度不同，泥石流的发生频率、规模及危害程度也不尽相同。山坡坡度与泥石流数量呈正相关，说明坡度越大，坡面侵蚀越严重，坡面碎屑物质越容易参与到泥石流的形成过程中。

坡度对崩塌、滑坡的发生有很明显的控制作用。坡度不仅会影响坡体内部沿已有的或潜在的滑动面的剩余下滑力，还在很大程度上决定斜坡变形破坏的形式和机制。坡度与斜坡稳定性之间并不是简单的线性关系，斜坡的稳定性是坡高、岩土体组合、斜坡结构等因素共同作用的结果。

第三节　地层岩性

宁夏地层区划属华北地层大区。以三关口-牛首山-固原断裂为界，东部属晋冀鲁豫地层区之华北西缘地层分区、鄂尔多斯地层分区；西部属秦祁昆地层区之祁连-北秦岭地层分区。区内地层发育较为齐全，元古宇至新生界均有出露。其中，前新生界主要出露于贺兰山、卫宁北山、香山、南西华山和六盘山等地，新生界广布于山前、丘陵、台地及平原地区，第四系覆盖区面积大，占宁夏总面积的80%以上。

宁夏地质灾害主要发育于黄土、砂黏土、软弱的岩体或地层中，其次为风化及节理发育的较坚硬的岩体和软硬相间的岩体地层中。

宁夏主要易崩易滑地层为黄土和古近系—新近系、白垩系泥质岩类。宁夏黄土结构疏松，强度低，具大孔隙，垂直节理发育，遇水软化，具湿陷性。黄土的垂直节理及卸荷裂缝会导致大气降水的优势入渗，加之黄土特有的颗粒组成、化学成分以及结构形式，使其遇水易软化、湿陷，从而迅速降低抗剪能力，易发生滑坡、崩塌。古近系—新近系、白垩系泥质岩类与上覆松散岩土类（特别是黄土）构成的岩土体结构，易发生崩塌、滑坡，古近系—新近系、白垩系泥质岩类固结程度较高，天然状态下呈坚硬状态，强度较高，但隔水性强，易风化，遇水易崩解软化，强度降低，常形成滑动面。

宁夏产生滑坡、崩塌灾害最常见的斜坡岩土体结构主要为黄土单一结构和新近系—古近系、白垩系泥岩结构。斜坡类地质灾害主控结构面有黄土原生节理、黄土-基岩接触面、基岩节理裂隙面、片理或劈理面、构造错动带等。宁夏泥石流主要发育于第四纪地层中，以第四系残坡积层和沟床堆积物为主。

第四节　地质构造

宁夏大地构造位置位于北祁连早古生代造山带与阿拉善微陆块南缘、鄂尔多斯地块西缘的转换交接部位，是连接我国北方西部与东部不同大地构造单元的枢纽地区，也是我国地层、构造、地貌以及各种地球物理场的重要分界区域。

根据被不同性质冲断层所限制的地质体属性，可将宁夏构造单元划分为1个一级构造单元、3个二级构造单元、3个三级构造单元、5个四级构造单元以及12个五级构造单元。其中，四级以下构造单元包括由推覆体、褶冲带、结晶冲断席、盖层冲断席、混合冲断席组成的冲断层构造单元，由断陷盆地、坳陷盆地、前陆盆地等组成的沉降构造单元。从总体上看，宁夏全区构造系统形成早，发育时间相对较长，构造变动强度大，内部结构复杂多变。

宁夏发育北西、东西（含北西西和北东东）、北东、南北向等多组断裂，具有多期性特征。宁夏褶皱构造非常发育，按其成因类型可分为与断层相关的滑脱褶皱、断层传播褶皱、层间滑动褶皱以及叠加褶皱和共轭褶皱。

地壳的隆升作用是引起地形地貌差异的根本原因，造成地形高差变大，从而产生更大的重力势差，为地质灾害创造了基本运动条件。地壳的构造运动过程导致了岩土体的变形与构造结构面的不断发育，而自重应力导致的卸荷松弛以及表层的物理化学风化等外动力作用进一步加速了结构面软弱岩土体的破碎，为地质灾害的发生创造了物质条件。

宁夏大地构造位置特殊，地质构造复杂，断裂和褶皱系统极其发育，地质灾害类型及其分布范围与区域地质构造有着密切的关系。地质构造发育的地段恰是构造应力集中的地段，其岩土体的变形、破坏就越严重，这使得地质灾害越容易发生。

第五节　新构造运动与地震

宁夏新构造运动强烈，主要表现为第四纪以来晚喜马拉雅运动产生的活动盆地、活动断裂以及陆内造山新构造地貌等。

宁夏的活动盆地主要为银川新生代断陷盆地（亦称银川地堑），其北起于石嘴山市的正谊关断裂，南界达小罗山北麓一带，东界为黄河-灵武园艺场断裂，西界为贺兰山东麓断裂。银川地堑形成于渐新世初，直至现代仍持续沉陷，其形成的构造动力机制与印度板块-欧亚板块陆-陆碰撞和 A 型俯冲构造效应有关，即在燕山期形成银川隆起带基础上，早喜马拉雅运动形成拉分型银川地堑，并与贺兰山地垒、巴彦浩特断陷盆地一起构成典型的“盆-岭”构造。

宁夏活动断裂主要包括北部的银川盆地活动断裂和南部的宁南弧形构造带活动断裂。银川盆地的边界断裂，西界为贺兰山东麓断裂，北界为正谊关断裂，这些活动断裂对活动盆地和地貌单元的形成起着重要的控制作用。宁夏南部以弧形挤压型断裂系为主，沿弧形隆起带的北缘和断陷的南缘活动断裂最发育。

宁夏位于我国南北地震带北段，西北地震区东部，总体上地震活动强烈而又频繁。宁夏地震基本烈度值在Ⅵ至Ⅸ之间。据《宁夏地震目录》（宁夏回族自治区地震局，1982）记载，自公元 876 年至今的 1100 多年间，宁夏记录 5 级以上中、强地震 45 次，其中 6 级以上地震 17 次，7 级以上地震 6 次，8 级以上地震 2 次。

宁夏地震均属构造浅源地震（震源深度一般为 20~30 km），多发生在断裂构造带弧形转折部位、两条断裂构造带的交叉部位、断裂的端点、与断陷盆地长轴延伸方向斜交的横向断裂构造部位和断陷盆地与山体的交界部位等特殊构造部位，具成带性、时间上的阶段性、迁移性和重复性特征。根据控震条件、新构造运动强度及地震特点，宁夏地震带可划分为银川盆地地震带和宁南西海固地震带。

地震不仅给人民的生产生活造成了很大的危害，而且直接导致震区地形地貌的改变以及地质环境的恶化，岩土体结构不同程度地遭到破坏。岩土体松散，地形破碎，大量碎屑物质堆积于河沟中，诱发了崩塌、滑坡、泥石流、地面塌陷等次生地质灾害。目前，宁夏南部所发生的许多地质灾害及隐患几乎都与地震有关，许多居民仍居住在老滑坡体上，近年来，随着极端天气的加剧，部分地震形成的老滑坡复活，严重威胁震区人民群众的生命财产安全。

第六节　水文地质特征

依据地貌、地质构造、水文地质条件，将宁夏划分为贺兰山、银川平原、陶灵盐台地、宁中山地与山间平原、腾格里沙漠、宁南黄土丘陵与河谷平原、宁南山地 7 个相对独立的水文地质单元。

地下水是一种基本的地质营力，其与地质环境相互作用，对斜坡变形失稳的影响作用十分明显，是斜坡失稳过程中不可或缺的基本条件，往往是起主导作用的触发因素，其影响作用主要表现在以下几个方面：一是水的物理化学作用，如地下水对岩体产生软化作用，导致岩体抗压强度降低，使岩体的物理力学性质发生变化；二是水的力学效应，通过水的静水压力和动水压力作用使岩体引起劈裂扩展、剪切变形和位移，使岩体抗剪强度和黏聚力降低；三是地下水的化学效应，主要表现为离子交换、溶解、水化、水解、溶蚀及氧化还原等化学反应，可导致岩土体及其软弱结构面的化学成分和物理力学性质的变化。

第七节　工程地质

宁夏岩体类型按成因及岩性可分为沉积岩类、岩浆岩类、变质岩类等，其中，沉积岩类分布最为广泛。宁夏土体类型按土体性质可分为一般土体与特殊土体。一般土体类型为非黏性土（砾质土、砂类土）、黏性土，按其结构又可分为均一结构、双层结构、多层结构。特殊土体包括黄土、盐渍土、冻融土和胀缩土。黄土分为第四系上更新统风积黄土，全新统次生黄土和冲积黄土状亚砂土等，分布于宁夏南部黄土丘陵区和河谷平原上部；盐渍土主要分布于银川平原以北地区、盐池县各盐湖附近和海原干盐池等地。胀缩土主要是古近系—新近系红色泥岩，分布于陶灵盐台地及宁夏中南部山前或黄土丘陵深切沟谷中，成岩程度差，易风化，常被风化成黏土碎块，遇水或干旱条件下易产生胀缩作用。

第八节　人类工程活动

随着人类社会的发展，人类在对自然界进行不断扩展和深化认识的同时，对自然界的利用和改造也在不断加大，如城镇建设、能源开发、工农业生产及交通设施建设等各项活动。随着人口的增长，科学技术的不断进步，人类的建设和创造能力得到极大的加强。同时，人类工程活动对地质环境的影响也逐渐增大，一方面改善自然环境更有利于人类的发展，另一方面对自然界也产生了不良的影响。

宁夏地处西北内陆，干旱缺水，地貌类型多，地形变化大。尤其是中、南部黄土丘陵区，生态环境恶劣，是全国闻名的老、少、边、穷地区之一。历史上宁夏地区大多都是山清水秀、林草茂盛、雨水充沛、气候温和的好地方。但是，随着社会的发展，人口的过快增长，人类工程经济活动的深度和广度都得到了空前的增加包括筑路、修建水库和水渠、输油输气管道建设，开矿、挖砂等采掘活动，开挖宅基等削坡工程活动，斜坡垦殖、放牧等比较强烈的人类工程经济活动，改变了地表的环境状态和应力条件，引发了一系列的崩塌、滑坡、泥石流等地质灾害。

第三章　地质灾害发育特征与分布规律

宁夏地处我国西北地区东部，属于黄土高原和青藏高原的过渡带。由于特殊的地理位置和地质背景，宁夏的地质条件十分复杂，新构造运动和地震活动强烈频繁，是地质环境脆弱、地质灾害易发多发的省（自治区）之一。社会经济的快速发展和城镇化、工业化进程的加快，也给地质环境带来了广泛而深远的影响。近年来，随着局地极端气候条件的加剧，地质环境问题逐渐增多，滑坡、崩塌、泥石流等突发性地质灾害日趋频繁。

第一节　地质灾害类型及发育特征

截至2023年12月，宁夏22个县（市、区）发育各类地质灾害1016处。其中按灾害类型分，滑坡439处、崩塌410处、泥石流164处、地面塌陷3处，分别占地质灾害隐患点的43.2%、40.4%、16.1%和0.3%（图3-1）。以滑坡和崩塌为主，泥石流次之，地面塌陷最少。

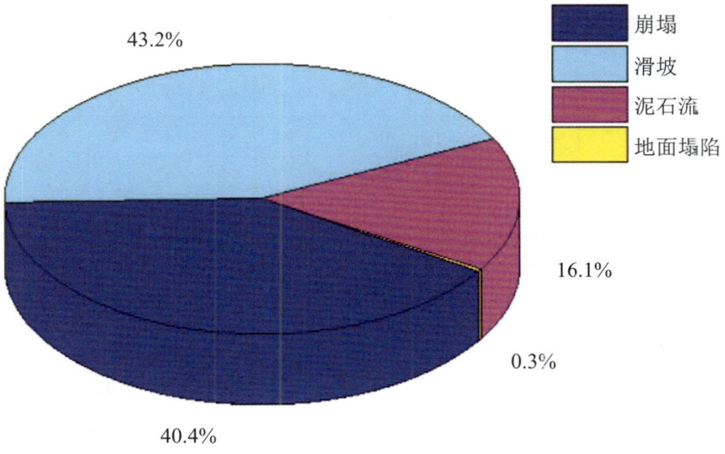

图3-1　宁夏地质灾害类型及比例

宁夏地质灾害及隐患点按规模划分，特大型11处，大型197处，中型185处，小型623处，分别占地质灾害及隐患点总数的1.1%、19.4%、18.2%和61.3%（表3-1及图3-2）。按地质灾害险情划分，中型47处、小型969处（图3-3），占地质灾害隐患点总数的4.6%和95.4%，共威胁人口18638人，潜在经济损失12.48亿元。

表3-1　宁夏地质灾害及隐患点类型、规模统计一览表　　单位：处

序号	地级市	县、市、区	滑坡				小计	崩塌				小计	泥石流				小计	地面塌陷		小计	合计
			特大型	大型	中型	小型		特大型	大型	中型	小型		特大型	大型	中型	小型		大型	小型		
1	石嘴山市	大武口区	0	0	2	0	2	0	1	1	2	4	0	2	9	6	17	0	0	0	23
2		惠农区	0	0	1	0	1	0	0	0	0	0	0	2	2	0	4	0	0	0	5
3		平罗县	0	0	0	0	0	0	1	1	0	2	0	0	4	7	11	0	0	0	13

续表

序号	地级市	县、市、区	滑坡				小计	崩塌				小计	泥石流				小计	地面塌陷		小计	合计
			特大型	大型	中型	小型		特大型	大型	中型	小型		特大型	大型	中型	小型		大型	小型		
4	银川市	西夏区	0	0	0	0	0	0	0	0	1	1	0	0	5	5	10	0	0	0	11
5		金凤区	0	0	0	0	0	0	0	0	0	0	0	0	0	0	0	0	0	0	0
6		兴庆区	0	0	0	0	0	0	0	0	0	0	0	0	0	0	0	0	0	0	0
7		永宁县	0	0	0	0	0	0	0	0	0	0	0	0	0	0	0	0	0	0	0
8		贺兰县	0	0	0	0	0	0	0	2	1	3	0	1	1	3	5	0	0	0	8
9		灵武市	0	0	0	0	0	0	0	0	0	0	0	0	1	10	11	0	0	0	11
10	吴忠市	利通区	0	0	0	0	0	0	0	0	6	6	0	0	0	1	1	0	0	0	7
11		青铜峡市	0	0	0	0	0	0	0	0	0	0	0	0	0	7	7	0	0	0	7
12		盐池县	0	0	0	1	1	0	0	1	22	23	0	0	0	0	0	1	0	1	25
13		红寺堡区	0	0	0	0	0	0	0	0	1	1	0	0	0	0	0	0	0	0	1
14		同心县	0	0	0	5	5	0	0	1	15	16	0	0	0	3	3	0	0	0	24
15	中卫市	沙坡头区	0	0	0	2	2	1	1	4	9	15	0	1	11	43	55	0	0	0	72
16		中宁县	0	0	0	0	0	0	0	2	3	5	0	1	3	12	16	0	0	0	21
17		海原县	0	7	9	3	19	0	0	6	8	14	0	4	2	15	21	0	0	0	54
18	固原市	原州区	0	2	6	23	31	0	0	0	120	120	0	0	0	0	0	0	0	0	151
19		西吉县	8	143	51	5	207	0	12	15	5	32	0	0	0	1	1	0	0	0	240
20		彭阳县	2	14	28	31	75	0	1	8	49	58	0	0	0	0	0	0	1	1	134
21		泾源县	0	3	5	49	57	0	0	2	31	33	0	0	0	1	1	0	0	0	91
22		隆德县	0	0	2	37	39	0	0	0	77	77	0	0	0	1	1	0	1	1	118
合计			10	169	104	156	439	1	16	43	350	410	0	11	38	115	164	1	2	3	1016

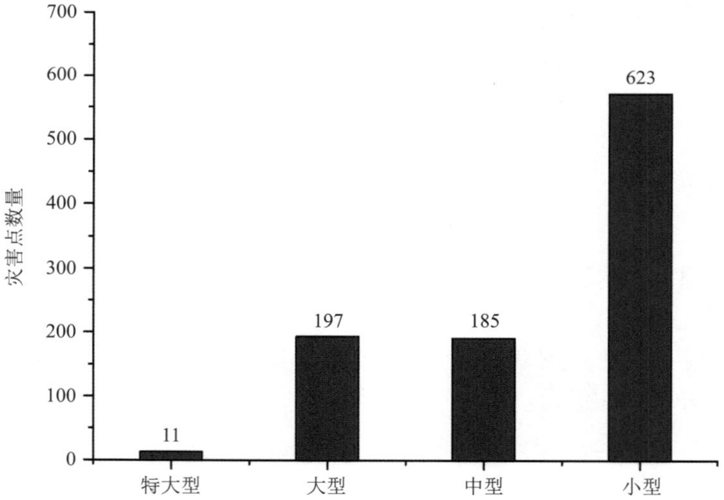

图 3-2　宁夏地质灾害及隐患点规模

一、滑坡

滑坡是宁夏境内最为发育的地质灾害类型之一，尤以宁南黄土丘陵地区为甚，主要为土质滑坡。大多分布在黄土梁或黄土残塬边部，形态比较完整、典型，西吉、海原及原州区西部的滑坡形态多呈

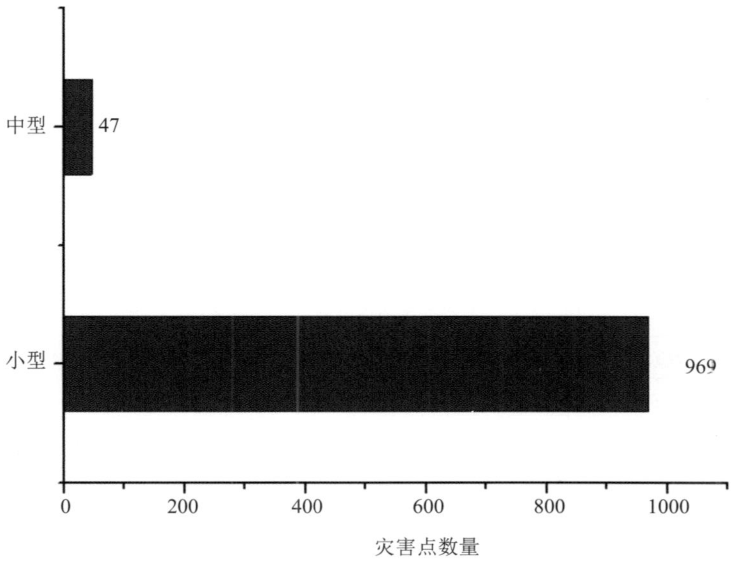

图 3-3　宁夏地质灾害险情等级

长“几”字形，坡度多在 20°~50°之间；而其他各县境内的滑坡则保持了明显的圈椅状地形，滑壁陡峭，大多坡度在 30°~50°之间，个别陡者达 80°以上，缓者 10°左右。滑体及滑壁一般发育有冲沟，有双沟同源现象。近几年发生的滑坡保留着新鲜的滑壁及疏松而高低不同的滑体。绝大多数老滑坡因地势平缓，水源条件好被改造成农田，其滑体厚度一般为 8~30 m，由于沟谷切割侵蚀，滑坡前缘土体易于流失，造成局部多次反复滑动，使滑坡体不断变薄，呈台阶状。因此，老滑坡的反复活动是区内黄土滑坡发育的又一个重要特点。宁夏境内基岩滑坡极少，主要分布于贺兰山、香山、六盘山等基岩山区，多发育于软硬相间的煤系地层和白垩系、古近系—新近系砂岩、泥岩地层中。

根据物质组成、滑体厚度、运动形式、滑体规模等分类方法进行统计（表 3-2），宁夏滑坡以土质滑坡为主，占滑坡总数的 89.5%。从滑体厚度看，以中、浅层滑坡为主，分别为 163 处和 267 处，占滑坡总数的 37.13%和 60.82%。从运动形式看，以牵引式为主，所占比例达 94.3%。从滑体规模看，以大型居多，中、小型次之。从形成时代看，宁夏滑坡多为老滑坡，主要由 1920 年海原大地震诱发。从稳定性上看，大多数滑坡处于基本稳定状态。

表 3-2　宁夏滑坡分类统计表

分类依据	类型	特征	数量/处
物质组成	黄土滑坡	滑坡体由黄土构成，大多发生在黄土体中，或沿下伏基岩面滑动	393
	风化堆积物滑坡	前期风化形成的块碎石堆积体，沿下伏基岩或体内滑动	4
	基岩滑坡	滑坡体由基岩构成，滑动面在基岩中	42
滑体厚度	浅层滑坡	厚度在 10 m 以内	267
	中层滑坡	厚度在 10~25 m 之间	163
	深层滑坡	厚度在 25~50 m 之间	9
运动形式	推移式滑坡	上部岩层滑动，挤压下部产生变形，滑动速度较快，滑体表面波状起伏，多见于有堆积物分布的斜坡地段	15
	牵引式滑坡	下部先滑，使上部失去支撑而变形滑动。一般速度较慢，多具上小下大的塔式外貌，横向张性裂隙发育，表面多呈阶梯状或陡坎状	414
	混合型滑坡	主要表现出从前向后变形的牵引式滑坡的特点，但到滑坡演化的中后期，尤其是滑坡进入加速变形阶段后，则主要表现出从后向前的推移式滑动特点	10

续表

分类依据	类型	特征	数量/处
滑体规模	小型滑坡	$<10\times10^4$ m^3	140
	中型滑坡	$10\times10^4\sim100\times10^4$ m^3	125
	大型滑坡	$100\times10^4\sim1000\times10^4$ m^3	166
	特大型滑坡	$1000\times10^4\sim10000\times10^4$ m^3	8
形成时代	新滑坡	现今正在发生滑动的滑坡	169
	老滑坡	全新世以来发生滑动，现今整体稳定的滑坡	269
	古滑坡	全新世以前发生滑动，现今整体稳定的滑坡	1
坡向	0°~89°	滑坡方向 N-E	73
	90°~179°	滑坡方向 E-S	131
	180°~269°	滑坡方向 S-W	127
	270°~360°	滑坡方向 W-N	108
现今稳定程度	稳定	发生后已停止发展，一般情况下不可能重新活动，坡体上植被较盛，常有老建筑	10
	基本稳定	发生后未停止发展，仍有可能重新活动	368
	不稳定	发生后仍继续活动的滑坡。后壁及两侧有新鲜擦痕，滑体内有开裂、鼓起或前缘有挤出等变形迹象	61

（一）黄土滑坡

1. 黄土滑坡类型

根据滑面类型可分为黄土层内滑坡（照片 3-1）和黄土-基岩滑坡（照片 3-2）。主要分布于宁夏中南部黄土丘陵区的河谷冲蚀岸边及其支流或支沟中下游两侧，并多以对滑形式出现，具有群发性。这种分布特点与河流及沟谷的发育期有关。在沟谷形成早期，以下切侵蚀作用为主，沟谷两侧崩塌、滑塌频发，但是，由于早期沟谷内人烟稀少，也无重要工程和基础设施，致灾可能性小；当河（沟）谷进入以侧蚀为主的阶段，自然条件下坡体总体较稳定，但在风化和卸荷作用下，处于河流侵蚀岸的斜坡多形成剥落和局部不稳定，而此时的河（沟）谷区地形平坦开阔，人口、重要工程和基础设施密集，不合理工程活动增加，致使黄土滑坡易发、频发。

照片 3-1　黄土层内滑坡（镜向东北）

照片 3-2　黄土基岩滑坡（镜向北）

（1）黄土层内滑坡

宁夏南部黄土丘陵区堆积大厚度的黄土、黄土类土。此类土疏松，具大孔隙，垂直节理发育，透水性强，具湿陷性。受地震和古滑坡的影响，土体结构遭到严重破坏。加之黄土丘陵区一直处于间歇性抬升中，阶地发育，地形切割强烈，冲沟发育，存在高陡边坡。在地表水的冲蚀下，边坡前缘陡立、临空。在重力作用下，坡体上部存在拉张裂缝，利于大气降水的入渗。大气降水沿黄土孔隙、节理和裂缝入渗，至黄土层内透水性较差的土层时受阻、汇聚，沿层面径流，使弱透水层形成软弱界面（滑床）。同时，降水入渗增大了土体的容重，降低了土体的抗剪强度，在重力及地下水的浮托作用下，使土体沿着软弱界面向下滑动，形成黄土层内滑坡。

（2）黄土-基岩滑坡

宁夏南部近山地段、黄土丘陵区古地势较高的地段，覆盖黄土层薄。黄土多被冲沟切穿，沟谷、坡体基底为古近系—新近系、白垩系泥岩、砂质泥岩、泥质砂岩。深切冲沟使古近系—新近系或白垩系、黄土形成临空面，黄土帽状覆盖于古近系—新近系、白垩系之上，即所谓的“戴帽”黄土。由于古近系—新近系、白垩系泥岩、砂质泥岩、泥质砂岩构成的古地形多为浑圆的梁状、峁状，面向沟谷多形成顺向坡。大气降水通过上覆黄土孔隙、节理和裂缝入渗至接触面受阻，沿接触面汇聚、径流，起到润滑作用，形成滑动面（滑床）。同时，黄土体在降水入渗条件下，土体容重增加，以及在地下水的浮托等因素的共同作用下沿接触面滑动，形成黄土-基岩滑坡。

2. 黄土滑坡发育特征

（1）滑坡后壁

滑坡后壁一般清晰可辨，在外形上有圈椅状、直线型和圆弧状，坡度一般较大，在50°~80°间，壁面总体上较平直。老滑坡后壁多发育细小冲沟，剥落和小规模的垮塌现象多见，一般被灌丛和杂草等植被覆盖。新滑坡后壁黄土裸露，表面略显凹凸不平，其上植被不发育，与周边斜坡可明显地区别开来。

（2）滑坡周界

随着滑坡发生时间早晚不同，侧界保留的清晰程度有异。大多老滑坡侧界已不甚清晰，被林木草丛覆盖，与原坡面呈渐变过渡；由于滑体大多后倾，中部凸起稍高，两侧边界地势最低，可见发育有同源冲沟。下部滑体顺坡向突出，向两侧扩展。新滑坡和老滑坡还可见到明显的台坎。

（3）滑坡前缘

滑坡前缘出露于河流或沟谷斜坡坡脚，部分老滑坡的前缘基本没有保存；滑坡在下滑时多冲向对岸，堵塞河道，迫使河流弯曲，在地貌上多表现为河谷凸岸；坡度平缓，多小于30°。流水侵蚀使滑坡前缘临空，高度一般数米至十数米不等；临空面坡度陡，多在45°以上，甚至直立；表面新地层裸露，可见有滑动挤压形成的致密纹理。剪出口出露的地层因地质结构和河谷所处地段不同而有所差别。

（4）变形特征

黄土丘陵区的大多老滑坡已被整理成耕地，变形迹象不明显；但新滑坡，特别是近期发生的滑坡，其上裂缝清晰可见。裂缝以其性质的不同、滑坡规模的差异而特征各异。有的滑坡前行时前缘受阻，形成前缘鼓胀，两侧并发育有数厘米宽的裂缝；有的滑坡为牵引式，在滑体上形成大量拉张裂隙；有的滑坡为推移式，滑体上可见挤压裂缝。

（5）滑体内部特征

宁夏中、南部黄土丘陵区大多数滑坡体由黄土或黄土状土组成，土体组成单一。滑体在滑动时松动解体，稳定后在重力作用下，又重新压实固结。在钻孔内和冲沟中，可以见到固结混杂的土体。仅在滑坡前缘，出现下部基岩风化壳被错动，可见土石混杂体。多数滑坡体一般不含地下水，在滑坡前缘一般亦无地下水溢出。黄土滑坡控滑结构面主要为黄土与古近系—新近系泥岩或白垩系泥岩、砂质泥岩、泥质砂岩、砂岩的接触面，其次为黄土层中相对隔水的土层结构面。滑动面埋藏于滑体之下，很少见到露头，局部滑坡前缘侵蚀断面上可见滑床，其土体多呈强烈挤压状，结构致密，具明显的挤压纹理，甚至可见厚数十厘米至数米的挤压剪切带。

（6）滑坡滑动特征

宁夏黄土滑坡多由坡脚遭流水侵蚀或人工开挖切坡形成高临空面而引发，滑坡的形成机制主要为牵引式。推移式滑坡因斜坡过陡、上部崩塌、滑移，在集中降雨或连阴雨条件下推动下部坡体沿软弱面滑动的推移式滑坡数量很少，占 10%左右。大部分小型滑坡的滑动面近似于圆弧形，后壁较陡，一般在 50°~80°之间，中前部滑面比较平直光滑。大型滑坡多因黄土下伏的新近系泥岩构成隔水层，地下水以泉的形式沿黄土与泥岩接触面溢出，形成软弱面而使坡体滑动。

在西吉、海原一带分布许多地震滑坡，其形成机制主要为推移式。在 1920 年海原地震时，海原县和西吉县西南大部分山体被破坏，当地居民称“走山”或“塌山”，滑坡大部分是那时形成的。受地层岩性的控制，这些滑坡仍然沿古近系—新近系泥岩面滑动，不同的是滑距很大。因此，地貌上表现出“坡缓沟深”的特征。滑体往往很长，后期在集中降雨或连阴雨条件下推动下部坡体沿泥岩继续缓慢滑动推移，因而滑体中后部经常出现宽窄不一、延伸长度不等的裂缝，滑体前缘由于受到挤压形成鼓丘。

（二）基岩滑坡

基岩滑坡主要分布于贺兰山煤田各矿区以及宁南山区海原、西吉、泾源、隆德一带，规模多为小型，见照片 3-3、照片 3-4。海原、西吉一带的基岩滑坡主要由海原大地震所致，规模较大，均属于老滑坡。但滑坡后壁清晰可见，后壁陡坎高数米至数十米，滑坡体内部岩石由于受到推挤，变形较为强烈；滑面一般较深，多沿岩层内部结构面发育，呈不规则状，目前多数地震诱发的老滑坡多已稳定。泾源、隆德一带的基岩滑坡，规模多为小型。坡体主要由古近系—新近系的红色砂质泥岩、泥岩、砂岩组成，属软弱岩层，表层风化强烈。滑面主要为岩层裂隙面、层面，由于这些结构面的抗剪强度较弱，在地表或地下水及有利的地形地貌条件的作用下很容易产生蠕滑，对前缘村舍构成较大威胁。

照片 3-3　基岩滑坡（镜向东北）

照片 3-4　基岩滑坡前缘（镜向西北）

二、崩塌

崩塌也是宁夏境内较发育的地质灾害类型。从区域上看，土质崩塌主要分布于黄土丘陵区沟谷下游地带切割强烈的直陡边坡或台塬冲沟边缘。由于冲沟下切使斜坡坡底造成溯源侵蚀，坡体陡直，坡体在自重卸荷和黄土垂直节理条件下而发生的崩塌数量较多，但是此区域居民很少，规模也不大，一般只有几十方至几百方，致灾程度很小。宁南黄土丘陵地区，造成灾害的崩塌多为人为修筑窑洞切坡活动所致；基岩崩塌多分布于贺兰山、香山、六盘山等基岩山区，多由采煤、采石、修路等人工开挖坡体所致。河岸崩塌主要分布于黄河及其支流沿岸，由黄河侧向侵蚀造成，一般规模较小，多造成农田被毁。

根据崩塌的物质组成、形成机理、规模等进行分类统计（表 3-3），宁夏崩塌多属于土质崩塌，从形成机理上看，多属于倾倒式崩塌，占崩塌总数的 41.7%，其次为滑移式崩塌。规模多以小型为主，占崩塌总数的 83.4%。从稳定程度上看，多为不稳定和基本稳定崩塌，分别占崩塌总数的 27.6%和 70.2%。

表 3-3 宁夏崩塌分类统计表

分类依据	类型	特征	数量/处
物质组成	土质崩塌	崩塌体由土质构成	375
	基岩崩塌	崩塌体由基岩构成	35
形成机理	倾倒式崩塌	黄土、直立或陡倾坡内的岩层，多为垂直节理，陡倾坡内-直立层面，主要受倾覆力矩作用倾倒	171
	滑移式崩塌	多为软硬相间的岩层，有倾向临空面的结构面，陡坡通常大于 55°，滑移面主要受剪切力	149
	拉裂式崩塌	多见于软硬相间的岩层，多为风化裂隙和重力拉张裂隙上部突出的悬崖	76
	错断式崩塌	坚硬岩层、黄土垂直裂隙发育，通常无倾向临空面的结构面，大于 45° 的陡坡自重引起的剪切力	6
	复合式崩塌		8
崩塌规模	小型崩塌	$<1\times10^4\ m^3$	342
	中型崩塌	$1\times10^4\sim10\times10^4\ m^3$	50
	大型崩塌	$10\times10^4\sim100\times10^4\ m^3$	17
	特大型崩塌	$>100\times10^4\ m^3$	1
坡向	0°~89°	滑坡方向 N-E	50
	90°~179°	滑坡方向 E-S	138
	180°~269°	滑坡方向 S-W	176
	270°~360°	滑坡方向 W-N	46
崩塌与工程活动关系	自然崩塌	自然斜坡在节理、裂隙等不良结构面作用下形成	127
	人工崩塌	由于人类工程活动形成或诱发	283
现今稳定程度	稳定	发生后已停止发展，一般情况下不可能重新活动	9
	基本稳定	发生后未停止发展，仍有可能重新活动	288
	不稳定	发生后仍继续活动的滑坡。危岩体内有开裂等变形迹象	113

（一）土质崩塌

土质崩塌分布于中、南部黄土丘陵区，主要为冲沟沟岸崩塌及人为切坡产生的高陡边坡崩塌（照片 3-5、照片 3-6）。土质崩塌一般规模较小，崩塌体体积多在 10000 m^3 以下。

照片 3-5 土质崩塌（镜向南）

照片 3-6 人工切坡引发崩塌（镜向北）

黄土丘陵区的大型沟谷两侧往往形成高阶地，阶地与沟（河）谷呈数米、十几米，甚至数十米的陡坎相连，部分地段黄土梁、黄土峁边坡直接构成沟（河）岸。大部分陡坎由第四系松散砂砾石、黏土、黏砂土或黄土、黄土状土构成，在洪水冲刷及重力作用下，产生崩塌，毁坏农田，威胁居民安全。黄土丘陵区沟谷强烈下切、黄土层厚度大的地段，发育陡峭的"V"形沟谷，浅者几米、十几米，深者达数十米，部分地段真可谓"见面容易拉手难"，沟岸崩塌随处可见。沟脑部位地势相对平整，丘陵区多数自然村坐落于此。强烈的溯源侵蚀使陡立的沟岸土体呈倒悬临空状态，不断塌落又被流水冲走，周而复始，冲沟不断向上游延伸，逼近村庄直至陷落村庄，对沟脑定居的村民安全构成严重威胁。

另一方面，黄土丘陵区大部分居民习惯于河（沟）谷阶地、冲沟沟脑与残塬边坡过渡部位切坡建窑、平整筑院，人为形成陡坡。由切坡建窑、建房形成的边坡崩塌比比皆是。尽管此类崩塌规模较小，但其发生的时间短，速度快，猝不及防，且直接威胁居民，危害性很大。黄土丘陵区崩塌造成灾害多由此所致。

（二）基岩崩塌

岩体崩塌既是一种自然现象，也是人类工程活动的产物。宁夏的岩体崩塌主要分布于贺兰山、六盘山、牛首山等基岩山区。尤以山区修筑铁路、公路时形成的高陡人工斜坡地段较为突出，其次为煤矿、硅石、灰岩矿等矿山开采形成的人工斜坡，规模多为小型。按破坏类型划分，多为倾倒式、拉裂式和滑移式崩塌（照片 3-7、照片 3-8）。

照片 3-7　苏峪口沟基岩崩塌（镜向西）

照片 3-8　小蛇余沟基岩崩塌（镜向东北）

易产生崩塌的基岩斜坡多为单斜构造，坡面岩体干燥。斜坡多为侧向坡或顺向坡，坡面呈阶型、凹型坡或直线型，坡度一般较陡。岩体结构类型多为块状、层状，少量为碎裂状。由于节理、裂隙等结构面发育，一些岩体被不良结构面分割，整体性差，易脱离母体产生崩塌。采煤斜坡由于煤系地层抗风化能力差异较大，因此采煤斜坡的变形特征亦明显不同。在雨水的入渗侵蚀、软化作用或风化作用下，沿顺坡向节理面或者软硬相间岩层面形成软弱带，坡体发生剪切滑动。

贺兰山汝西公路两侧多为长石石英砂岩、粉砂岩，岩石节理、裂隙发育，自然斜坡多为陡崖，坡度 60°~80°。六盘山区多为白垩系、古近系—新近系碎屑岩类。上述地区多为Ⅷ度地震烈度区，又是宁夏两个降雨量较大、暴雨频繁的地区。公路、铁路修建于高山峡谷之间，坡脚开挖、流水侵蚀、冲刷及络绎不绝的大型车辆引发的震动等，使岩石裂缝逐渐加宽，加上雨水顺着裂缝灌入，裂隙面及节理面就成为薄弱面，在各种因素作用下，极易发生崩塌，存在较严重的崩塌灾害隐患。

三、泥石流

泥石流是宁夏危害较为严重的地质灾害，其分布范围广，影响大，主要集中发育于山区和黄土丘陵区具有一定规模的沟谷及其支沟，是特有的一种外动力地质现象，是因暴雨而形成的一种携带大量泥沙、石块等固体物质的特殊洪流。

考虑到不同侧重点，泥石流可以分别从成因环境、沟谷形态、物质组成和运动状态等方面进行分类。泥石流分类不仅反映了泥石流学科的研究深度和广度，展示泥石流的地域性特征，而且是制订泥石流防治规划和具体防控措施的重要依据。从成因环境方面考虑，宁夏泥石流主要以自然泥石流为主，在贺兰山、香山、卫宁北山等地由矿产资源开采造成的矿山泥石流较多。从物质组成方面考虑，可分为水石流和泥石流；按流域划分，可分为坡面型泥石流、沟谷型泥石流、河谷型泥石流；根据泥石流的动力学特征，可分为土力类泥石流和水力类泥石流。

（一）泥石流基本特征

按流域划分，宁夏的泥石流可划分为沟谷型泥石流和河谷型泥石流，以沟谷型泥石流为主。现按照泥石流流域将其基本特征分述如下：

1. 沟谷型泥石流

沟谷型泥石流发生在陡峻的山区或切割较深的黄土丘陵区，顺着纵坡降较大的沟谷活动，每一处泥石流自成一个流域，流域面积在 1~50 km^2 之间。沟谷泥石流流域面积越大，流域越完整，划分出的形成区、流通区、堆积区就比较完整。

泥石流形成区（沟谷上游）多为三面环山，呈马蹄状、枝状、羽状、鱼脊状地形，周围山坡陡峻，以 30°~60°的陡坡为主，地貌上以中山山地和切割较强的丘陵为主，见照片 3-9、照片 3-10。流域汇水面积有一定规模，一般数平方千米，坡体植被不甚发育。斜坡常被冲沟切割，坡降较大，径流快，且有崩塌、滑坡等不良地质现象发育，坡面松散堆积物较多，是泥石流主要的物源区。

照片 3-9　冶家村泥石流沟形成区（镜向东南）

照片 3-10　甘沟泥石流沟形成区（镜向西）

流通区多为狭窄而深切的峡谷或冲沟，谷壁陡峻而纵坡降较大，冲淤变化相对较小，且多陡坎和跌水。所以泥石流物质进入这个区域后具有极强的冲刷能力，将沟床和沟壁上冲刷下来的土石携带走。流通区纵坡的陡缓、曲直和长短，对泥石流的强度有很大影响。纵坡陡长而顺直的沟谷，泥石流流动通畅，流速快，直泻下游，造成的危害也相对较大。另外，流通区又是储量极为丰富的泥石流固体物质补给区。在一些沟谷的流通区内，沟岸和沟床底是由易冲刷的（软弱）岩石和土体构成，或有大量坡积物、崩积物，成为基本的泥石流固体物质补给区（照片 3-11、照片 3-12）。

堆积区三要位于山口外或丘陵区的边缘，地形较平缓。泥石流出沟口后大多地形比较开阔，动能急剧变小，曰于不受沟谷约束而分散，因此沟口扇形地发育（照片 3-13、照片 3-14）。区内较为典型、完整的扇形地大多呈垄岗状起伏，坎坷不平，大小石块混杂，扩散角 15°~120°不等，扇长 20~5000 m，宽 30~3000 m，扇面近山口堆积砾石较多，远离山口逐渐变少。沟谷由于泥石流复发频繁，所以堆积扇会不断淤高，扇面不断扩大。

照片 3-11　石圈沟泥石流流通区（镜向北）

照片 3-12　沙湾泥石流沟流通区（镜向东北）

照片 3-13　冰沟泥石流沟堆积区（镜向南）

照片 3-14　双井子沟泥石流沟堆积区（镜向北）

沟谷型泥石流受控于沟谷的形态，而这种沟谷形态多有弯曲，特别是弯曲度较大的拐点处，由于来势凶猛的泥石流沿谷床奔腾，遇阻则产生“攀高”现象，并且与泥石流的沟谷底床坡降和沟谷泥石流的性质密切相关，与泥石流密度呈正相关，与沟谷的宽度呈负相关。奔流中的泥石流撞击停滞在沟谷中的巨大漂砾会出现崩溅的现象，多与“攀高”现象伴生。部分沟谷两岸多有不平整，当泥石流流经此处，也会出现崩溅现象，崩溅体一般不规则，多呈“似滴状”。

2. 河谷型泥石流

河谷型泥石流一般多发生在具有明显沟槽，主沟和支沟非常发育，沟内常年有水，且流域面积一般为50~100 km^2 的沟谷，贺兰山大武口沟、汝箕沟、归德沟、拜寺口沟等，这些沟谷流域面积较大、支沟发育，松散堆积物多，具有发生河谷性泥石流的隐患。

河谷型泥石流多由山坡型与沟谷型泥石流汇集而成，范围较大，连同中上游形成区和流通区在一起，成灾影响区往往是一个较大的包括有很多条沟谷支流的山区沟谷流域。但河谷型泥石流的成灾特征与沟谷型相比有较大不同，不是以骤然形成泥石流堆积扇的形式对沟口建筑物或交通干线产生迅猛破坏，而是渐进性地从淤塞下游河道开始，继而使后期发生的泥石流堆积物不断叠置其上，抬高沟床，经过十余年或几十年，终而造成破坏（照片 3-15、照片 3-16）。

河谷型泥石流流体结构及其运动特征，与沟谷型泥石流相比更加复杂。其流体性质一般为稀性泥石流，有时为水石流。河谷型泥石流是由上、中游一些泥石流支沟先后汇聚而成的，使泥石流流体不断地增加固体碎屑物的含量，因而其形成区和流通区的分界较难断定。河谷型泥石流普遍存在的“搬运—沉积—再搬运—再沉积”过程，使沟道中的冲淤历程更加复杂化，泥石流的流通区和堆积区之间的界限实际上也无法确切界定。

照片 3-15　拜寺口沟沟床堆积物（镜向西）

照片 3-16　沙坝沟沟床堆积物（镜向西）

（二）泥石流固体物源特征

泥石流固体物质是泥石流发育过程中必不可少的，是组成泥石流体的物质基础。这些固体物质来源主要是由地质作用下产生的风化碎屑、残坡积物，沟道沉积物以及崩塌、滑坡等不良地质现象提供。其固体物质大小不一，颗粒范围相对较均匀，从直径约 1 m 的漂砾石到小于 0.005 mm 的黏粒。另外，人为堆积物也是宁夏泥石流的重要物质来源类型之一。现按照物源类型将其特征分述如下：

1. 残、坡积物

残、坡积物是基岩山区发育最为广泛的一类土体。由于基岩山区地形地质条件复杂，风化严重，因此残坡积物的变化较大。残积物厚度一般在 1 m 以内，最厚不超过 2 m，多数陡坡在 30~50 cm 之间，主要是以面蚀、剥落和局部崩塌等方式进入沟内；坡积物位于山麓平缓的斜坡或坡脚地带，一般是由残坡积物经水流搬运，顺坡移动堆积而成，厚度较大，最厚可达 4 m 以上，一般在 1~3 m 之间，常以侧蚀或局部垮塌的方式进入沟内（照片 3-17、照片 3-18）。

照片 3-17　残积物（镜向北）

照片 3-18　坡积物（镜向北）

2. 沟床堆积物

沟床堆积物是组成沟谷沟槽和滩地的土体。这些土体大部分为山坡物质以面蚀、沟蚀、局部崩塌、坡面泥石流和支沟泥石流等水力侵蚀和重力侵蚀方式进入沟谷，经水流改造后形成的。由于地形条件、地质条件和岩石风化程度的不同，其厚度和组成也有差异。区内沟床物质的厚度，就小沟和支沟而言，因沟床陡急，沟床堆积物较薄，一般在 3 m 以内，有些地段甚至基岩裸露，如九栋房沟；就较大的沟谷而言，由于沟谷平缓，沟床物质深厚，一般在 3 m 以上，如汝箕沟，石炭井沟等。流域面积较大（5 ~ 10 km^2）的泥石流沟谷，其主沟物质的可冲深度一般在 3 m 以内；流域面积大（>10 km^2）的泥石流沟谷，主沟中下游一般是边堆积、边冲刷，可冲深度小，一般在 2 m 以内。

3. 泥石流（山洪）堆积物

主要以泥石流及山洪携带的泥沙为输移方式，从山坡输入支沟或主沟，或由主沟上游输移到主沟下游与沟口形成的松散土体。由于松散碎屑物质和地形条件的不同，一般中、小泥石流沟谷的沟口由近、现代泥石流堆积物形成堆积扇；而较大的泥石流沟谷，由于主沟平缓、开阔，近、现代泥石流较难输移至沟口，往往在主沟边堆积边冲刷，沿沟形成侧积、弯道超高堆积、垄岗堆积或龙头堆积等泥石流堆积体。由于区内泥石流单沟暴发频率低，尤其是河谷型泥石流堆积物，经多年改造后，逐步演化成沟床堆积物，因此，主沟内的泥石流堆积物与沟床堆积物十分接近（照片 3-19、照片 3-20）。

照片 3-19　大水沟支沟泥石流堆积物（镜向西）

照片 3-20　北岔沟支沟泥石流堆积物（镜向北）

4. 人为堆积物

人为堆积物也是宁夏泥石流形成的重要固体物质来源之一，它主要由矿山固体废弃物和生活垃圾组成，其特点是形成速度快，数量巨大，颗粒粗，棱角尖锐，风化程度低，堆积集中，如区内采煤、采石形成的矸石、废渣、尾矿，以及掘出物、剥离物等。这些物质大多堆积于矿山周围的沟谷和斜坡上，在水源条件充足的情况下极易形成泥石流。

5. 黄土侵蚀堆积物

黄土侵蚀堆积物是宁南黄土丘陵区泥流形成的主要物质来源，由沟谷斜坡黄土及黄土类土供给。这类土体主要以黄土滑坡、崩塌、面蚀、坡面冲刷和泄流等方式进入沟谷，可以是前期的崩滑堆积物，也可以是泥流过程中发生崩滑进行补给，其组成物质主要为黄土颗粒和块体。泥流发生时，由于水的作用，黄土块体多被分解，以浆体形式流动。

（三）分类统计特征

对泥石流进行分类在于对各种地质环境下所产生的各种泥石流现象进行概括，来反映泥石流的形成条件、激发因素、动力特征、活动特征、发育程度、发展趋势、流体性质、物质组成、对人类的危害程度、与人类活动的关系等不同方面的性质，即不同的分类指标从不同侧面反映泥石流的某一性质，达到从不同角度全面、准确认识泥石流的目的。也正因为如此，同一条沟谷的泥石流会因分类角度不同而会被划分为不同的类型。以下用不同分类方法对泥石流进行统计和特征概述。

1. 按颗粒物质组成

按颗粒物质组成可划分为泥石流、水石流和泥流。宁夏共发育 164 处泥石流地质灾害及隐患点，其中：泥石流 123 处，占 75%；水石流 21 处，占 12.8%；泥流 20 处，占 12.2%。

泥石流在山区分布较为广泛，多形成于砂岩、页岩及大量松散残坡积层分布的地区，其固体颗粒物质既有很不均一的碎屑物质，又含有相当多的细粒物质，由砾石、砂砾及黏土颗粒混杂组成，砾石含量一般在50%~70%之间，粉砂和黏土约占20%，颗粒差异较大，且具有一定的黏结性，其堆积物往往形成黏结的土石混合物。

水石流主要发育在由坚硬块石组成的山地。由于风化剥蚀和坡面块体运动以及流水作用等，坚硬的块石会不断在沟谷内富集。水石流一般由非常不均匀的石块和砂砾组成，粒径大，一般占固体物质总量的85%~90%，而粉砂、黏土颗粒物质含量少，仅占10%~15%，多充填于块石之间，在泥石流运动过程中极易被冲洗掉，其堆积物以粗大的碎屑物质为主。其性质和形成类似于山洪。

泥流主要发育于宁南黄土丘陵区，是由细颗粒物质组成的泥质流。泥流中黏粒含量大于石质山区的泥石流，黏粒质量比可达15%以上。泥流含少量碎石、岩屑，黏度大，呈稠泥状，黏结性强。

2. 按发育阶段

泥石流按发育阶段可划分为发展期、旺盛期、衰退期和停歇期。发展期泥石流的特征为沟岸两侧坡体破碎，淤积速度增加，规模多以小型为主。旺盛期泥石流沟坡极不稳定，淤积速度稳定，沟道堵塞较严重，规模较大。衰退期泥石流沟坡趋于稳定，以沟床搬运和侧蚀为主，淤积速度逐步减小。停歇期泥石流沟槽稳定，形成区基本消失，斜坡基本稳定，转为冲刷下切。宁夏164处泥石流中，有发展期泥石流13处，占7.9%；旺盛期泥石流15处，占9.2%；衰退期泥石流124处，占75.6%；停歇期泥石流12处，占7.3%。

3. 按堆积物体积

区内泥石流按照堆积物体积方量可划分为大型、中型和小型三类。其中：大型泥石流11处，占6.7%；中型38处，占23.2%；小型115处，占70.1%。

4. 按易发程度

区内泥石流按易发程度可划分为易发和轻度易发两类。其中：易发9处，轻度易发155处，分别占5.5%和94.5%。

四、地面塌陷

宁夏地面塌陷地质灾害相对较少，共3处，其中大型1处、小型2处。地面塌陷按类型分为黄土塌陷和煤矿采空区地面塌陷。

（一）黄土塌陷

隆德县张程乡发育1处小型黄土地面塌陷。塌陷区属古滑坡体在地表水、地下水共同作用下引发的次生地质灾害。该地面塌陷地表变形特征主要表现为地裂缝，无塌陷坑出现。地裂缝数量较少，分布较散，但延伸长度较大，裂缝均属于小型裂缝。主要为古滑坡的上部黄土层厚5~10 m，下伏古近系—新近系红色泥岩夹含膏砂岩，地下水沿古滑坡的滑动面径流冲蚀，是黄土内部形成“黄土喀斯特”。一般地表难以观察到明显的地表变形迹象，仅有少量的细小裂缝，裂缝宽度小于0.5 m，延伸小于50 m。塌陷坑中充填少量上部跨落的松散土体，多数有水流活动痕迹（地表水通过落水洞转入地下冲刷），周边有环状裂缝下沉的迹象。其发展趋势取决于动力因素的强度，如果充填物被搬运迁移，塌陷坑顶板就继续陷落，进一步发展；若地表有扰动，就会使陷坑增大。

（二）煤矿采空区地面塌陷

宁夏宁东、贺兰山、香山、宁南四大煤田蕴藏丰富的煤炭资源，这些地区煤矿已开采多年，但是由于地下煤矿被采空后，岩层周围的应力发生变化，引起采空区顶板覆盖岩层产生移位、开裂、冒落等岩层移动和破坏，并波及地表产生塌陷。

煤矿采空区地面塌陷地质灾害的发生多与煤炭企业开采面布设有关。地面塌陷区多受地下采空区控制，地面塌陷一般与开采面走向一致，平面形态多呈不规则长条形、圆形或椭圆形。一般规模大小不等，与采区开采方式、规模、煤层厚度、倾角及上覆地层工程地质性质关系密切。一般在地表常呈串珠状分布，与黄土“溶洞”现象类似，有时由多个塌陷坑一起组成较大的集合体，且各塌陷坑常由地裂缝相连。地裂缝在地表多呈裂缝带，其走向与采面布设走向一致，裂缝性质主要为拉张裂缝，呈锯齿状。一般长度为数米至数十米，宽度一般0.2~0.5 m。若地形高差大，则明显受地形控制。在地形变化大处，即坡度大的陡坎边缘，常形成较大的拉张裂缝，长度可达数百米，宽度达1~5 m（照片3-21、照片3-22）。

照片3-21　王洼煤矿拉张裂缝（镜向南）

照片3-22　梅花井煤矿采空区拉张裂缝带（镜向北）

第二节　地质灾害分布规律

一、区域统计规律

宁夏滑坡、崩塌、泥石流和地面塌陷地质灾害及隐患点共1016处，各县（市、区）地质灾害发育有较大差异，表现出区域不均匀分布的特点。行政区划上，除银川市永宁县、金凤区、兴庆区外，地质灾害及隐患在各县均有分布，但主要集中分布于宁夏南部山区各县，尤其以固原市5县（区）地质灾害最为发育，固原市共发育地质灾害及隐患点734处，占全区地质灾害及隐患点总数的72.24%。其中，西吉县地质灾害发育最为集中，占全区地质灾害总数的23.62%（表3-4）。

表3-4　宁夏各县（市、区）地质灾害及隐患点（类型）及险情统计一览表

地级市	县（市、区）	滑坡/处	崩塌/处	泥石流/处	地面塌陷/处	合计/处	占地质灾害百分比/%		威胁人口/人	威胁财产/万元
石嘴山市	大武口区	2	4	17	0	23	2.26	4.04	20	3220
	惠农区	1	0	4	0	5	0.49		55	5410
	平罗县	0	2	11	0	13	1.28		11	1765
银川市	西夏区	0	1	10	0	11	1.08	2.95	0	1060
	金凤区	0	0	0	0	0	0.0		0	0
	兴庆区	0	0	0	0	0	0.0		0	0
	永宁县	0	0	0	0	0	0.0		0	0
	贺兰县	0	3	5	0	8	0.79		13	905
	灵武市	0	0	11	0	11	1.08		0	830
吴忠市	利通区	0	6	1	0	7	0.69	6.30	28	295
	青铜峡市	0	0	7	0	7	0.69		0	1360
	盐池县	1	23	0	1	25	2.46		217	3094
	红寺堡区	0	1	0	0	1	0.10		7	30
	同心县	5	16	3	0	24	2.36		406	1372

续表

地级市	县（市、区）	滑坡/处	崩塌/处	泥石流/处	地面塌陷/处	合计/处	占地质灾害百分比/%		威胁人口/人	威胁财产/万元
中卫市	沙坡头区	2	15	55	0	72	7.09	14.47	693	19155
	中宁县	0	5	16	0	21	2.07		7	3039
	海原县	19	14	21	0	54	5.31		1856	10929
固原市	原州区	31	120	0	0	151	14.86	72.24	2162	8203
	西吉县	207	32	1	0	240	23.62		7954	36441
	彭阳县	75	58	0	1	134	13.19		1551	7286
	泾源县	57	33	1	0	91	8.96		1485	8670
	隆德县	39	77	1	1	118	11.61		2173	11680
全区合计		439	410	164	3	1016	100.0		18638	124744

宁夏各县（市、区）在地质灾害类型上也表现出不均匀分布的特征。全区共发育滑坡 439 处、崩塌 410 处、泥石流 164 处、地面塌陷 3 处。其中，滑坡和崩塌主要分布于宁南山区固原市 5 县（区），分别为 409 处和 320 处，分别占全区滑坡和崩塌地质灾害点的 93.2% 和 78%。在固原市中又以西吉县滑坡发育最为集中，为 201 处。地面崩塌在原州区分布最多，为 120 处。泥石流分布在土石质山区和黄土丘陵区，以中卫市沙坡头区、中宁县、海原县发育最多。

宁夏各区县地质灾害规模分布也有较大差异。总体上，宁夏全区各县地质灾害以小型为主，主要集中分布在原州区、彭阳县、隆德县和泾源县。特大型、大型、中型地质灾害主要分布于西吉和彭阳县两县（图 3-4）。

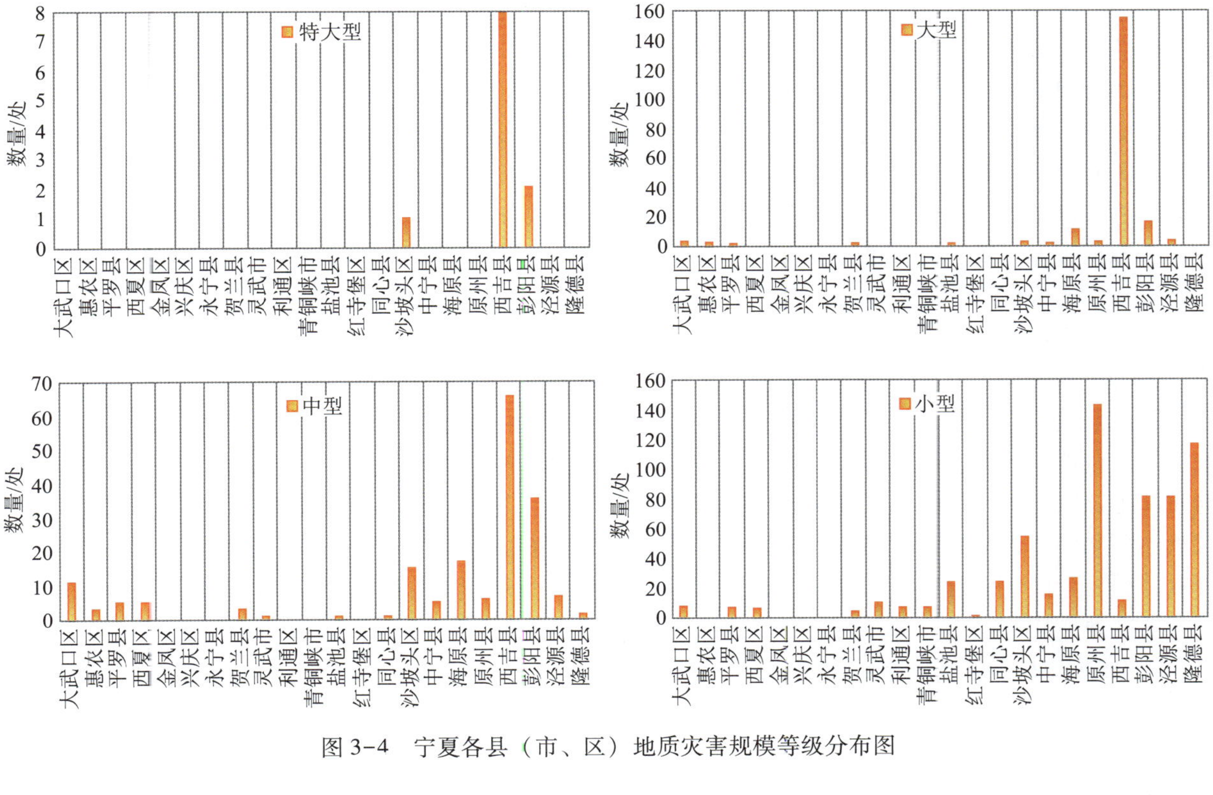

图 3-4　宁夏各县（市、区）地质灾害规模等级分布图

从险情上看，宁南山区海原、原州、彭阳、西吉、隆德、泾源 6 县（区）及中卫市沙坡头区威胁人口共计 17409 人，占全区威胁人口总数的 95.9%，其中又以西吉县威胁人口和威胁财产数量最

多。沙坡头区、大武口区、惠农区，虽然地质灾害较少，但均属于经济较为发达的地区，工况企业多、路网发达，因此威胁财产也较多（图 3-5）。

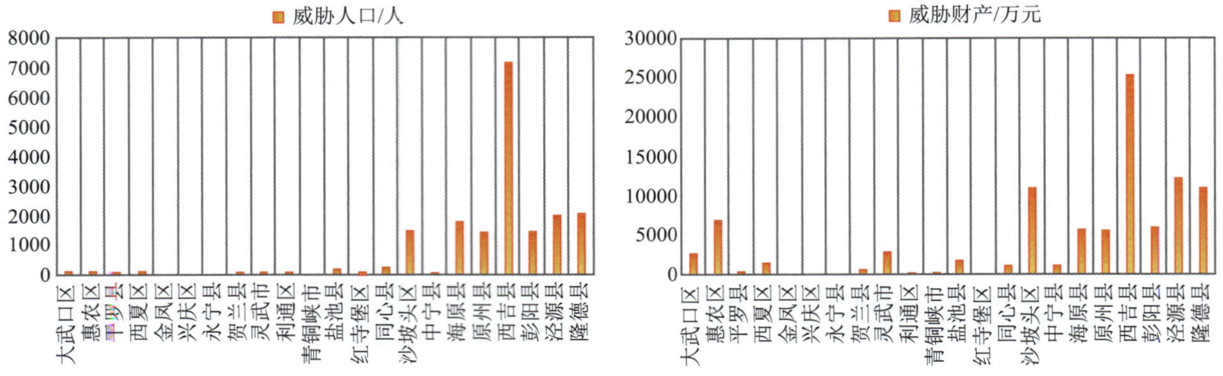

图 3-5　宁夏各县（市、区）地质灾害威胁人口和威胁财产分布图

二、地质灾害空间分布规律

宁夏地质灾害的空间分布极不均匀，其分布规律明显具有区域性分布特点，空间上与地质环境条件密切相关。具体有以下几方面特征。

1. 沿较大河（沟）谷两岸集中分布

宁夏地质灾害主要分布于泾河、葫芦河、滥泥河、红河、茹河等较大河谷及沟谷（支沟）两侧，呈带状分布，与河（沟）谷的走向基本一致。地质灾害分布密度变化较大，总体上由南向北、自西向东由密变稀。在宁夏南部黄土丘陵区和基岩山区较大河（沟）谷，地形切割强烈，人口密度大，交通设施发达，人类工程活动强烈，故地质灾害也较为发育；在平原区，尤其是冲积平原区，地形平坦，地质灾害不发育。

2. 与地质构造存在明显的相关性

宁夏地质构造强烈发育的地区（段）也是地质灾害危险度较高的区段。宁夏贺兰山、香山、卫宁北山等基岩山区是崩塌、泥石流灾害主要分布区域。该区域受到地壳隆升和褶冲构造作用的影响，区域地势起伏较大，褶皱、断层等构造极其发育，呈带状分布。岩体在强烈的构造作用下，挤压变形强烈，节理裂隙发育，岩体的完整性遭到破坏。特别是在褶皱轴部波峰和波谷部位，这些构造部位是应力最集中的区域，岩石发生脆性变形也最强烈，地质灾害往往发育于此。

在宁夏南部不同构造单元的交接地带以及深大断裂带附近，滑坡常集中分布。如 1920 年海原大地震的发震断裂——南西华山北麓断裂，滑坡常沿断裂带呈明显的带状分布。另外，当不同方向的两条或数条断层交汇或相距较近时，由于构造应力的叠加影响，以及断裂活动的继承性和多期性特点，使得处于该地段的岩土体遭受强烈破坏，地质灾害集中发育。构造运动不但为滑坡、崩塌的产生提供物质基础，而且对滑坡、崩塌的规模、空间分布具有控制作用。宁夏南部数条断层交汇于六盘山区，六盘山两侧山体滑坡成群成带连续分布，其发生的山区高程基本相同，滑坡的走向、滑动方向也基本一致，明显受区域内近北北西向主构造线所控制，充分反映滑坡群是在相同的地质条件下产生的，均受该地区地质构造的控制和影响。

3. 地质灾害分布与地层岩性的分布关系密切

地层岩性是地质灾害的物质基础，影响着地质灾害的分布。宁夏中南部滑坡、崩塌主要发育在第四系黄土、古近系—新近系、白垩系砂岩、泥岩组合地层中，由于泥岩与黄土存在天然的软弱结构面，使得这些地层分布区地质灾害集中分布，发育在上述地层中的地质灾害约占全区地质灾害的70%。宁夏北部基岩崩塌以砂岩和软硬相间的碎屑岩地层区分布最广，尤其是在沟谷沿岸、岩石节理裂隙发育、易风化破碎的地段，由于修路切坡或加载以及矿山开采活动，造成斜坡失稳或诱发各种地质灾害发生率明显较高，使得地质灾害分布具有相对集中的特点。泥石流的固体物源也多由上述地层风化的残积物或崩积物组成。

4. 地质灾害分布受控于人类工程活动

宁夏地质灾害的分布特点也表现出受人类工程活动控制的特点。由于各区域的人类工程活动强度不同，地质灾害的分布不均匀，具体分布规律主要表现在两方面：一是人类工程活动越强烈的地区（段），对地质环境影响越大，地质灾害也相对越集中发育，如在宁夏北部平汝铁路、汝西公路、石平公路及汝箕沟、石炭井矿山开采等时形成了大量高陡边坡，地质灾害发育程度较高；宁夏南部由于人工切坡建窑建房破坏了原始斜坡稳定性，形成大量滑坡、崩塌隐患。二是地质灾害的分布与矿产资源的分布关系密切，不同类型的矿产资源开发对地质灾害的“贡献”存在较大差别。地质灾害主要分布在煤矿、白云岩、石英岩矿区，又属煤矿分布区矿体规模和开采强度最大，因此地质灾害在煤矿区相对集中。另外，地质灾害的发育及类型受控于人类工程活动的方式。如矿山露天开采，形成高陡边坡，固体废弃物任意堆放，形成的地质灾害多以崩塌和泥石流为主。

三、地质灾害时间分布规律

在时间域上，宁夏地质灾害呈现出集中分布的规律。一是地质灾害发生的时间与大气降水规律具有较高的一致性。降雨是宁夏诱发地质灾害的主要因素，持续性降雨，特别是暴雨对崩塌、滑坡、泥石流的影响明显。地质灾害发生的频率与年际降水量多少呈正相关，丰水年地质灾害相对高发，年内主要集中在5~9月份，在日降雨强度大的时间内相对集中。在强降雨时期内灾害发生和降雨基本同步，连阴雨季节灾害发生有不同程度的滞后性，而且分布范围与降雨范围十分吻合。调查统计资料表明，宁夏地质灾害发生的时间集中在2012年、2018年、2019年的6、7、8、9月份，而地质灾害在日降雨强度较大的2012年7月29日、2018年7月22日相对较多。二是地质灾害的发生与地震时间具有同步性。根据调查资料，宁南黄土丘陵区发现的老滑坡大多发生在1920年，主要是由海原大地震诱发的，目前大多已稳定。三是地质灾害在现代人类工程活动强烈的时期相对集中。

第四章　不同结构类型地质灾害形成机理与成灾模式

第一节　黄土单一结构地质灾害形成机理及成灾模式

一、形成机理

此结构类型斜坡自坡脚至坡顶皆由第四系黄土地层构成，主要为马兰黄土和黄土状土，形成黄土梁、黄土峁、落水洞等独特的黄土地貌景观。多分布于黄土丘陵区支沟两侧和渝河右岸三级阶地前缘等。

此类斜坡一方面因黄土自身工程地质特性差、抗拉强度低，极易在临空面附近形成卸荷裂隙，有利于滑坡体与母体分离；另一方面会因降雨等因素造成强度急剧降低，并以泥岩层为相对隔水层向下蠕滑，在土体增重软弱结构面形成时迅速下滑。

黄土丘陵冲蚀切割深度不一的黄土梁以及沟谷是滑坡、崩塌发生的地貌条件：坡度、坡向和坡型对地质灾害类型和规模影响较大；人类工程活动破坏坡脚诱发坡体滑动。

（一）坡度与灾害

宁夏滑坡多发生于20°~60°的坡度之间，坡高主要分布在30~50 m之间。因此，假定坡高不变、参数不变，采用GEO-SLOPE专业软件分别对10°、20°、30°、40°、50°、60°的黄土斜坡进行稳定性验算和有限元分析。计算参数为：坡高40 m，容重16 kN/m^3，凝聚力30 kPa，内摩擦角23°，弹模89000 kPa，泊松比0.35，不考虑地震影响。稳定性计算结果如表4-1和图4-1所示。

表4-1　不同坡度黄土滑坡的稳定性系数

坡度/(°)	稳定系数（Janbu）	示意图
10	3.107	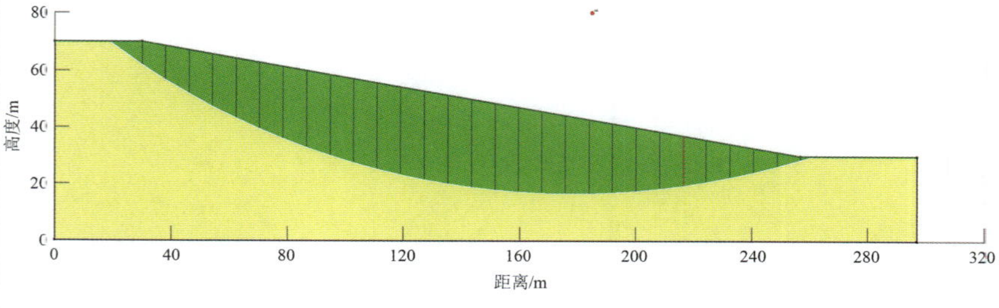
20	1.723	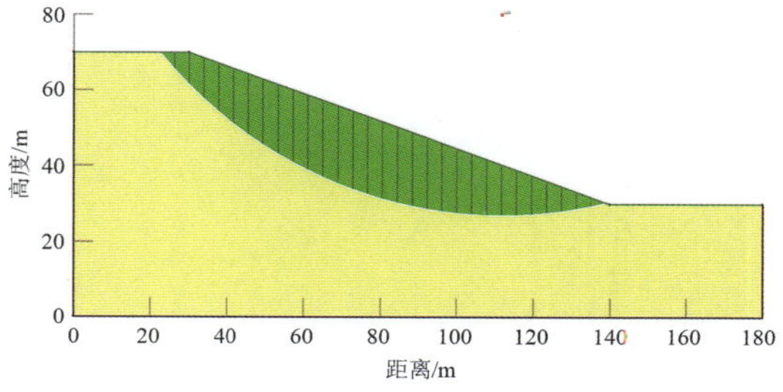

坡度/(°)	稳定系数（Janbu）	示意图
30	1.261	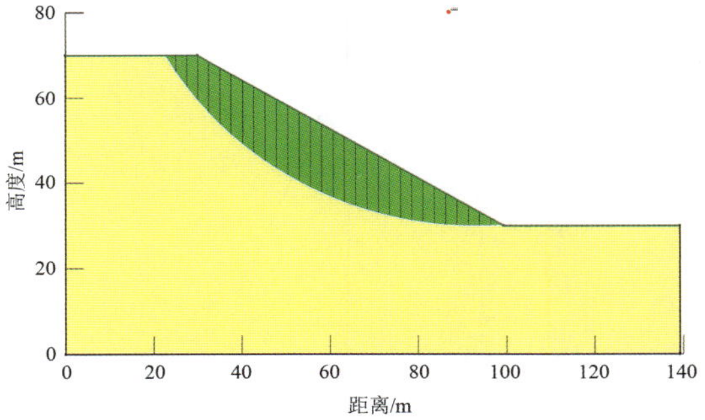
40	1.007	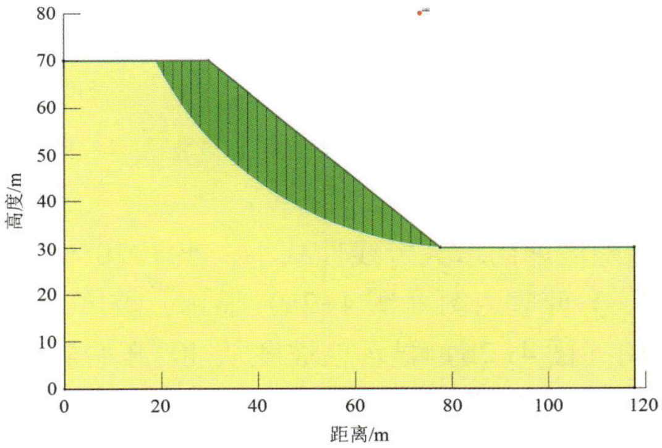
50	0.892	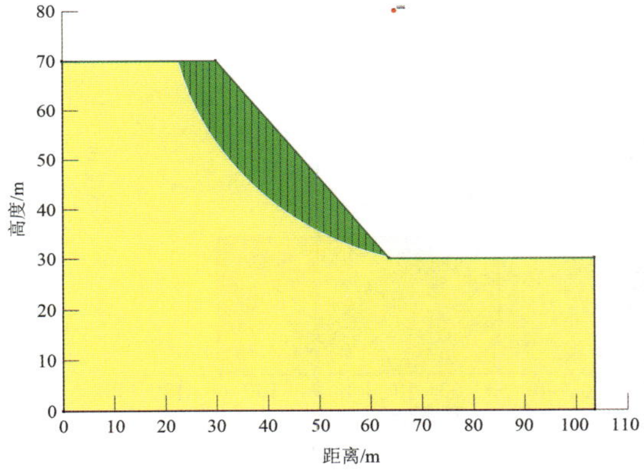
60	0.856	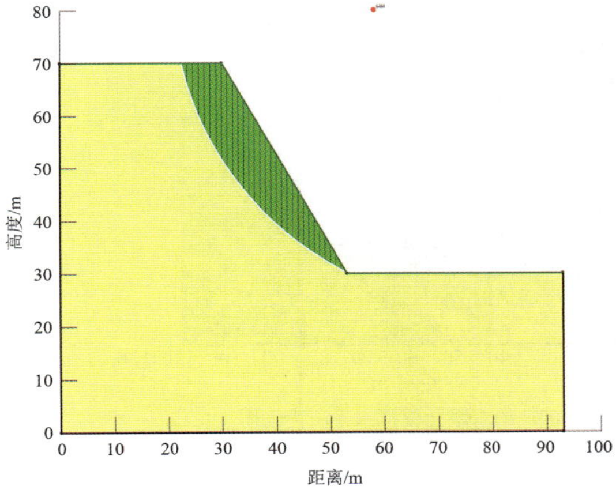

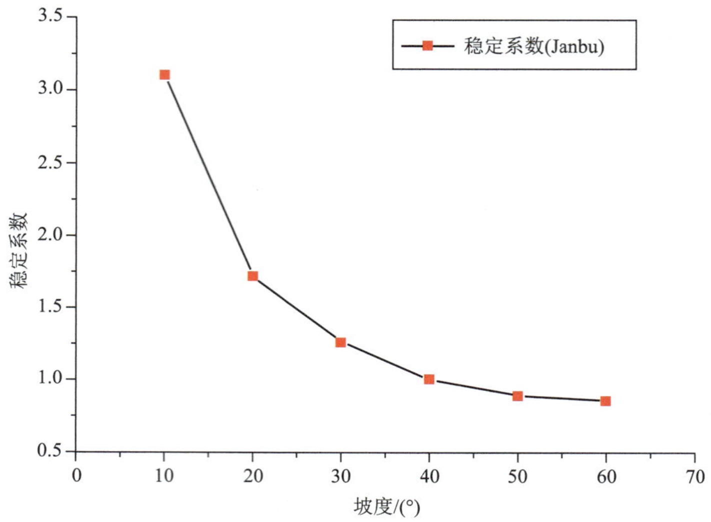

图 4-1　黄土斜坡稳定系数与坡度的对应关系

坡体稳定性随坡度的增大近线性减小，小于 20°时一般不会失稳，在 50°时处于临界状态。有限元模拟结果的 X-Y 剪应力图（图 4-2a）显示，坡度为 40°时，在坡面下部以及坡脚出现明显的剪应力集中。σ_x 云图（图 4-2b）显示，坡度从 40°开始斜坡坡面出现拉张区；50°时在坡顶出现拉张区（图 4-2c），60°时坡顶拉张区明显扩大（图 4-2d）；印证了斜坡坡度达到一定时，破坏以崩塌形式为主。这与前文的调查统计资料，即滑坡主要发生在 20°~60°的斜坡上是相符合的。

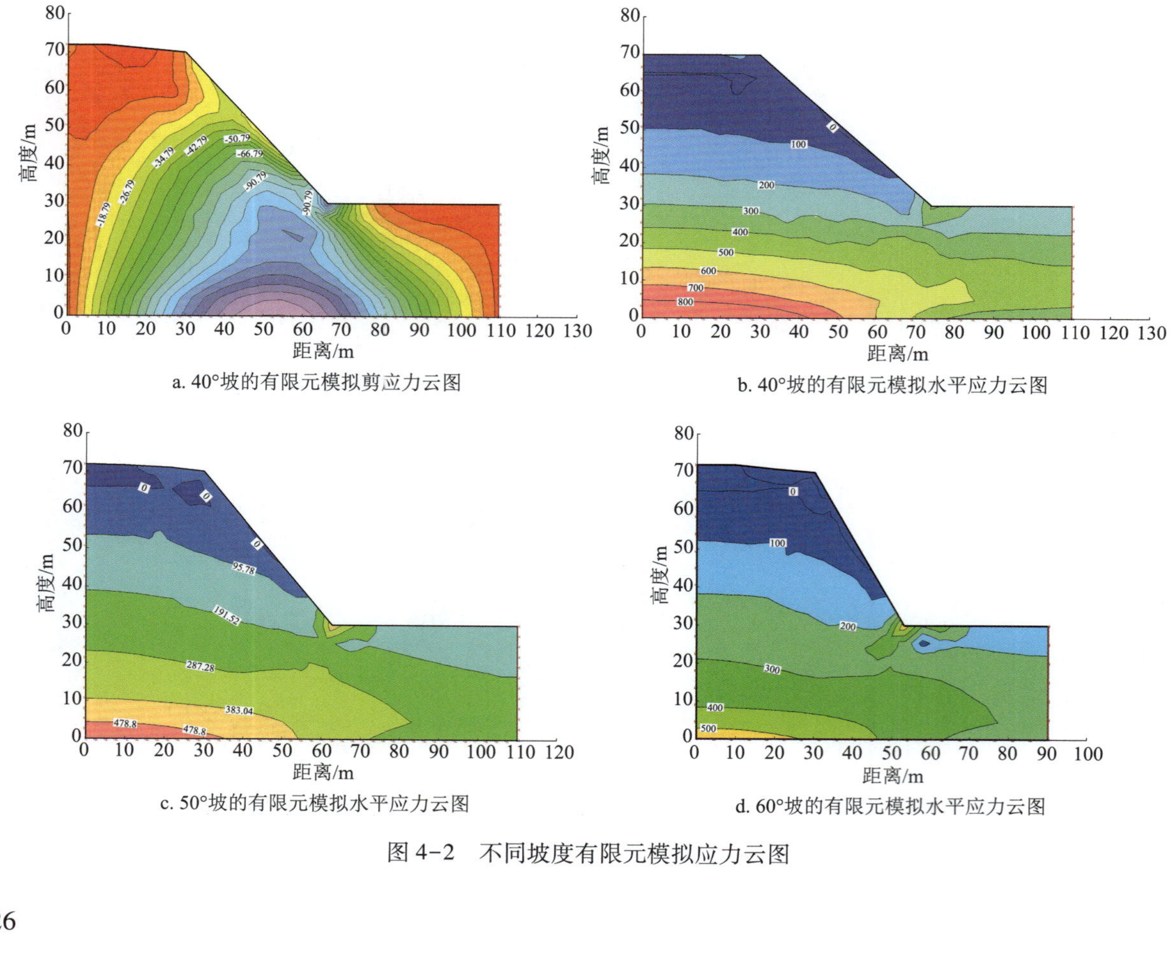

a. 40°坡的有限元模拟剪应力云图　b. 40°坡的有限元模拟水平应力云图

c. 50°坡的有限元模拟水平应力云图　d. 60°坡的有限元模拟水平应力云图

图 4-2　不同坡度有限元模拟应力云图

（二）坡型与滑坡

坡型对斜坡稳定性的影响选取前面已经计算的高 40m、坡度 40°的临界坡度斜坡变换坡形进行验算和模拟。结果发现直线型坡稳定性最好，凹型坡次之，凸型坡稳定性最差（表 4-2）。由于此处采用的模型是假定坡高和坡度不变，因此与前文调查统计资料是相符合的。

表 4-2　坡型对稳定性的影响

坡型	稳定系数（Janbu）	示意图
直线型	1.007	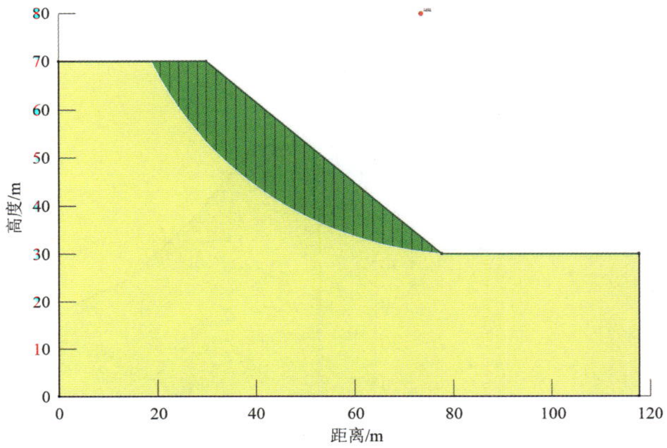
凹型	0.992	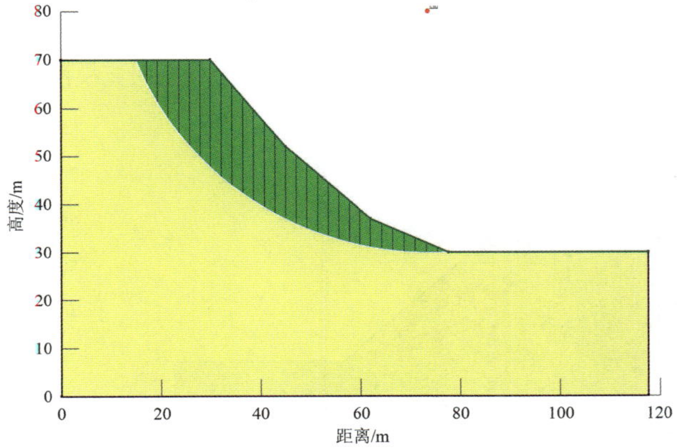
凸型	0.971	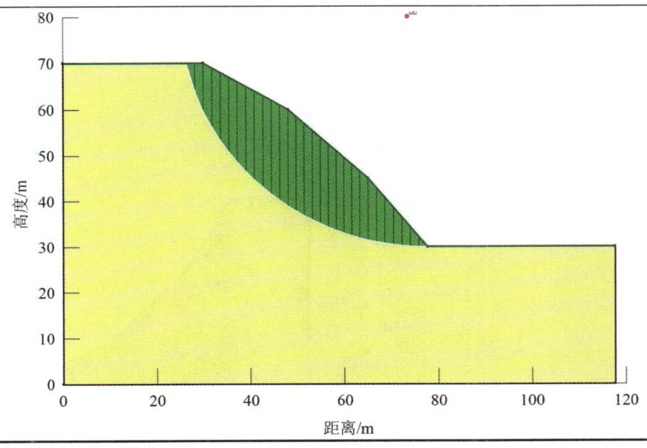

σ_x 应力云图（图 4-3）显示，直线型坡在坡面中部形成拉张区、凸型坡在坡体突出部位形成拉张区且张应力最小、凹型坡在坡顶及坡面由陡变缓部位形成拉张区且张应力最大；X 方向位移矢量图（图 4-4）显示，直线坡最大的位移发生在坡下部靠近坡脚的位置；凸型坡最大的位移发生在坡下部靠近坡脚的位置且位移量最大；凹型坡最大的位移发生在坡体由陡变缓的位置。

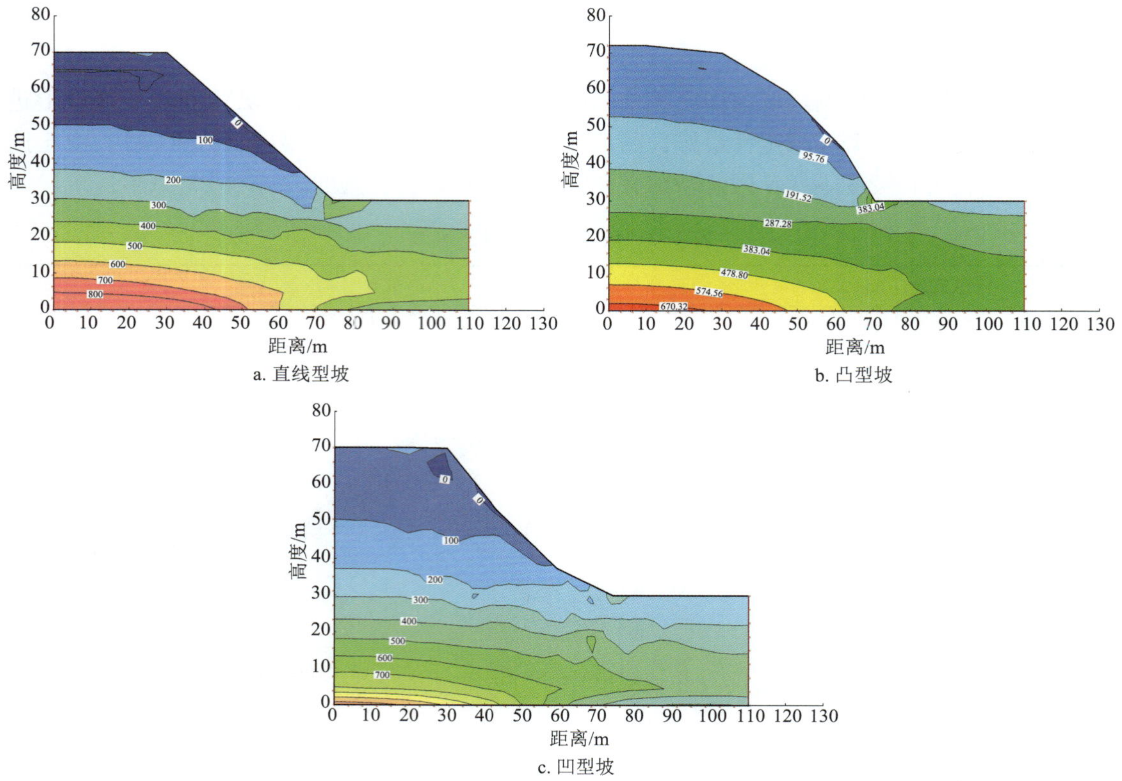

图 4-3　不同坡型斜坡有限元模拟 σ_x 应力云图（kPa）

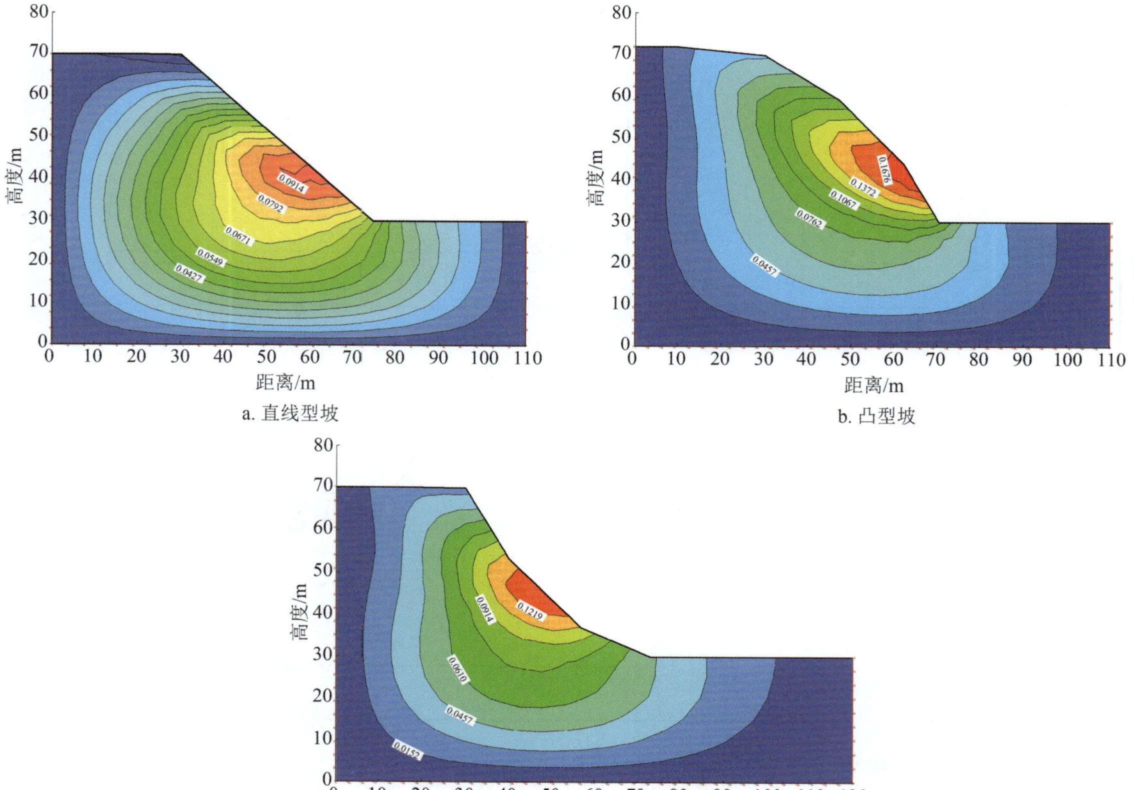

图 4-4　不同坡型斜坡有限元模拟 X 方向位移矢量图

（三）降雨与滑坡

降雨入渗使一定深度范围内的土体容重增大，强度减小。当坡体上部存在裂隙时，会使坡体稳定性进一步降低。因此，降雨成为黄土滑坡非常重要的诱发因素。取上述极限平衡状态坡体参数（坡高 40 m，坡度 40°），模拟降雨条件下斜坡的稳定性，结果发现降雨条件和上部裂隙条件对坡体稳定性影响程度基本相当，而上部有裂隙同时遇到降雨条件时坡体稳定性降低的程度更大（表 4-3）。

表 4-3　降雨及裂隙对稳定性的影响

降雨与裂隙状态	稳定系数（Janbu）	示意图
降雨	0.614	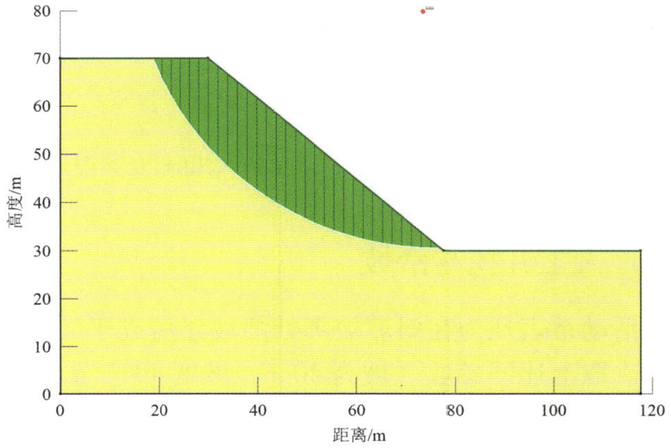
裂隙	0.961	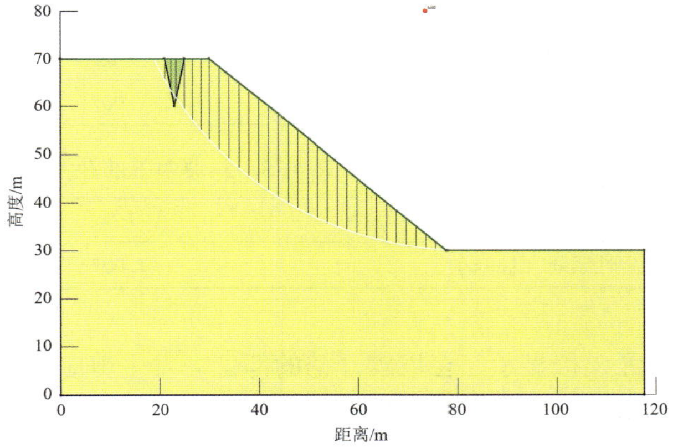
降雨和裂隙	0.569	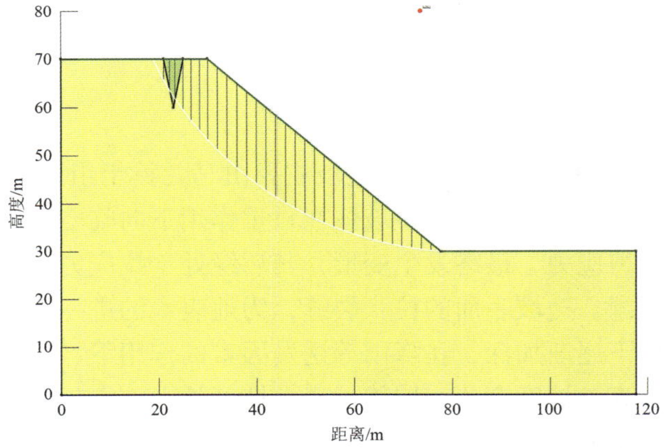

降雨加剧了剪应力的集中，并且在坡脚部位也发生了剪应力集中（图 4-5a）；坡顶裂隙的出现，使坡面拉张区的范围由坡体中部扩大到了坡体上部（图 4-5b）。这就验证了前文述及降雨对斜坡稳定性的影响。

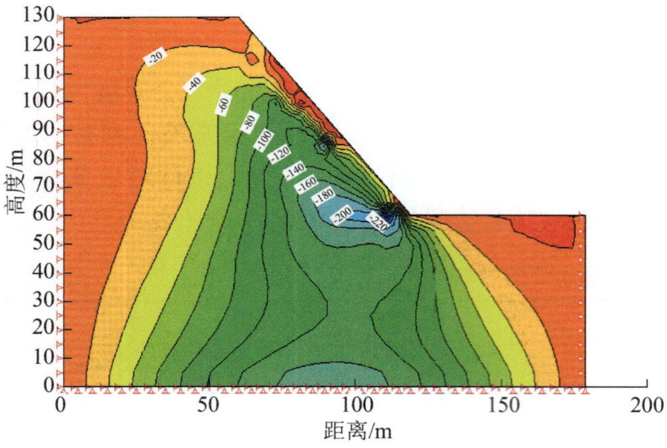

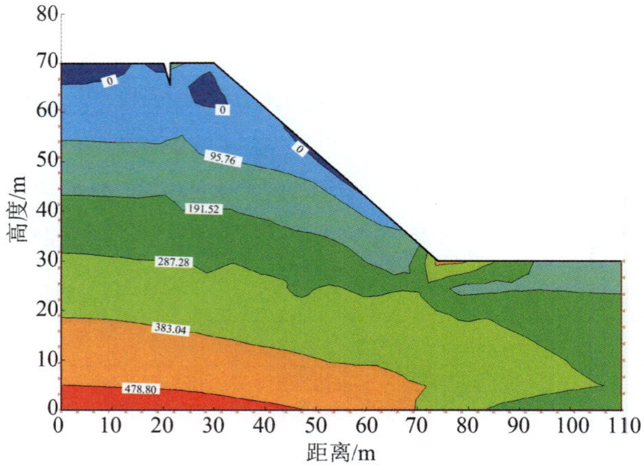

图 4-5　40°坡降雨及裂隙影响的应力云图（kPa）

（四）人工开挖与滑坡

人类活动常表现为在斜坡坡脚处削坡建房或于坡体中下部开挖建窑，其对坡体稳定性的影响也不完全相同。取上述同参数（坡高 40 m，坡度 40°）斜坡，分坡脚取土和挖土建窑两种情况分析，发现坡脚开挖对稳定性影响很大（表 4-4），中下部开挖影响更大（表 4-5）。

表 4-4　坡脚开挖条件下稳定性分析结果

工况	天然	坡脚开挖
稳定性系数（Janbu）	1.007	0.835

表 4-5　斜坡中下部开挖条件下稳定性分析

工况	天然	破体下部挖窑
稳定性系数（Janbu）	1.007	0.747

有限元模拟显示，在坡脚开挖的部位，发生剪应力的集中，且坡面处具有拉张区（图 4-6a，b）；中下部挖窑，剪应力在开挖窑洞的部位集中、拉张区发生在开挖窑洞的上方（图 4-6c，d）。

二、成灾模式

（一）滑移-拉裂型

滑移-拉裂型滑坡的原始边坡主要由马兰黄土组成，地层结构单一，垂直节理发育，多为高陡边坡。这类滑坡的破坏机理是坡体在自重作用下向临空方向变形。随着斜坡土体强度的降低，由于抗剪强度小于剪应力，最终发生变形，其后缘处于拉应力状态。当拉应力超过后缘坡体的抗拉强度时，便产生拉裂缝。边坡表面的拉张裂缝，为地表水的进一步入渗提供了有利的通道，导致蠕动变形加剧，拉裂缝向下逐渐加深，在降雨等诱发因素的作用下，可能导致斜坡破坏形成滑坡。这类滑坡形成往往与自身坡高与坡度有关，坡体越高、坡度越大灾害越易于发生，降雨是其激发的主要诱因。成灾模式如图 4-7 所示。

（二）拉裂-倾倒型

拉裂-倾倒型滑坡主要发育在陡立或陡倾的斜坡前部。陡倾岩土体在自重弯矩作用下，于前缘开始向临空方向作悬臂梁弯曲，并逐渐向坡内发展。弯曲的板梁之间互相错动并伴有拉裂，弯曲体后缘

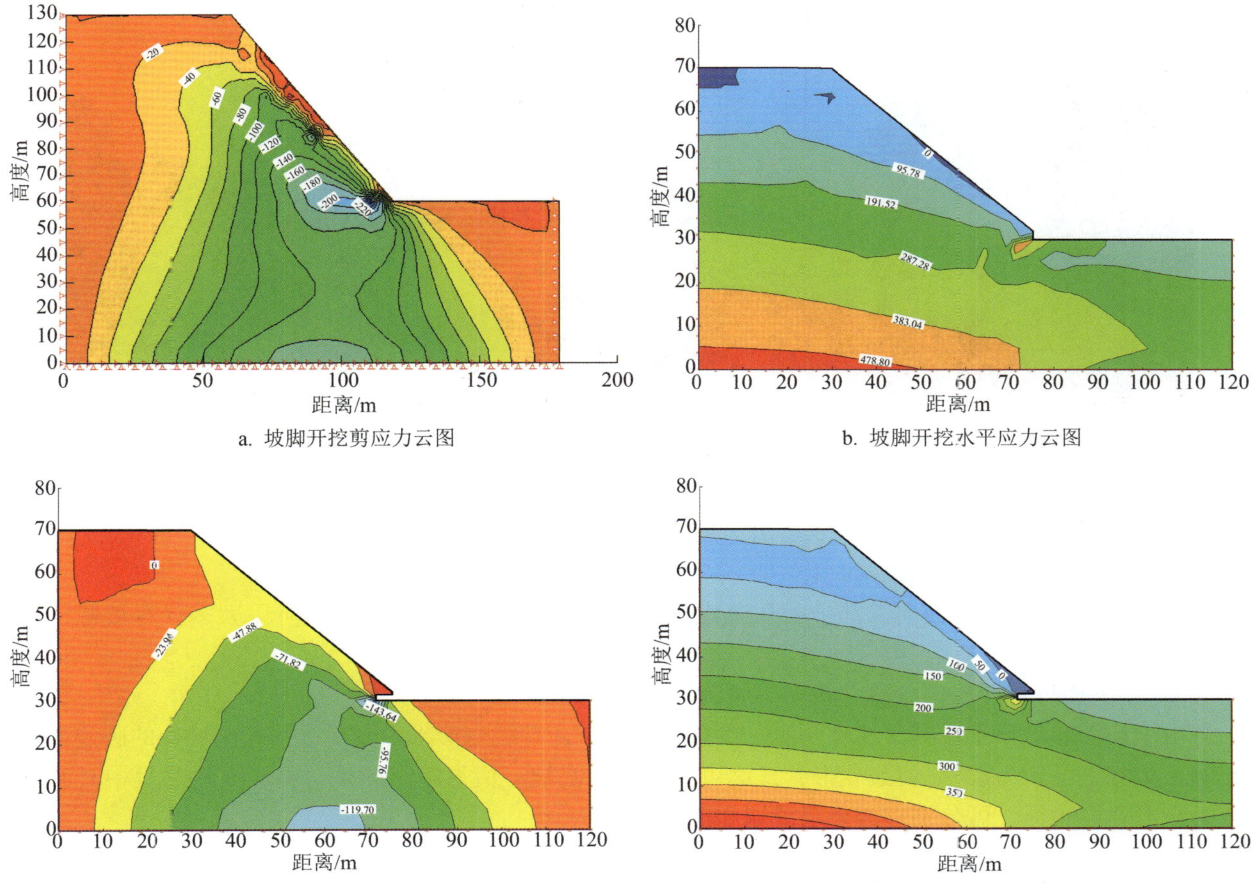

a. 坡脚开挖剪应力云图

b. 坡脚开挖水平应力云图

c. 中下部开挖剪应力

d. 中下部开挖水平应力云图

图 4-6　50°坡不同部位开挖应力云图（kPa）

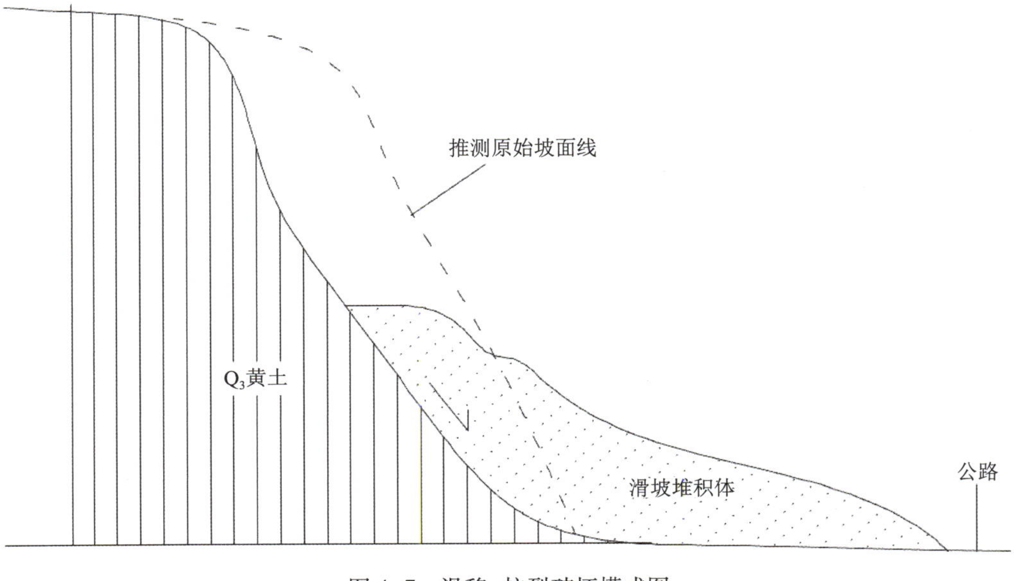

图 4-7　滑移-拉裂破坏模式图

出现拉裂缝，形成平行于走向的反坡台阶和槽沟。板梁弯曲剧烈部位往往产生横切板梁的折裂。在区内主要表现为黄土崩塌。由于黄土的直立性和垂直节理发育，坡肩拉应力集中，形成平行于走向的裂缝，在降雨条件下由于自重或者外界扰动前缘向临空面产生崩塌（照片 4-1）。

照片 4-1　垂直节理控制的黄土崩塌

拉裂-倾倒型成灾模式如图 4-8 所示，其变形的发展可划分为下列阶段。

1）垂直裂缝，陡倾面拉裂阶段。

2）柱体弯曲，拉裂面向深部扩展并向坡后推移阶段。如果坡度很陡，此阶段大多伴有坡缘、坡面局部崩落。

3）中下部折裂、压碎阶段。转动、倾倒，导致崩塌。

由于崩塌体堆积于坡脚，坡度变缓。在这种情况下，继续变形将主要受这些倾向坡外的破裂面所控制，实际上已转为滑移-拉裂变形，最终可能发展为滑坡。值得指出的是，斜坡演化过程中具有双重潜在滑移面特征，可分别形成表层滑塌和深部滑坡。

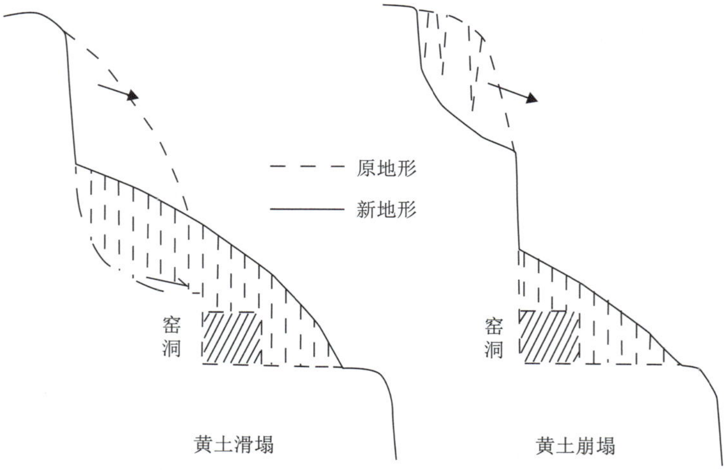

图 4-8　拉裂-倾倒型破坏模式示意图

第二节　黄土-泥岩组合结构地质灾害形成机理及成灾模式

一、形成机理

（一）坡度与滑坡

在不考虑地震作用影响下建立坡高 40 m，黄土厚度 20 m 的黄土-基岩接触型斜坡模型。通过改变斜坡坡度，分析斜坡的稳定性。

岩土参数：黄土天然容重 16 kN/m^3，黏聚力 32 kPa，内摩擦角 19.1°，弹性模量 89000 kPa，泊松比 0.35。饱和重度 19 kN/m^3，黏聚力 18 kPa，内摩擦角 15.1°。泥岩容重 19 kN/m^3，黏聚力 40 kPa，内摩擦角 20°，弹性模量 1×10^6 kPa，泊松比 0.5。

使用 GEO-SLOPE 软件进行模拟计算，得到计算结果见表 4-6。

表 4-6　不同坡度的黄土-基岩型斜坡稳定性计算结果

坡度/(°)	稳定系数（Janbu）	示意图
20	1.956	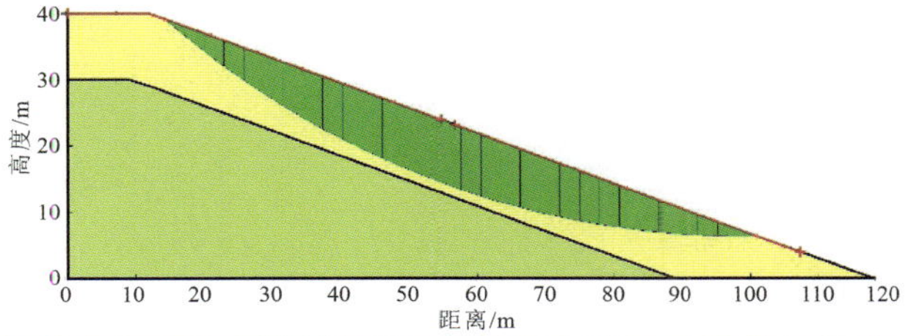
25	1.450	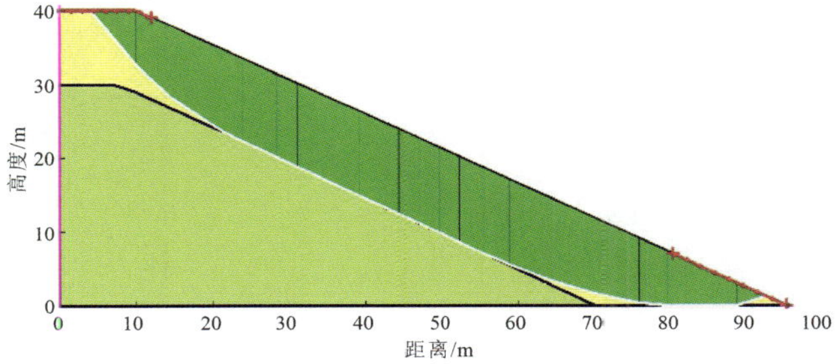
30	1.296	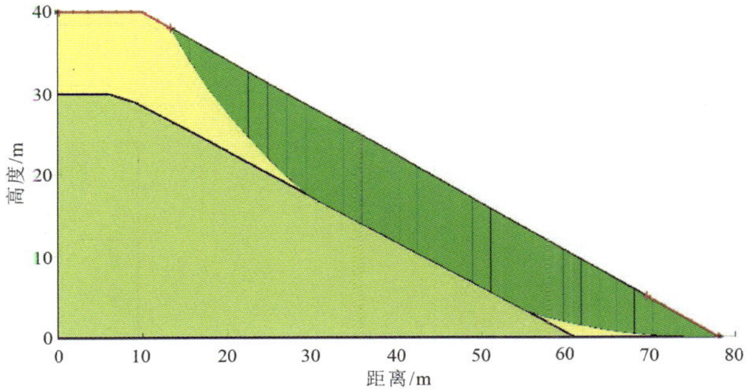
35	1.286	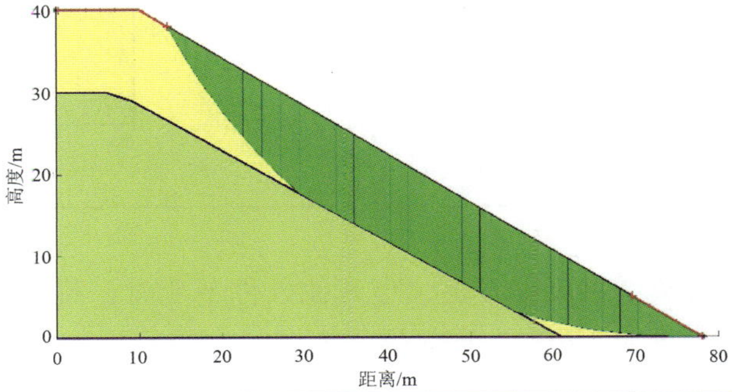
40	1.118	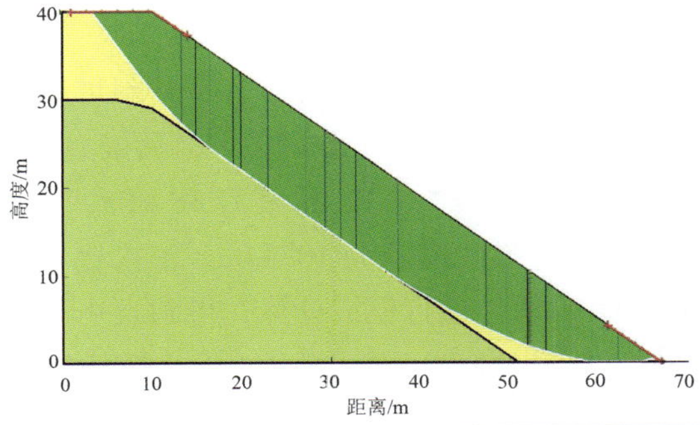

坡度/(°)	稳定系数（Janbu）	示意图
45	0. 926	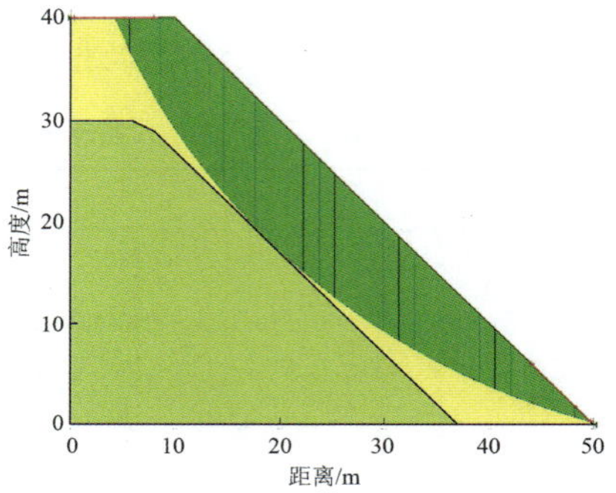
50	0. 826	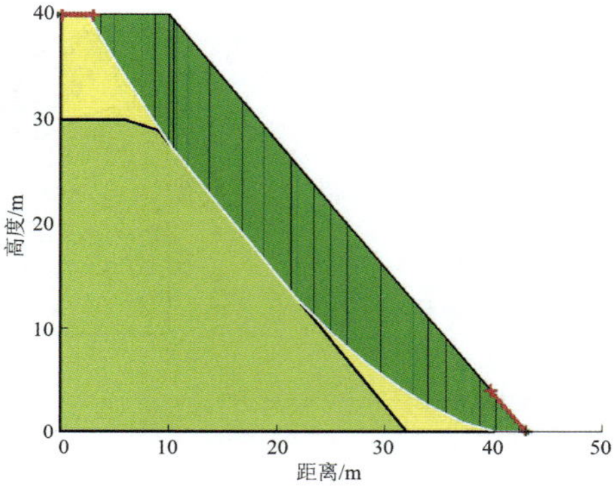
55	0. 631	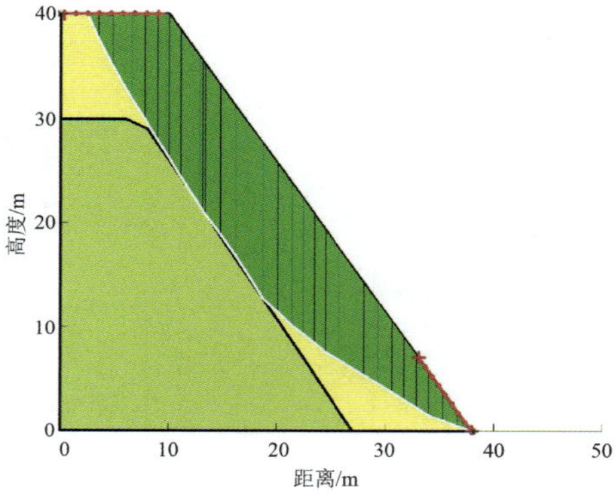

由以上计算结果可以看出，当其他条件不变时，黄土-基岩型斜坡的稳定系数随坡度增大而减小。斜坡在坡度为45°时处于临界状态。

（二）黄土厚度与滑坡

在上述模型基础上通过改变黄土厚度，分析斜坡稳定性。

岩土参数：黄土天然状态容重16 kN/m^3，黏聚力22 kPa，内摩擦角19. 1°，弹性模量89000 kPa，泊松比0. 35。饱和容重19 kN/m^3，黏聚力18 kPa，内摩擦角15. 1°。泥岩容重19 kN/m^3，黏聚力40 kPa，内摩擦角20°，弹性模量1×10^6 kPa，泊松比0. 5。

使用GEO-SLOPE软件进行模拟计算，得到表4-7的计算结果。

由计算结果可以得出结论：对于黄土-基岩型斜坡，当坡体坡高和坡度不变时，随着黄土厚度的增大，坡体稳定性降低。

表 4-7　不同黄土厚度的黄土-基岩斜坡稳定性计算结果

黄土厚度/m	稳定系数（Janbu）	示意图
5	0. 829	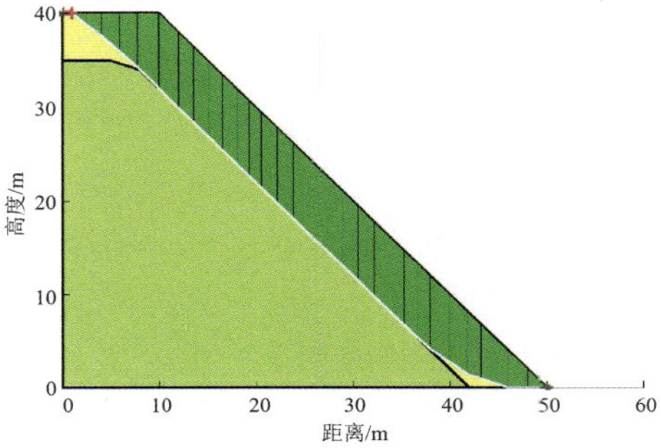
10	0. 776	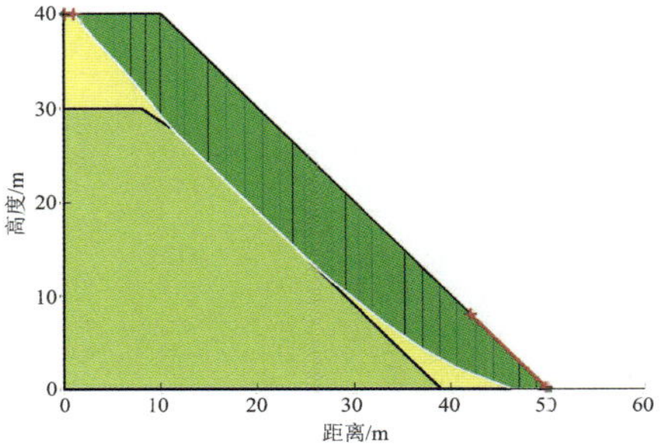
15	0. 759	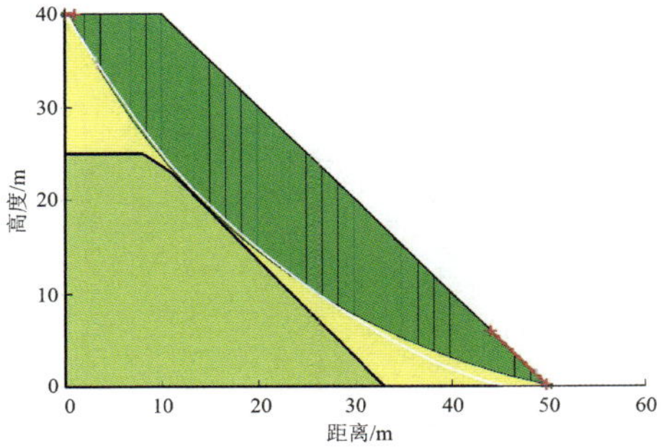
20	0. 747	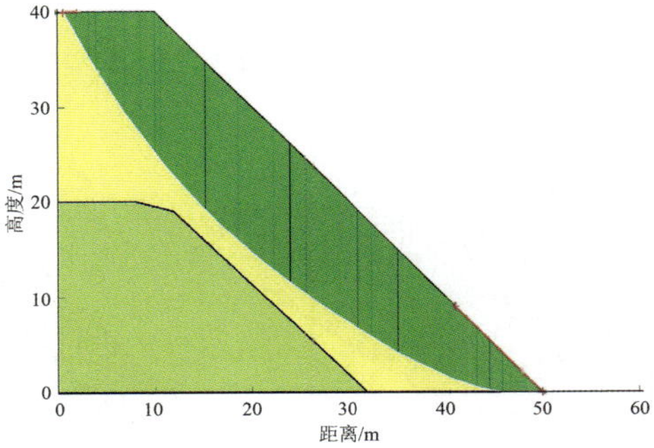

二、成灾模式

（一）滑移-压致-拉裂型

滑移-压致-拉裂型滑坡主要为黄土泥岩接触面滑坡。这种滑坡的滑体主要由黄土组成，滑床由泥岩组成。其破坏机制为由于坡脚开挖致坡脚产生应力集中，斜坡向临空方向变形，坡顶产生拉张裂缝。这些裂缝的形成以及人类活动对坡表土壤的耕植扰动，为雨水入渗提供了良好的通道。当雨水入渗到泥岩顶部时，由于泥岩透水性差，雨水富集形成饱水带，软化上部黄土层。此时，该层土体处于压剪应力状态，构成潜在的滑动带。这类滑坡主滑面倾角较缓，但滑面较长，滑动时具有滑速低、滑动距离小的特点。

温堡乡杨家坡村滑坡属于黄土与基岩接触面滑坡。斜坡原始形态较完整，地形高陡，首先在坡顶后部一定范围内出现拉张应力区，然后在坡脚处产生剪应力和压应力集中区（图4-9），随着降雨入渗，坡体自重增加，两区的集中应力会超过土体的峰值抗剪强度，裂隙将发展、延伸。同时，破裂面上的强度将迅速由峰值强度降低到残余强度。斜坡产生局部变形，原来提供抗剪阻力的土体又会围绕破坏区产生应力重分布（图4-10）。破坏区的扩大和未破坏区的应力集中是一个缓慢过程，当集中剪力超过或等于未破坏区能提供的剪切阻力时，斜坡将失去其稳定性，发生滑坡。随着坡面斜率的减小，坡脚的剪应力集中最先消失，拉应力集中区域后消失，最终滑坡趋于稳定状态。滑坡演变过程见图4-11。

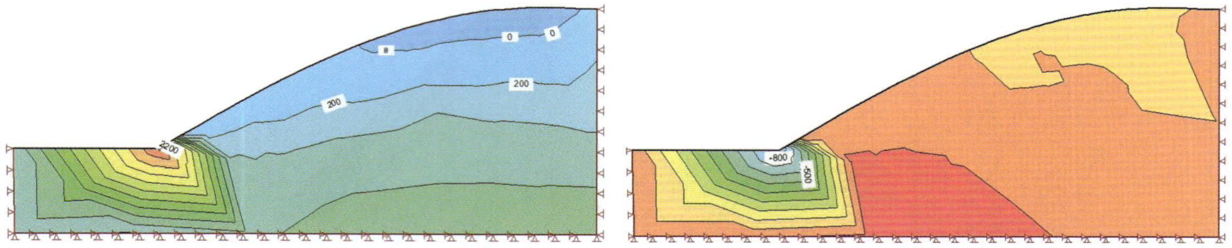

a. 水平应力　　b. 剪应力

图4-9　原始斜坡应力云图

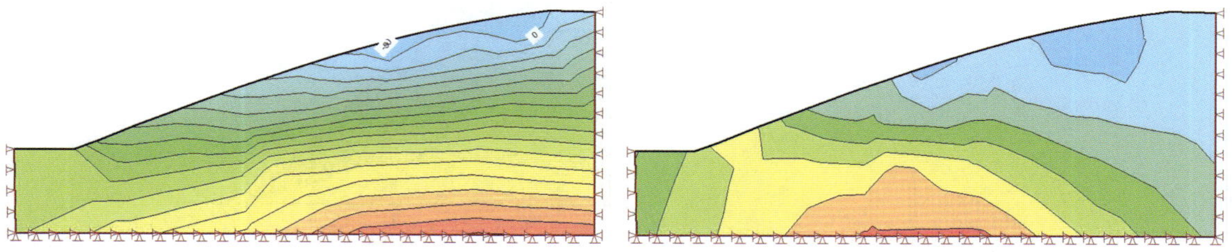

a. 水平应力　　b. 剪应力

图4-10　变形坡型应力云图

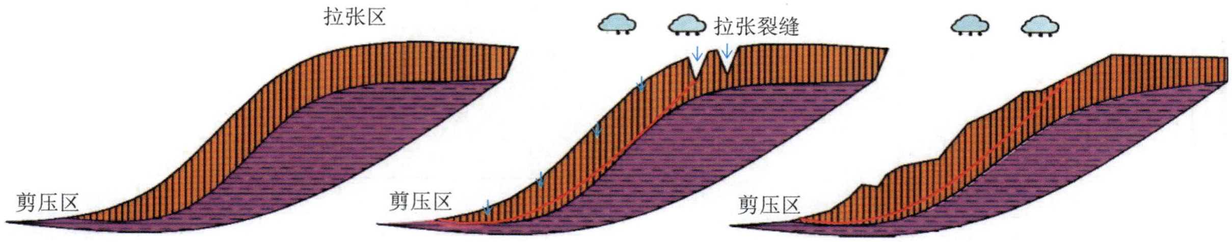

图4-11　杨家坡滑坡演变示意图

（二）蠕滑-拉裂型

这类变形主要发育在坡度较缓（<30°）的平缓层状体斜坡中。坡体沿平缓结构面向坡前临空方向产生缓慢的蠕变性滑移。滑移面锁固点附近拉应力集中分布，局部产生与滑移面近于垂直的拉张裂隙。随着裂隙向上扩展，其方向逐渐转为与坡面平行，进而产生局部滑移。蠕滑-拉裂变形是由斜坡内软弱结构面处自下而上发展起来的。

变形发展过程中，坡内有一可能发展为破坏面的潜在滑移面，它受最大剪应力面分布状况的控制。该面以上发育自坡面向下递减的剪切蠕变带，其蠕变主要通过结构面的相互错位调整来实现。这类变形往往为其主要变形方式，且层间摩擦系数愈低，愈有利于产生这类变形。通常，此类变形可以划分为3个阶段。

1）上部蠕滑。上部岩土体向坡下蠕动，后缘产生拉张裂隙。

2）后缘拉裂。通常造成面向坡下的台阶。

3）潜在剪切面剪切扰动。

随着剪切变形进一步发展，中部剪应力集中部位被扰动扩容，使斜坡下半部分逐渐隆起。随着变形体开始发生转动，后缘明显下沉，拉裂面由开始的张开转为渐趋闭合。这些迹象预示变形进入累进性破坏阶段，一旦潜在剪切面被剪断贯通，则发展为滑坡。

后海滑坡位于隆德县城北部的好水乡后海二组，滑坡长度约200 m，宽度约300 m，高差约40 m，组成物质主要有黄土状土、石膏和下伏泥岩。根据物质组成和结构特征判断属于蠕滑-拉裂型黄土-泥岩接触面滑坡。经过多次滑动，滑体结构已较破碎，并在滑坡后缘出现宽达5 m的裂缝；滑坡前缘出现明显的崩塌现象，表面出现多条裂缝。种种迹象表明，该滑坡目前处于变形加剧阶段。

采用《土工试验方法标准》（GB/T 50123—2019）中的试验方法，对滑带土的天然密度、含水率、孔隙比、相对密度、界限含水率等指标进行测试，基本物理性质指标见表4-8。

表4-8　滑带土基本物理指标

滑带位置	含水率/%	天然密度/（$g \cdot cm^{-3}$）	干密度/（$g \cdot cm^{-3}$）	孔隙比 e	液限/%	塑限/%	塑性指数
前缘	19.2	2.08	1.74	0.56	29.00	17.7	11.3
后缘	15.8	1.81	1.58	1.14	24.85	16.02	8.84

试验结果表明，滑带土的物理性质指标因所处的位置不同而表现各异。前缘滑带土的含水率、液限、塑限及塑性指数均明显高于后部滑带，孔隙比明显小于后部滑带。由于后部滑带位于黄土层间，孔隙发育，水赋存能力弱，土体表现出半固态状态；前缘滑带位于砂质泥岩与黄土接触面，分层界线相对平缓，泥岩为相对隔水层，在前缘易形成滞水层。滑带土长期浸水而含水量升高，土体表现出高塑性，由于前缘滑带土受到滑坡推力作用大，土体被压密，使得干密度、天然密度增加，孔隙比减小。

图4-12可以看出滑坡后缘出现拉应力，滑坡前缘剪应力集中。降雨作用一方面使得坡体重力增大，可造成应力集中加剧，另一方面也会使得岩土体强度下降。当应力超过岩土体抗剪强度时，滑坡后缘就会产生拉张裂缝，前缘产生滑动揉搓作用使得岩土体密度增大。

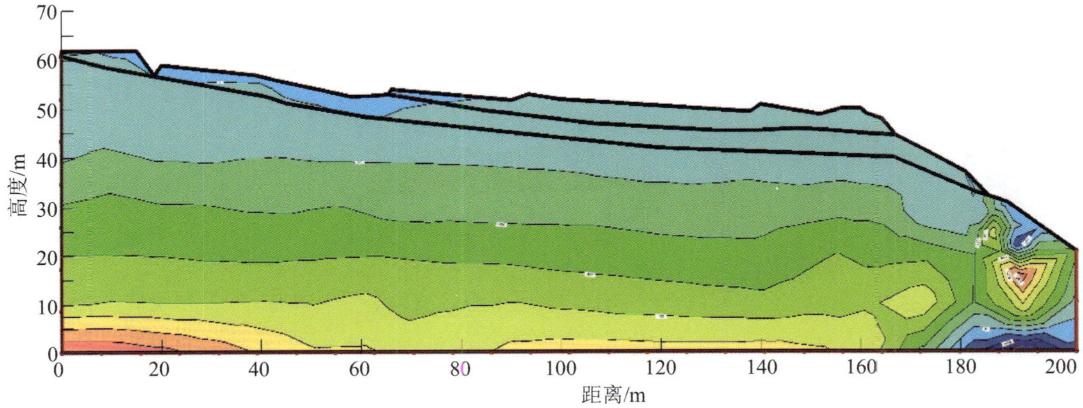

图4-12　后海滑坡模拟应力云图

基于上述实验结果和数值模拟结果，好水乡后海二组黄土-基岩滑坡形成演化规律可以总结以下3个阶段：

1）由于黄土垂直节理裂隙发育，在大气降水的冲蚀下，雨水入渗土体内部后，在泥岩上部形成上层滞水，导致此处土体含水率增加，抗剪强度降低，此时土体物理性质仅发生含水率的变化，力学强度降低，岩层表面形成软弱带。

2）随着地表水进一步向坡体内和下部入渗，同时滑坡前缘水库蓄水导致滑坡前缘土体含水量增加，同时水流的侵蚀导致滑坡前缘坡度较陡。在前部土体的牵引作用下，滑带土受到机械破碎和地下水溶蚀作用，细颗粒物质增加，孔隙比减小，部分矿物水解泥化成黏土矿物，导致强度开始下降，土体开始发生蠕变。同时滑坡后缘形成较大的拉张裂缝。

3）在土体蠕动变形过程中，前缘滑带土不断受到挤压、揉搓等作用，土体中的大、中孔隙被细颗粒物质所填充，逐渐以微小孔隙为主，联通性变差，地下水无法及时渗出坡体，使得滑带土长期浸泡在水中，更多的长石等矿物成分水解成黏土矿物，强度急剧降低，进而发生滑动。根据滑坡形成过程，滑坡属于蠕滑-拉裂型滑坡。滑坡演变过程见图4-13。

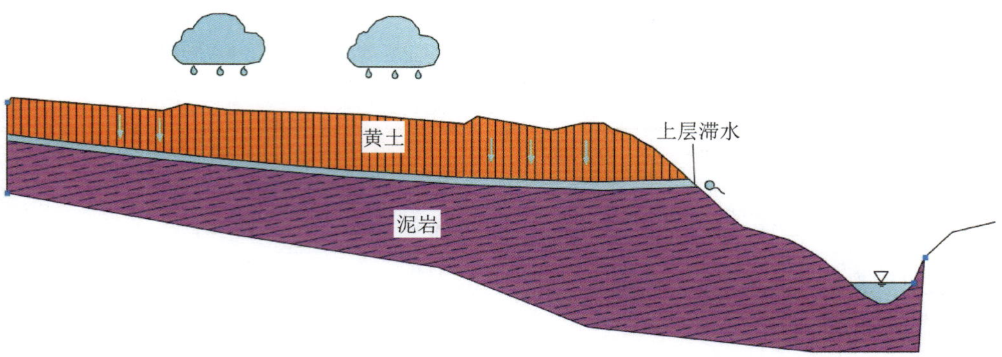

a. 软化阶段

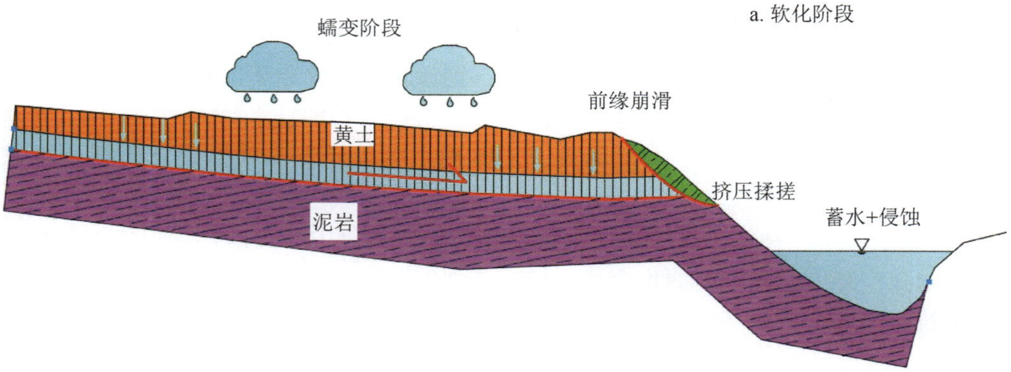

b. 蠕变阶段

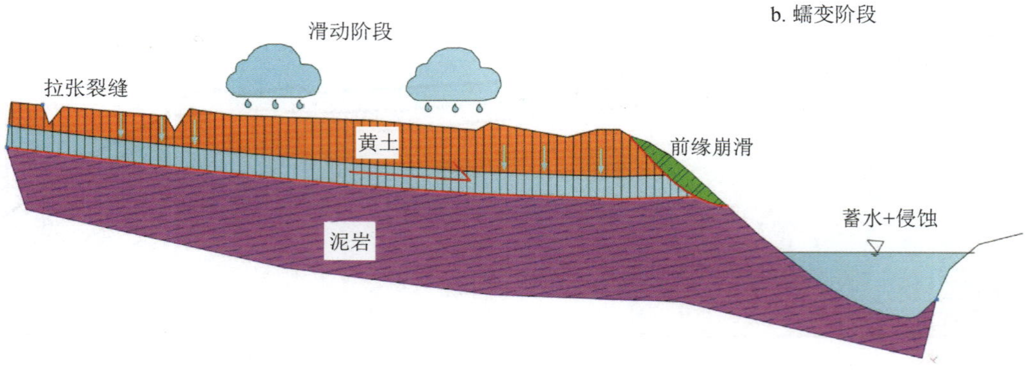

c. 滑动阶段

图4-13　后海滑坡演变示意图

第三节　残坡积物-基岩组合结构地质灾害形成机理及成灾模式

一、形成机理

这种类型斜坡主要出现在红岩丘陵区和中低山区，主要出露古近系砂质泥岩、砂岩和白垩系灰色泥岩夹石膏，该类岩体节理裂隙发育，表层风化强烈，风化层一般厚度 1~3 m，下伏砂质泥岩、砂岩，岩层产状近于水平，且隔水性能较好。如遇强降雨，上部残坡积物、风化物容易饱和，形成坡面泥流或沿泥岩顶面产生浅层滑动。

地质灾害的发生是多种因素相互作用的结果，它既受区域地形地貌条件、地质构造条件、地下水活动、岩土体类型和性质等主导因素的控制，又受各种触发因素的影响，诸如降雨、地震、人类工程活动等。在众多触发因素中，降雨是最主要的因素之一。宁夏坡面泥流灾害中，降雨是最主要的水源，对于降雨作用的分析，从两方面进行，一方面是坡面泥流形成的降雨组成及其各部分的作用，另一方面是坡面泥流形成的降雨指标。

（一）坡面泥流形成的降雨组成

坡面泥流是坡面泥石流的一种特殊形式，而坡面泥石流和沟谷泥石流均属于泥石流的范畴。对于宁夏南部发育的泥岩坡面泥流来说，坡面裸露的泥岩经受长期的风化作用，形成了大小不等的颗粒，构成了其物源，而流域内的地形地貌条件在一定时期内又保持相对稳定，所以水源条件就成了唯一的可变因素，又因为该区域最主要的水源为降雨，所以，坡面泥流的发生与否，与该区域的降水密切相关。

大量研究表明，从降雨的角度分析，激发泥石流的水源是前期降雨和短历时雨强共同作用的结果。前期降雨历时长，使得泥岩坡体表面的松散固体颗粒含水量逐渐升高，抗剪强度逐渐降低，坡体逐渐向失稳的临界状态过渡。短历时雨强，是暴发坡面泥流的又一主要动力条件，它会导致坡面土体液化，抗剪强度快速降低，最终形成坡面泥流。

目前，学术界对于泥石流形成时降雨指标的具体划分还没有统一的标准，而对前期降雨的理解更是千差万别。李新坡、何思明等认为该系列降雨的起始时刻至泥石流发生前本次降雨的开始时刻之间的降雨称为前期降雨；谭万沛（2000）将泥石流发生前 14 天降雨对土体含水量的贡献值，即土体前期含水量理解为前期降雨；陈景武（2000）将前期降雨细分为两部分，一部分为泥石流暴发前一天的前期降水量 P_{a_0}，另一部分为泥石流暴发前的当日降水量 h，二者之和即为前期降雨值；崔鹏等（2015）在此基础上将前期降雨更加细化，提出了间接前期降雨、直接前期降雨和短历时激发雨量，三者共同构成了泥石流暴发的前期降雨。

综合前人的研究成果，本书将间接前期降雨和直接前期降雨作为坡面泥流形成的前期降雨，将短历时雨强作为坡面泥流形成的激发雨量。

间接前期降雨：指触发本次坡面泥流的降雨开始时刻前 n 天坡面所遭受的降雨量。计算公式为：

$$P_b = \sum_{i=1}^{n} P_i K_i \tag{4-1}$$

式中：P_b——间接前期降雨量（mm）；

P_i——坡面泥流发生前 1~n 天各日的降雨量（mm）；

K_i——坡面泥流发生前 1~n 天各日的雨量递减系数，该系数反映了雨量的蒸发消耗程度。

一次过程的降雨量，由于蒸发，逐日递减，一般在 20 天就基本耗尽，因此一般取前 20 天的降雨量。

直接前期降雨：指当场降雨中激发坡面泥流的短历时雨强前的降雨。坡面泥流多发生在丘陵沟壑区，直接前期降雨很难确定，一般以坡面泥流暴发前的 1 h 或 10 min 前的 24 小时内的降雨量。

短历时雨强：又称激发降雨，指促使坡面泥流发生的降雨。一般取坡面泥流暴发前 1h 或 10 min 的降雨量。

（二）前期降雨对坡面泥岩抗剪强度的影响

在外荷和土体的自重压力作用下，土体中各点在任意方向的平面上，都将产生法向应力 σ 和剪应力 τ。当通过该点某一方向上的剪应力 τ 小于或等于土体所具有的抗剪强度时，该点处于稳定状态，不会发生破坏；而当该点剪应力 τ 超过土体的抗剪强度时，该点将发生剪切破坏。土体抗剪强度 τ 可用如下公式表示：

$$\tau_f = \sigma\tan\varphi + c \tag{4-2}$$

式中：τ_f——抗剪强度（kPa）；

σ——作用在剪切面上的法向应力（kPa）；

φ——内摩擦角（°）；

c——黏聚力（kPa）。

坡面松散泥岩的抗剪强度直接关系着能否发生坡面泥流。由于前期降雨导致坡面松散泥岩的含水量升高，随着含水量的升高，其黏聚力和内摩擦角会明显地降低，抗剪强度 τ_f 将会大幅降低。当坡面泥岩受到的剪切力超过自身的抗剪强度时，泥岩边坡就会发生破坏形成坡面泥流。所以，前期降雨在红层泥岩坡面泥流形成中的作用主要体现在，坡面松散泥岩的含水量升高导致泥岩抗剪强度参数 c、φ 明显降低。

（三）短历时雨强在红层泥岩坡面泥流形成中的作用

前期降雨使坡面松散泥岩逐渐接近或达到饱和，但如果没有一定强度的短历时激发雨强，那么降雨只会使坡面泥岩的含水量简单的升高，不能触发坡面泥流的形成。正如前期降雨对坡面泥岩含水量和抗剪强度的影响，短历时雨强也起着相同的作用。由于前期降雨对坡面泥岩含水量的影响各异，在前期降雨作用下，坡面泥岩含水量可能达到饱和，也可能不饱和。若坡面泥岩饱和，那么在短历时雨强的激发下可以发生坡面泥流，若坡面泥岩不饱和，那么短历时雨强可以使其含水量迅速升高，导致其抗剪强度快速减小，当减小到临界条件时，就会产生滑动形成坡面泥流。

另外，前期降雨阶段，雨水入渗，使得土体含水量升高，随着降雨时间的延续，雨强逐渐超过了雨水的入渗强度，坡面开始产生超渗径流，而后由于短历时雨强的作用，超渗径流作用逐渐增强，对坡面松散颗粒的侵蚀作用也逐步加深，使得局部土体的黏滞力迅速下降，当黏滞力下降到一定程度，就会发生坡面泥流。

（四）含水量变化对泥岩边坡稳定性的影响

综上可知，降雨直接影响泥岩的含水量，而含水量又关系着泥岩的强度。随着降雨持续，泥岩含水量不断变化，坡体的抗滑力和滑动力也在持续变化，当其滑动力大于抗滑力时，泥岩边坡就会发生滑移形成泥流，即滑动力等于抗滑力，就是坡面泥流启动的临界条件，此时所对应的含水量即为坡面泥流启动的临界含水量。

通过建立边坡滑移计算模型（图 4-14），研究坡面泥流启动的临界含水量。

潜在滑动体长度为 L，厚度为 H，宽度取单位长度。其中滑动力 T、抗滑力 R 分别为：

$$T=L\cdot H\cdot \rho\cdot g\cdot \sin\theta \tag{4-3}$$

$$R=c\cdot L+L\cdot H\cdot \rho\cdot g\cdot \cos\theta\cdot \tan\varphi \tag{4-4}$$

式中：ρ——湿密度（g/cm^3），随着饱和度的变化而变化，$\rho=(1+w)\rho_d$，ρ_d 为干密度；

g——重力加速度（m/s^2），一般取 10 m/s^2；

θ——坡角（°）；

c——土体的黏聚力（kPa）；

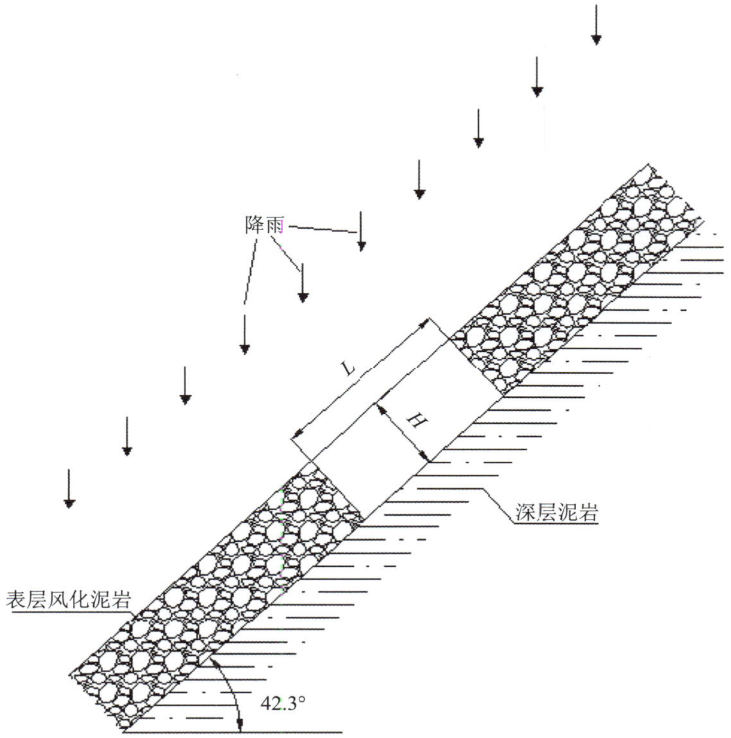

图 4-14　边坡滑移计算模型

φ——土体的内摩擦角（°）。

根据室内试验参数，分别取 L 为单位长度、H 为 7 cm，g 为 10 m/s^2，θ 为 42.3°，由室内试验资料可知，在干密度为 1.50 g/cm^3 时，黏聚力 c 和内摩擦角 φ 与含水量 w 的关系如图 4-15 和图 4-16 所示，拟合公式为：

$$c=0.5909\cdot w^{-2.1586} \tag{4-5}$$

$$\tan\varphi=-1.876w+0.8221 \tag{4-6}$$

式中：w——含水量；

φ——土体内摩擦角（°）。

联立上式研究坡体稳定性与含水率关系（表 4-9）。

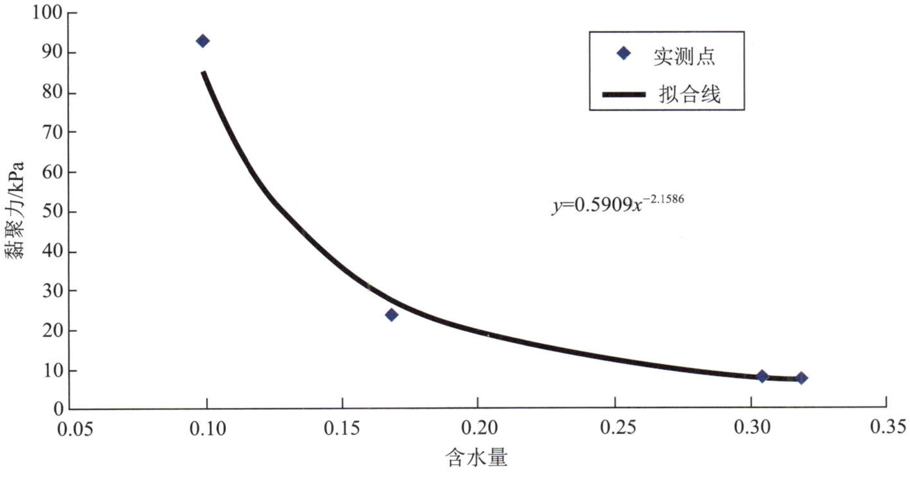

图 4-15　c-w 关系曲线

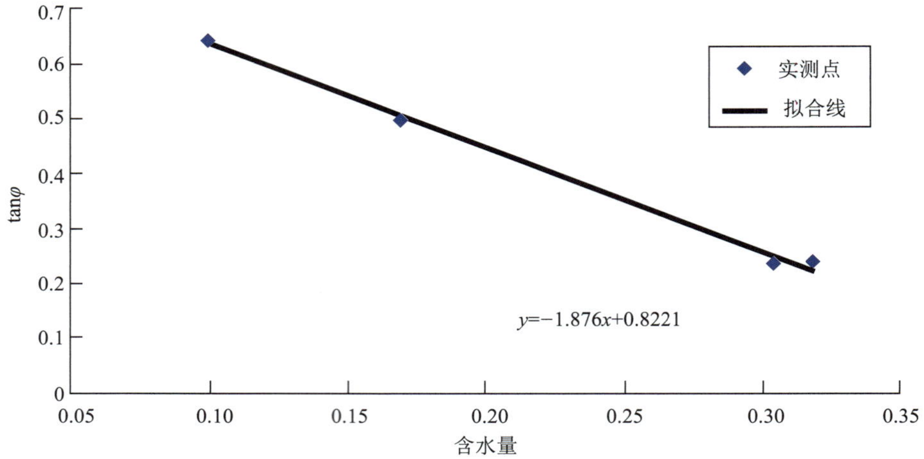

图 4-16　tanφ-w 关系曲线

表 4-9　不同含水率下的边坡稳定性

含水量	ρ/(g·cm^{-3})	c/(g·cm^{-3})	tanφ	T/kN	R/kN	R/T
0. 1	1. 65	92. 6	0. 6420	0. 0777	0. 9809	12. 6187
0. 15	1. 725	35. 418	0. 5407	0. 0813	0. 4031	4. 9607
0. 2	1. 8	19. 0682	0. 4469	0. 0848	0. 2324	2. 7401
0. 25	1. 875	11. 7793	0. 3531	0. 0883	0. 1521	1. 7218
0. 3	1. 95	7. 9469	0. 2593	0. 0919	0. 1057	1. 1502
0. 31	1. 965	7. 4039	0. 2405	0. 0926	0. 0985	1. 0643
0. 311	1. 9665	7. 3526	0. 2387	0. 0926	0. 0978	1. 0561
0. 312	1. 968	7. 3018	0. 2368	0. 0927	0. 0972	1. 0479
0. 313	1. 969	7. 2516	0. 2349	0. 0928	0. 0965	1. 0399
0. 315	1. 9725	7. 1525	0. 2312	0. 0929	0. 0951	1. 0239
0. 316	1. 974	7. 1038	0. 2293	0. 0930	0. 0945	1. 0160
0. 317	1. 9755	7. 0555	0. 2274	0. 0931	0. 0938	1. 0082
0. 318	1. 977	7. 0077	0. 2255	0. 0931	0. 0932	1. 0004
0. 319	1. 9785	6. 9604	0. 2237	0. 0932	0. 0925	0. 9927
0. 32	1. 98	6. 9135	0. 2218	0. 0933	0. 0919	0. 9850
0. 33	1. 995	6. 4692	0. 2030	0. 0940	0. 0857	0. 9116
0. 35	2. 025	5. 6976	0. 1655	0. 0954	0. 0743	0. 7729
0. 38	2. 07	4. 7708	0. 1092	0. 0975	0. 0594	0. 6093
0. 386	2. 080	4. 5942	0. 0967	0. 0980	0. 0564	0. 5751

一般认为，发生坡面泥流时，坡面土体已达到饱和状态，但是，由图 4-17 可知，边坡滑移形成泥流过程中，坡面泥岩未达到饱和状态，并且发生坡面泥流时，土体存在一个临界含水量。当泥岩含水量达到 31. 8%时，即饱和度为 82%，坡体的稳定系数为 1，处于临界稳定状态，坡面泥流启动。然

后继续降雨，水分持续入渗，潜在滑动体与水充分作用，当滑移带的泥岩含水量达到 35.85%时，即饱和度达到 93%，坡面泥流发生。可见，随着泥岩含水量的变化，坡体的稳定性也在时刻变化，基于这种含水量与边坡稳定性的相关性，可以对坡面泥流灾害进行预警，降低损失。

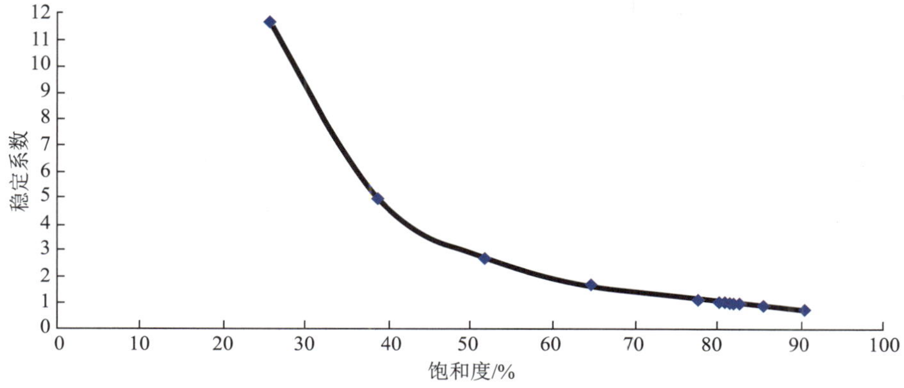

图 4-17　稳定系数与饱和度关系曲线

（五）红层泥岩遇水崩解对坡面泥流形成的作用

宁夏出露的典型“红层泥岩”主要为新近系、古近系的红色砂质泥岩，通过现场调查发现，水对此类砂质泥岩的作用特别强烈，由于水的作用，岩体的完整性下降，强度降低，崩解软化特征非常明显，即在水的作用下，泥岩变成了可塑性较强的似泥状或泥状物质，产生泥流（照片 4-2）。

照片 4-2　红层泥岩的坡面泥流

新近系、古近系的红色砂质泥岩在水的作用下，之所以会变成似泥状或泥状物质，其根本原因在于其具有崩解性。崩解性指开挖揭露后的泥岩或暴露岩层，由于脱湿后的再吸湿，造成原泥岩逐渐崩解成碎块，甚至分散成碎屑或泥的现象。我们将取样点定位在固原市隆德县将一块体积为 200 cm^3 的原状泥岩块体进行浸水试验（照片 4-3），观测泥岩块体在水中的变化。结果发现，经过 15 min，泥岩块体就崩解成了碎屑。

红层泥岩在水中从完整的块体崩解成碎屑，说明水对泥岩的结构产生了影响。分析泥岩浸水崩解需要从泥岩遇水后微观结构的变化入手。

使用全自动 X 射线衍射仪对试验样品进行扫描，得到未经分析的粗略衍射图谱（图 4-18），然后运用 X 射线衍射分析软件 Jade5.0 在 PDF 卡片库对衍射图谱进行平滑、去背底、寻峰、分峰拟合、

照片 4-3　泥岩崩解

角度校正等，根据衍射角的大小及衍射强度，对物相进行定性分析。通常红层泥岩内含有较多的可溶性盐类，其中含有 Fe、Al、Ca、K 等离子，红层泥岩中百分含量占主导地位的是石英、云母、非晶质等，黏土矿物主要为高岭石。另外，经过物相分析可知试样中不含膨胀性黏土矿物蒙脱石和伊利石，因此该类泥岩属于非膨胀性软岩。

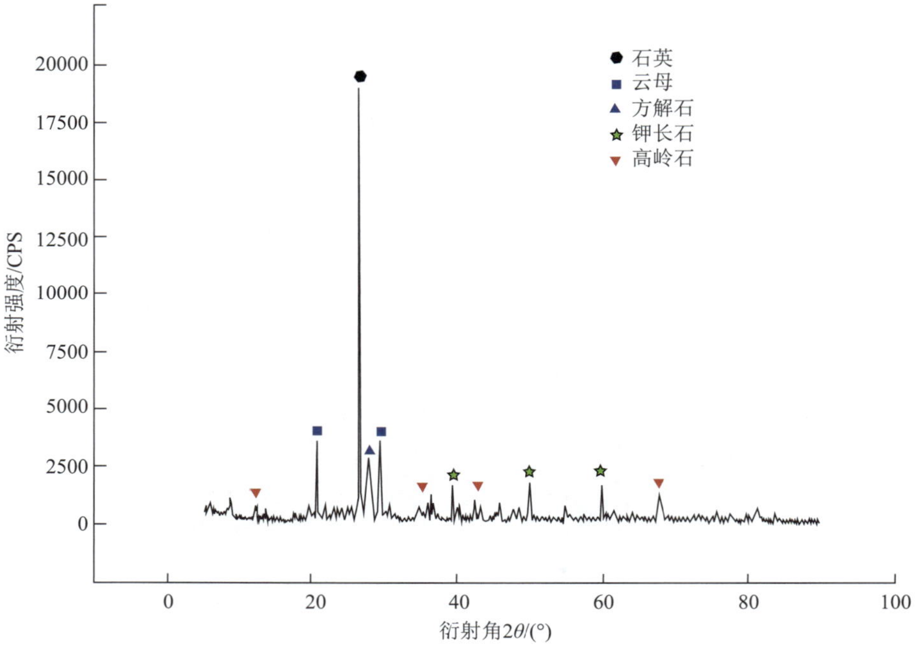

图 4-18　隆德县红层泥岩天然状态下衍射图谱

当水侵入时，泥岩中钾长石可与水发生化学反应生成高岭石，反应方程式为：

$$2KAlSi_3O_8+2H^++H_2O=2K^++4SiO_2+Al_2(Si_2O_5)(OH)_4 \quad (4-7)$$

由于化学反应的进行，使得钾长石经过反应转换成了高岭石。高岭石与钾长石的结构不同，进而导致两者的密度和空间体积不同，从而在泥岩试样中产生了次生孔隙。研究发现：1mol 钾长石经过水的溶解溶蚀后生成的最小次生孔隙率为 5.96%，此类泥岩中含有钾长石，水作用下部分钾长石发生溶解溶蚀，进而产生次生孔隙。另外，可溶性盐类构成了泥岩颗粒之间的胶结物，水分的进入，使得这些胶结物被稀释和溶解，导致泥岩颗粒的联结性减弱，也会产生许多孔隙或微孔隙。

水由表面开始向内渗透，首先泥岩表面产生大量次生孔隙，孔隙能够吸附水，这部分水对孔隙产生楔裂压力，由于楔裂压力的作用，相邻的孔隙就会相互贯通形成微裂纹，微裂纹遇水后在楔裂压力的作用下会进一步扩展。当泥岩表面形成裂纹后，随着泥岩入水时间的增加，裂纹周围的部分会因水的冲刷、运移和水对矿物颗粒的溶解、溶蚀，进一步产生次生孔隙，裂纹就会不断发育，当裂纹贯穿时，泥岩就会断裂崩解成几个块体，之后，每个块体又重复进行上述步骤，各自崩解，最终泥岩在水中崩解成碎屑，形成泥状。

泥岩浸水崩解的过程实际上是其丧失结构联结、强度衰减的过程。风化作用使坡面泥岩颗粒化，且级配良好，易于水分的入渗，而越向坡体内部，风化作用就越弱，泥岩的完整性就保持的越好，完整性较好的泥岩渗水速度极低，所以坡面泥流的剪切滑动带就是风化作用差异性较大的区域（图 4-19）。当雨水作用于坡面泥岩时，泥岩崩解成碎屑，形成泥状，呈现流态化，结构联结强度和抗剪强度急剧降低。随着降雨的延续，雨强逐渐超过了雨水的入渗强度，坡面开始产生径流，在坡面径流的裹挟作用下，流态化的泥岩碎屑发生剪切滑动，形成坡面泥流。

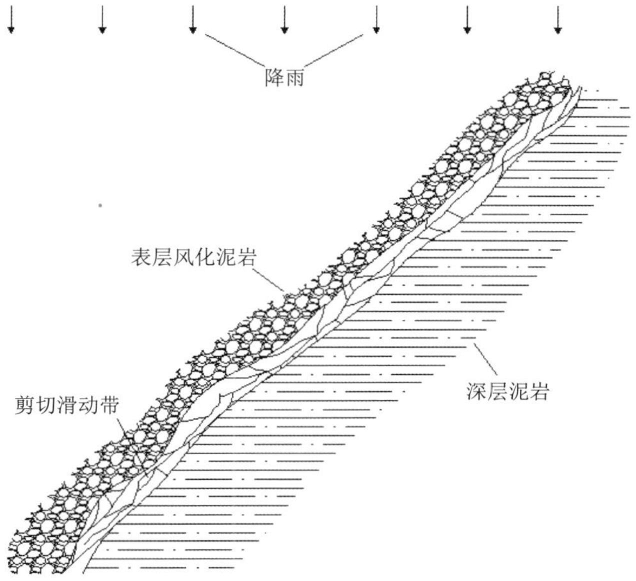

图 4-19　坡面泥流示意图

二、成灾模式

浅层塑流滑移型滑坡主要为泥岩表层滑坡。根据试验发现泥岩的强度受含水率的影响十分明显，并且泥岩具有弱膨胀性和收缩性，在降雨和蒸发循环作用下，泥岩处于一个膨胀和收缩的循环往复过程，在变形过程中泥岩产生微裂缝，微裂缝的产生更有助于雨水的入渗，长此以往泥岩风化破碎形成泥岩风化层。在河流侧蚀和人类工程活动等因素的作用下，坡体前缘临空，坡体内部应力发生变化，产生诸多拉张裂缝，逐渐形成贯通面，使浅表部坡体蠕滑变形而形成前缘局部滑移变形破坏的现象。

经过对固原市隆德县神林乡神林村滑坡勘察发现，滑坡所处红岩丘陵区顶部平缓，高程基本一致，说明初始地形为一个夷平面，在地壳抬升和水流侵蚀的双重作用下，形成窄谷浅丘。随着地形的进一步抬升，出现宽谷浅丘地貌，同时出现一级阶地，随后出现二级阶地和盖帽黄土，在河谷两侧形成高陡斜坡。由于黄土垂直节理裂隙发育，在大气降水的冲蚀下，雨水入渗土体内部后，在泥岩上部形成上层滞水，导致此处土体含水率增加，抗剪强度降低。随着地表水的进一步向坡体内和下部入渗，砂质泥岩层雨水富集，地下水沿砂质泥岩层排出坡体，形成出露泉水。由于泥岩的水敏性较强，表层泥岩在水的作用下形成风化破碎带。破碎带在雨水和重力作用下形成局部滑坡。由于局部滑坡造成滑坡后缘近乎直立，造成上部滑坡继续产生位移。经过多次多级滑移，最终形成规模较大的滑坡堆积体。滑坡演变如图 4-20 所示。

渝河左岸分布的大量滑坡群即属于此类形成模式（照片 4-4）。

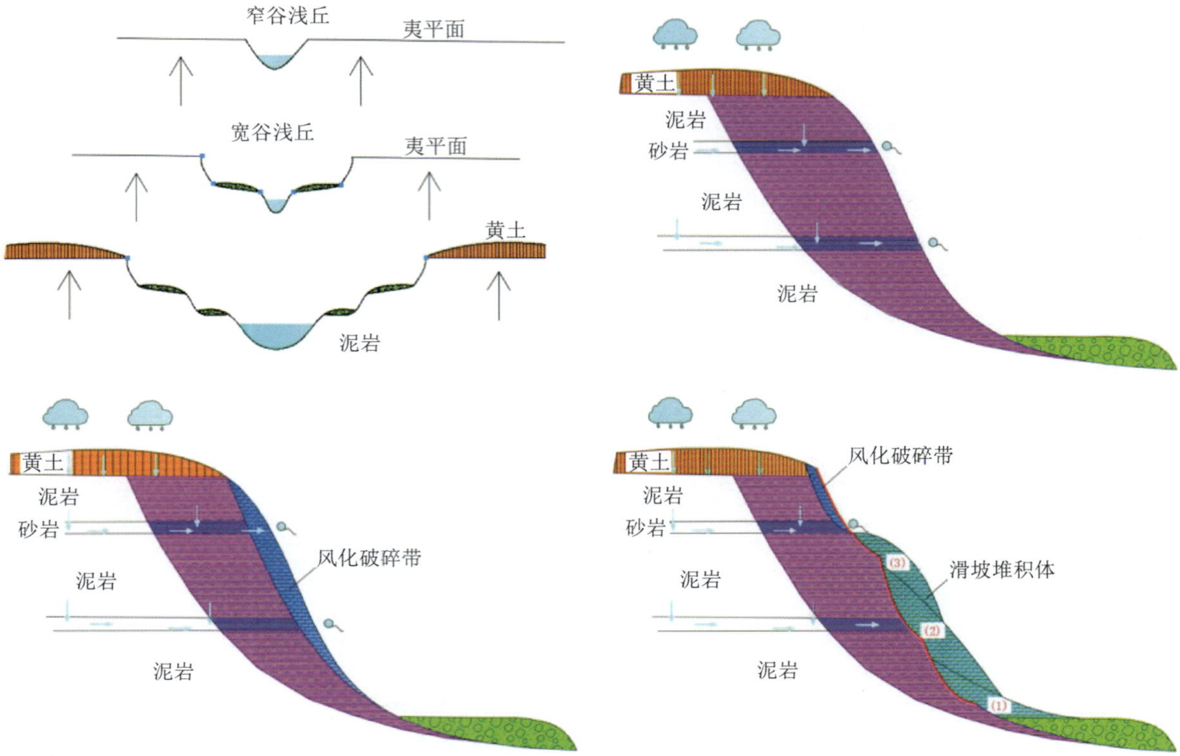

图 4-20　神林滑坡演变示意图

照片 4-4　渝河左岸红层丘陵滑坡群

第五章　宁夏典型滑坡灾害失稳机理研究

第一节　滑坡稳定性计算理论

一、降雨入渗理论

宁夏黄土地区地层结构一般上覆黄土，下伏新近系、古近系泥岩、砂岩。由于黄土具大孔隙特性，为地下水的赋存提供了空间，黄土层内地下水为潜水，包括部分上层滞水。自然条件下，降雨为黄土潜水补给的重要来源，降雨经地表入渗达到潜水面是一个饱和-非饱和渗流过程。

稳定流分析（steady-state seepage analysis）是指岩土内部和外部的边界条件不随时间变化的分析，在分析区域内的流入量和流出量始终保持不变。非稳定流分析（transient seepage analysis）即使使用稳定的边界条件，流入量和流出量也随着时间发生变化。当存在含水土层，区域内边界上存在水头差或存在流量时，就会发生渗流现象。黄土滑坡渗流属于非稳定流。

渗流是沿着岩土内部的粒子间孔隙流动的，一般遵循达西定律。在稳定流条件下，岩土体积的渗透流量等于渗透系数、水力坡降以及横断面积之间的乘积。达西定律一开始虽然是研究饱和状态的，但是由于饱和状态与非饱和状态的不同是在不同含水量条件下的渗透系数不同，所以在渗透系数为变量的条件下可适用于非饱和状态。非饱和区域广义指从土体完全干燥状态到完全饱和状态的范围。饱和度在100%以下时，土壤为三相体，即空气、水和土壤颗粒。

（1）非饱和降雨入渗的基本概念

降雨入渗是水进入土壤的过程，当雨水到达地面，即开始出现入渗。若是土体表层较为干燥，降雨将会被土粒吸收成为薄膜水。随着雨水的渗透，当薄膜水量饱和时，雨水将进入细小裂缝，形成毛细水，产生毛细下渗。如果裂缝不是均匀的，则只有很小一部分裂缝会被水填充，较大的裂缝仍被空气占据。因此，土体既有饱和状态也有非饱和状态，形成饱和-不饱和渗流。

（2）降雨入渗理论

进入地面的雨水可分为两大类：一类是雨水从地表垂直进入土体；另一类是地表雨水渗入周围土体内。图5-1即为土体渗水后的剖面含水量分布图。Calema和Bodman（1945）在研究降雨作用下斜坡体的渗流规律时，通过对不同干土体进行大量的入渗试验，得出土体不同区域在渗流作用下有不同的特点，他们根据土体内部不同区域含水量的不同，对土体剖面进行区域划分，一共划分了4个区域，即饱和区、过渡区、传导区和湿润区。

干燥土体中，降雨作用下进入土体中的水量通常由累积入渗量$I(t)$和入渗率$i(t)$来衡量，这两者都是随时间变化的物理量。累积入渗量是指在一定的入渗期内每单位面积渗入土壤的水总量，即：

$$I(t)=\int_0^L[\theta(z,\ t)-\theta(z,\ 0)]\mathrm{d}z \tag{5-1}$$

式中：L——土层厚度（m）；

$\theta(z,\ 0)$——土层中初始含水量的分布。

入渗量的快慢可以用入渗率来衡量。入渗率是指单位时间内地表单位面积土壤的入渗水量，它反映土体的入渗能力。入渗率与入渗过程相关。土壤的入渗率在降雨初期非常大，任一时刻t的入渗率

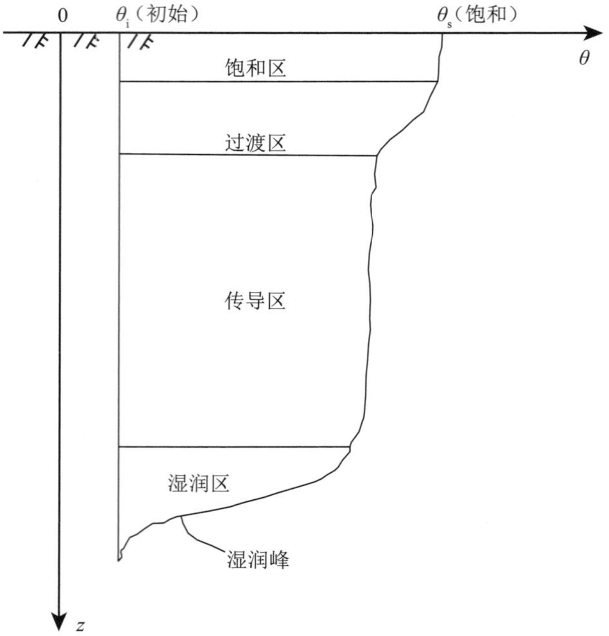

图 5-1 积水入渗含水量分区图

i（t）与此时地表处的土壤水分运动通量 q（0，t）相等，即：

$$i(t)=q(0,\ t)=\left[D(\theta)\frac{\partial\ \theta}{\partial\ z}+k_w(\theta_w)\right]_{z=0} \tag{5-2}$$

式中：k_w（θ_w）——土的渗透系数；

D（θ）——土的扩散速率（cm/d 或 mm/min）。

累积入渗量 I（t）与入渗率 i（t）之间关系为：

$$i(t)=\frac{\mathrm{d}I(t)}{\mathrm{d}t} \tag{5-3}$$

相对干燥的土体在地表开始积水入渗时，地表处的含水率梯度 $\frac{\partial\theta}{\partial z}$ 的绝对值很大，入渗率 i 很高，即 $t\to0$ 时 $\frac{\partial\theta}{\partial z}\to-\infty$，随着雨水入渗的进行，$\frac{\partial\theta}{\partial z}$ 的绝对值不断减小，入渗率 i（t）也随之降低；当 t 足够大时，$\frac{\partial\theta}{\partial z}\to0$，$i$（$t$）$\to k$（$\theta_0$）。即降雨入渗进行一段时间后，入渗率趋于一稳定值，该值相当于地表含水量 θ_0 渗透系数 k（θ_0），显然 k（θ_0）$<k$（θ_s）。

二、滑坡稳定性计算方法

1. 定量计算方法

定量计算方法本质上仍然是一种半定量的方法，表现为量化数值与人为分析判断的结合。目前，几乎所有定量分析都需在定性分析的基础上进一步分析。常见的定量分析方法有极限平衡分析方法、强度折减法和数值分析方法。

极限平衡分析方法是将有滑动趋势范围内的边坡土体沿某一滑动面切成若干竖条或斜条，在分析条块受力的基础上建立整个滑动土体的力或力矩平衡方程，并以此为基础确定边坡的稳定安全系数。常用的方法有瑞典条分法、Bishop 法、Janbu 法、Spencer 法、Morgenstem-Price 法、Sama

法、不平衡推力法等（图 5-2）。这些方法均假设土体沿着一个潜在的滑动面发生刚性滑动或转动，滑动土体是理想的刚塑性体，完全不考虑土的应力、应变关系。各方法不同的地方在于为消除超静定性而对条间力或滑动面上相互作用力所做的假设以及推求安全系数所用的方法各不相同。由于各种极限平衡分析方法具有模型简单、公式简捷、便于理解等优点，因此在工程中得到了较为广泛的应用。

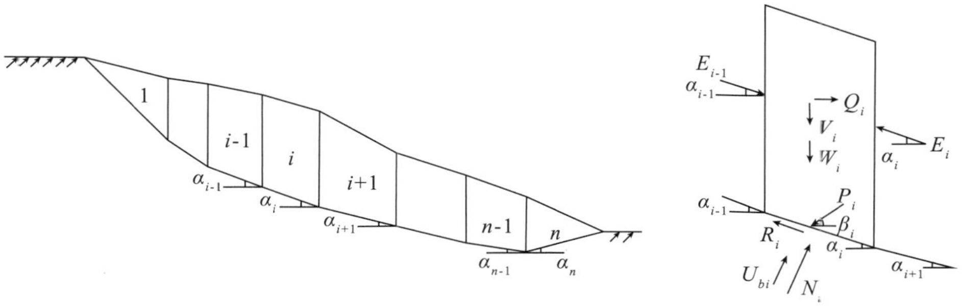

图 5-2　不平衡推力传递法计算简图

强度折减法是在数值计算中不断折减土体强度参数，当计算不收敛时的临界折减系数即认为是边坡的安全系数，按照折减方式和发展阶段可分为单折减系数法、强度储备法和双折减系数法等。该方法能自动生成滑裂面的形状和位置，并与实际情况较为符合（郑颖人等，2010）。

2. 非确定性计算方法

由于滑坡种类繁多、岩土体物理力学性质较为复杂，加之取样和试验的误差等大量不确定因素的影响，造成边坡工程判断上存在不准确性，因此，引进随机理论、可靠度理论、模糊数学、分形几何、神经网络、人工智能等技术，提升边坡工程质量判断的准确性。例如，可靠度理论在边坡非确定性指标（地质结构、岩土体性质、分析模型）有了基础认识后，通过可靠度指标和失效概率来评价边坡的稳定状态，有利于对边坡失稳风险和治理工程进行全量化评估。

3. 动力计算方法

滑坡动力稳定性分析常见的方法主要有拟静力法、Newmark 法和动力时程分析法 3 种。

拟静力法是将地震作用简化为一个惯性力系附加在滑坡体上，通常与极限平衡方法结合，用以求得稳定系数。该方法目前仍是滑坡地震分析的常用方法。

Newmark 法一般是将滑坡岩体视作刚体，不发生任何变形，且不考虑滑坡岩体动静态形状变化差异，以地震作用下的永久位移来判断边坡是否失稳，而不是以滑坡稳定系数进行评判。目前该方法分为刚塑性滑块法、多滑块耦合法、简化 Newmark 法等。该方法在工程实践中通常用于区域上地震滑坡危险性评价。

动力时程分析法能充分反映地震作用时的动力过程，考虑了振幅、持时、频率对边坡稳定性的影响，能较好地反映边坡的动力特性。该方法基于有限元、离散元等多种数值方法，不仅能得到地震作用过程中边坡损伤甚至破坏的动态演化过程，还能获得边坡沿各方向地震加速度分布系数。地震加速度分布系数在拟静力法中属于预设条件，且很难获得，即使在众多工程技术规范中，也是值得讨论的部分（殷跃平等，2014）。目前，由于动力时程分析计算过程中滑面随时间不断变化，所以往往不能直接获得边坡随时间稳定系数，常需利用数值方法与条分法耦合的方式或者与强度折减法结合的方式获取，图 5-3 是通过输入水平向和竖向强震动记录，采用动力时程分析法获得四川省北川县城西滑坡稳定系数幅值在 0.7~2.3 之间浮动。如果只考虑输入水平向强震动记录，稳定系数幅值只在 0.8~1.4 之间浮动。

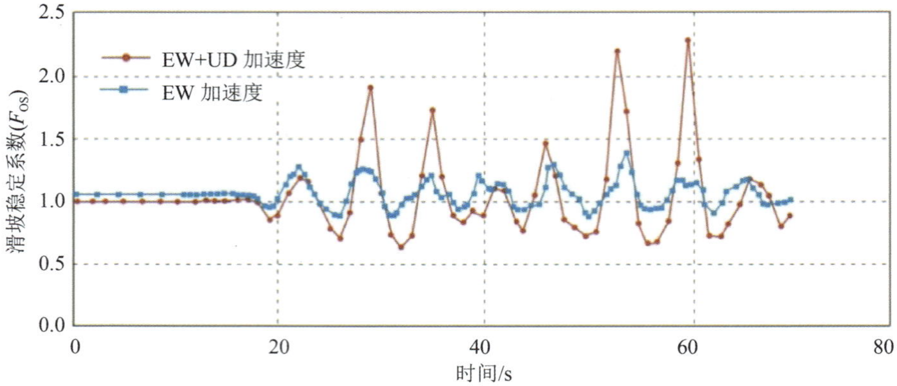

图 5-3　汶川地震中四川省北川县城西滑坡稳定系数随时间的变化
（据殷跃平等，2014）

第二节　降雨诱发滑坡失稳机理研究

一、滑坡概况

1. 地形地貌

滑坡点位于隆德县城西南温堡乡杨家坡村，所处地貌单元属于黄土丘陵区，微地貌为黄土梁，呈近东西向展布，高程 1780～1835 m，相对高差约 55 m，斜坡整体较缓，坡度 15°～35°。斜坡上覆马兰黄土，厚度 3～15 m，下伏新近系红色砂质泥岩（照片 5-1）。

照片 5-1　温堡乡杨家坡滑坡地层结构

2. 地层岩性

根据野外工程地质调绘及勘探揭露的地层岩性，并结合搜集资料，滑坡后缘出露 4～10 m 厚马兰黄土，滑坡体为 5～12 m 厚黄土状土，滑带土为粉质黏土，滑床为新近系砂质泥岩（照片 5-2）。杨家坡滑坡工程地质剖面如图 5-4 所示。

3. 水文地质条件

滑坡位于隆德县城西南的黄土丘陵区，地层结构为上覆薄层黄土，下伏红色砂质泥岩。地下水类型以黄土类孔隙水和砂质泥岩类孔隙水为主；大气降水是黄土类孔隙水唯一的补给来源，降水入渗后沿下伏不透水泥岩层面形成上层滞水，坡脚多以下降泉的形式排泄（照片 5-3）。钻孔测量地下水位在滑面下的砂质泥岩层内（照片 5-4）。

照片 5-2　滑坡地层

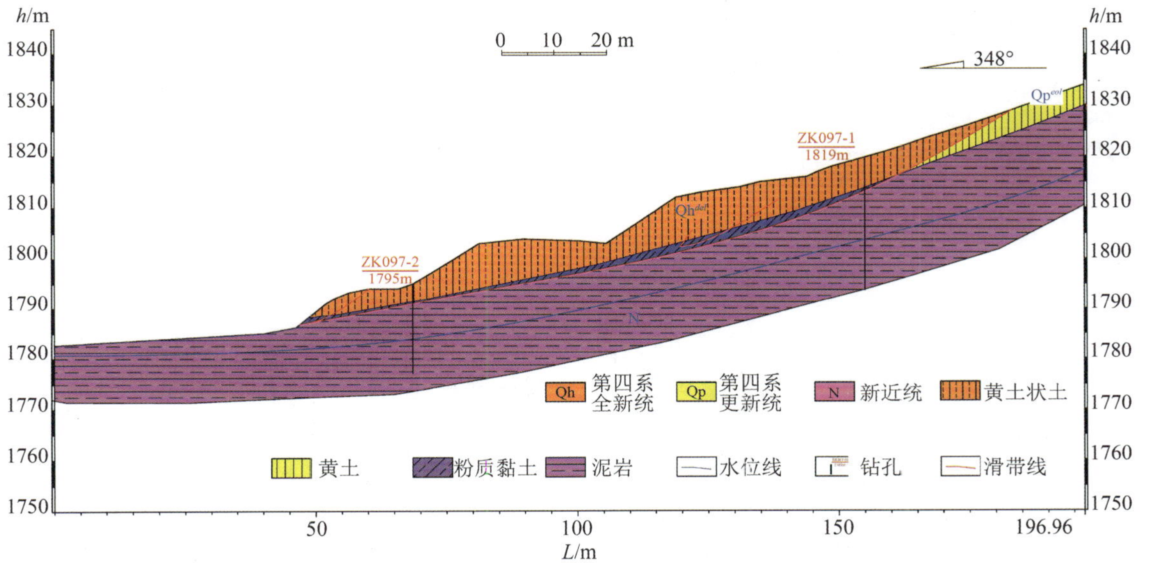

图 5-4　温堡乡杨家坡滑坡工程地质剖面图

照片 5-3　滑坡前缘泉水出露

照片 5-4　钻孔测量地下水位

4. 规模及变形特征

滑坡整体呈圈椅状形貌，滑坡体长度 200 m，坡宽约 200 m，滑体厚度约 10 m，规模达 40×10^4 m^3。滑坡体表面为多级台阶，坡度较缓，坡度 15°～35°（照片 5-5）。该滑坡物质主要由黄土组成，下伏砂质泥岩。从滑坡体的物质组成和规模看，该滑坡属中型黄土滑坡。

该滑坡体上出现了多处变形破坏现象。滑坡前缘由于修建公路以及泥岩特有的弱膨胀性，公路路面和路基护面墙破坏严重（照片 5-6）；滑坡西侧因公路边沟破裂失效，导致雨水沿坡顶向下冲蚀形成了直径约 1 m 的落水洞（照片 5-7），公路边修建的观景亭地基沉陷，出现长度约 1.5 m、宽度约 5 cm 的裂缝（照片 5-8）。滑坡东侧因人工开挖形成次级滑坡体。

照片 5-5　滑坡全貌

照片 5-6　滑坡前缘破坏现象

照片 5-7　路基边沟落水洞

照片 5-8　坡顶观景亭地基沉降变形破坏

二、计算模型及参数

（一）计算模型

采用 Geo-studio 软件的 SEEP 模块计算杨家坡滑坡的降雨入渗规律，计算模型按是否考虑后缘拉张裂缝分为两种，分别如图 5-5 和图 5-6 所示。

（二）计算参数

1. 土水特征曲线

土水特征曲线表示的是土体基质势与含水量之间的定量函数关系，它反映了土中水分静态能量特

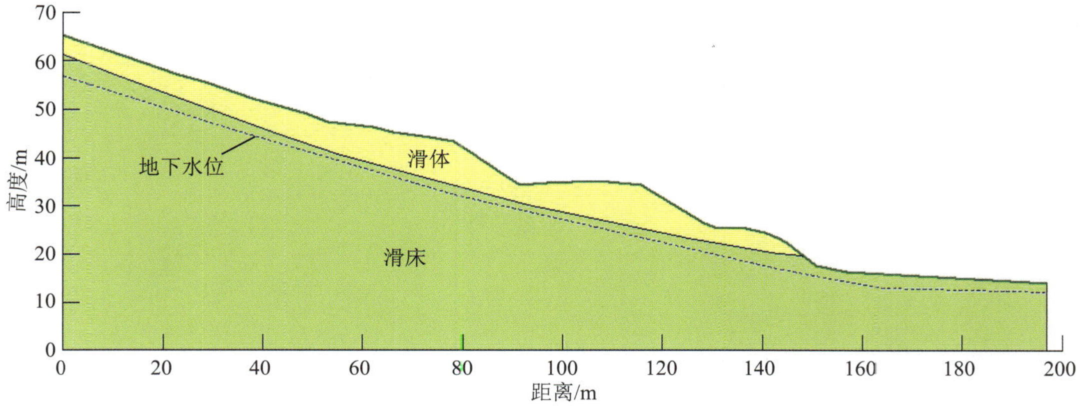

图 5-5　杨家坡滑坡计算模型（无裂缝）

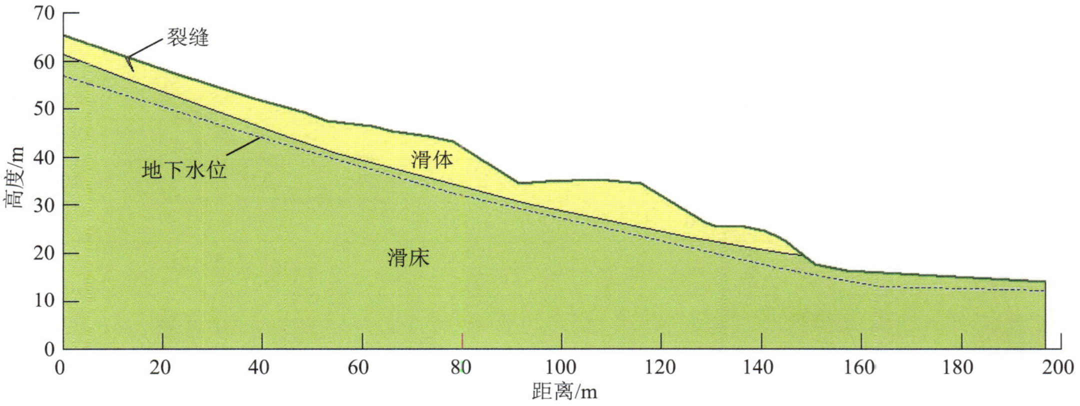

图 5-6　杨家坡滑坡计算模型（有裂缝）

征。由于土水基质势一般为负值，仅当土体达到饱和时，基质势才达到最大值（零值），因此土体基质势随含水量增加而升高。为了应用方便，将负的基质势称为土水基质吸力，因此土水特征曲线也可解释为土水基质吸力与含水量之间的函数关系，随着土体含水量增加，土水基质吸力降低。

迄今为止，土水特征曲线还不能从理论上得出，一般都是先用试验方法测定，然后将试验结果进行拟合，因而不同研究者拟合的曲线方程有所差异，目前采用较多的是 Gardner 等（1970）和 Van Genuchten（1980）提出的经验关系式。

Van Genuchten 经验公式：

$$\theta_w = \theta_r + \frac{\theta_s - \theta_r}{\left[1 + \left(\frac{\psi}{a}\right)^n\right]^m} \tag{5-4}$$

式中：θ_w ——体积含水量；

θ_r ——残余含水量；

θ_s ——饱和体积含水量；

ψ ——基质吸力（kPa）；

a、n、m——曲线拟合参数，a 的单位为 kPa，n、m 无量纲。

分别对泥岩和黄土进行试验，获取黄土和泥岩的土水特征曲线（SWCC）图和参数（图 5-7 与表 5-1），并运用 Geo-studio 软件的 SEEP 模块求解非饱和渗透系数（图 5-8）。

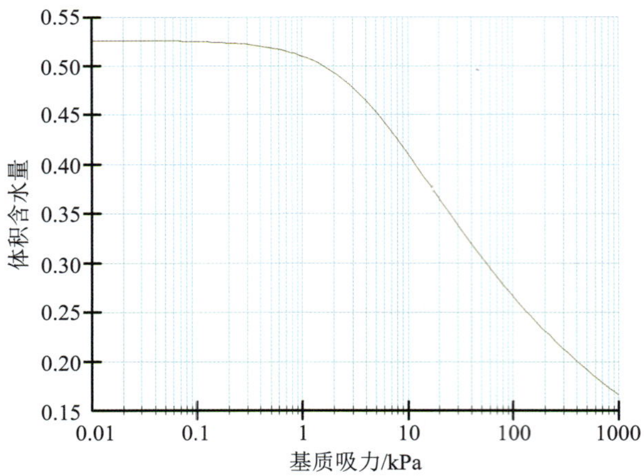

a. 黄土

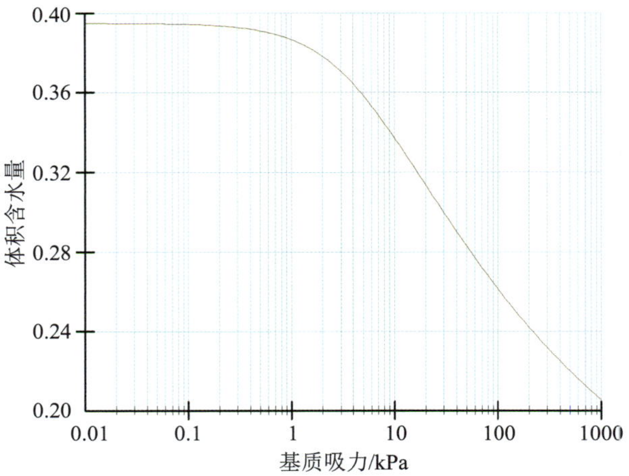

b. 泥岩

图 5-7　岩土体土水特征曲线

表 5-1　岩土体 SWCC 参数

地层	参数				
	a/kPa	m	n	θ_r	θ_s
黄土	3. 8	0. 173	1. 209	0. 0027	0. 526
泥岩	3. 85	0. 153	1. 181	0. 0961	0. 395

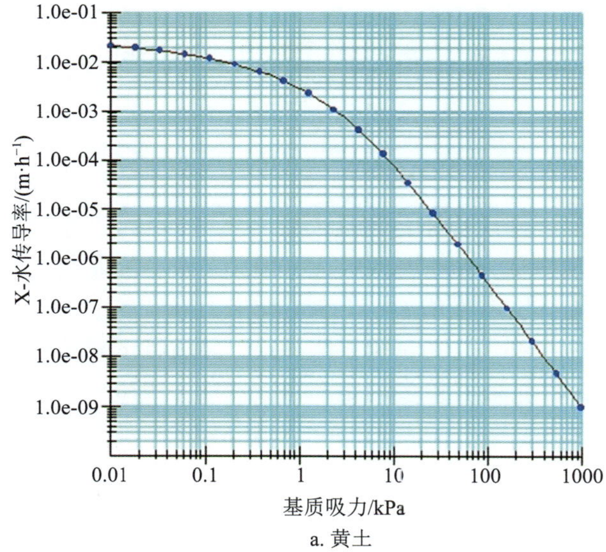

a. 黄土

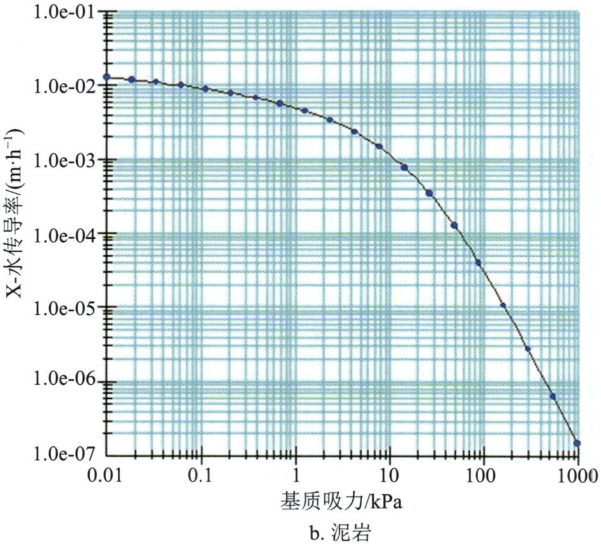

b. 泥岩

图 5-8　岩土体非饱和渗透系数

2. 降雨条件

根据隆德县 2019 年 7—9 月份 24 小时降雨量的监测数据（图 5-9），降雨天数共 26 天，其中 24 小时降雨量最大值为 55 mm，平均值为 27. 6 mm。另外，根据 2013 年 6—7 月隆德县 50 年一遇降雨量监测数据（图 5-10），连续 3 天（7 月 8—10 日）降雨量的平均值为 28. 8 mm。因此，在模拟降雨入渗对滑坡稳定性影响时，24 小时降雨量取 29 mm，作为常规降雨条件。此外，考虑到近几年极端降雨多发，开展极端降雨条件分析，日降雨量按 100 mm 计算。

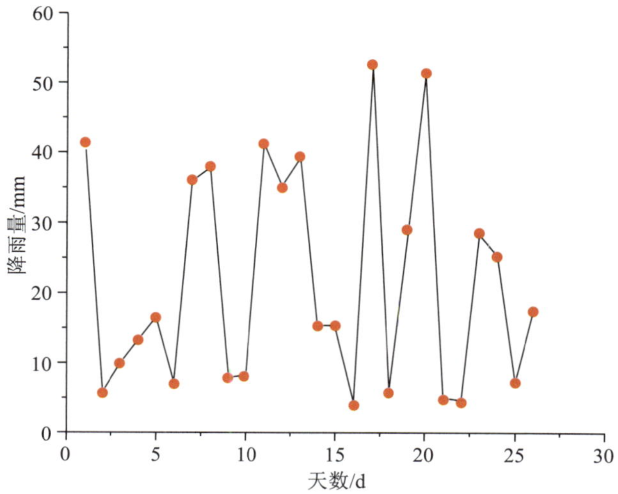

图 5-9　隆德县 2019 年 7—9 月份 24 小时降雨量

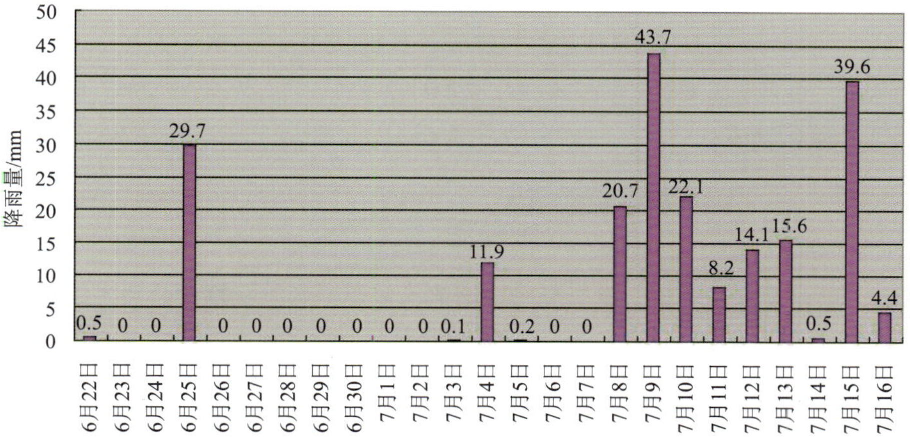

图 5-10　隆德县 2013 年 6—7 月份 24 小时降雨量

三、降雨入渗规律分析

图 5-11 至图 5-16 为杨家坡滑坡无裂缝模型在常规降雨（29 mm/d）条件下的坡体饱和度云图。雨水自坡体表面向下入渗，地表附近的入渗量较大。入渗深度随降雨时间逐渐增大，1 天降雨入渗深度为 1 m，2 天入渗深度为 1.5 m，3 天入渗深度达 2 m，6 天入渗深度接近 3 m。随着降雨时间的持续，在地表附近出现饱和区，随着深度的增加坡体饱和度降低。总体上讲，在不考虑快速入渗通道的情况下，常规降雨入渗速度较慢，对深层滑面的影响不大。

图 5-17 至图 5-21 为杨家坡滑坡无裂缝模型在极端降雨（100 mm/d）条件下的坡体饱和度云图。由于雨强增大，雨水入渗速度加快，降雨 2 天后在坡体表面局部出现饱和区，降雨 3 天后坡体表层普遍达到饱和状态，此后饱和区域逐渐向下扩展，并在黄土、泥岩接触面处联通，至降雨 5 天后坡体达到完全饱和。

降雨时雨水在斜坡土体中的入渗深度是有限的。对于坡体中存在裂缝的斜坡而言，雨水主要由坡体裂缝集中入渗。杨家坡滑坡在其后缘存在裂缝，图 5-22 至图 5-26 为杨家坡滑坡有裂缝模型在极端降雨（100 mm/d）条件下的坡体饱和度云图。由图中可以看出，雨水由滑坡后缘裂缝入渗后，形成了集中入渗点，裂缝附近很快形成饱和区域，并向周围扩展，导致降雨入渗速度加快。

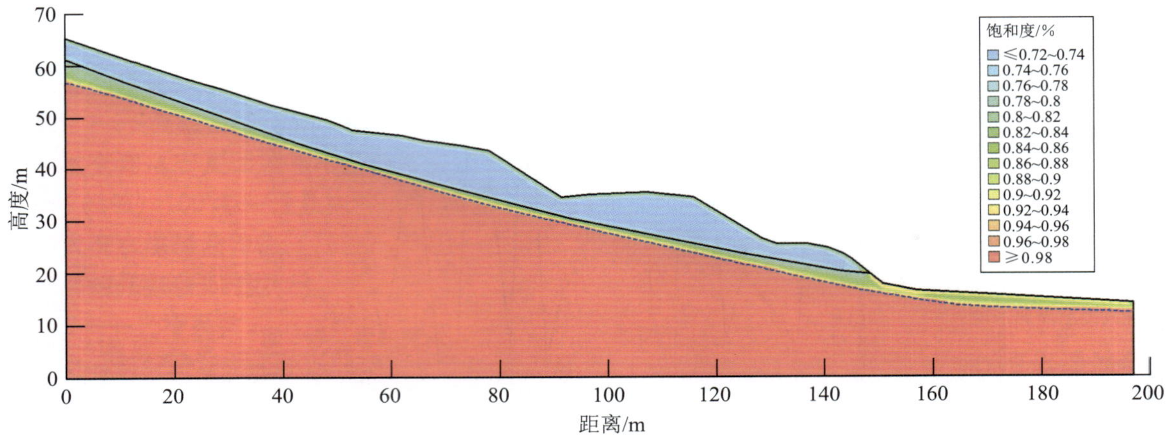

图 5-11　无裂缝模型常规降雨（29 mm/d）1 天后坡体饱和度云图

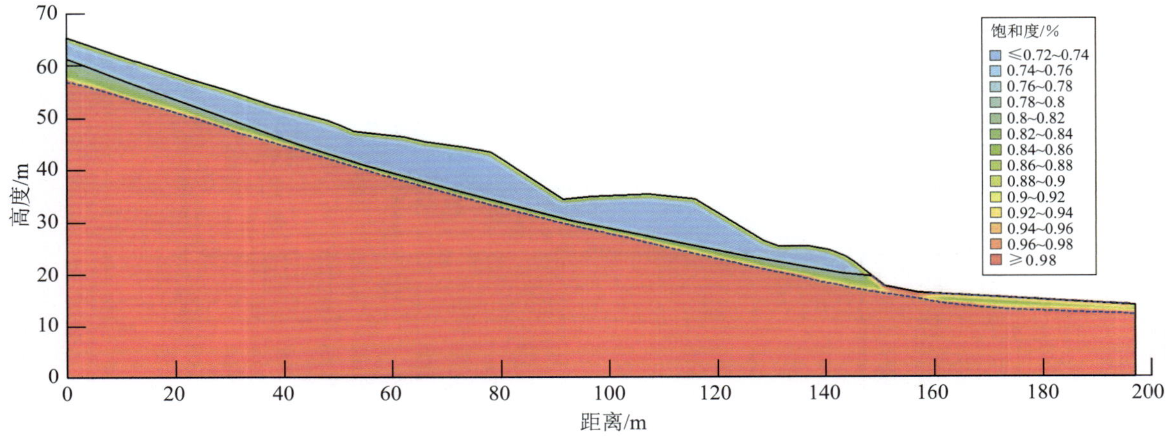

图 5-12　无裂缝模型常规降雨（29 mm/d）2 天后坡体饱和度云图

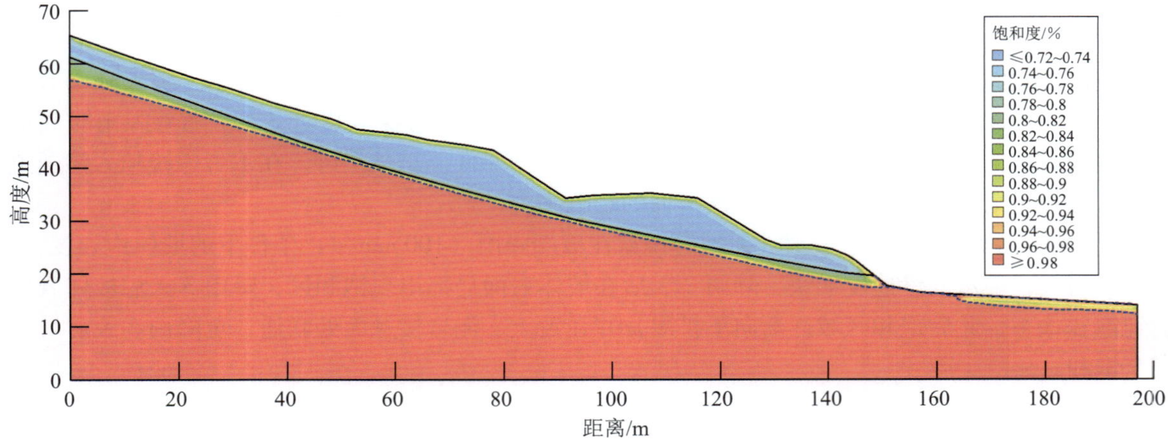

图 5-13　无裂缝模型常规降雨（29 mm/d）3 天后坡体饱和度云图

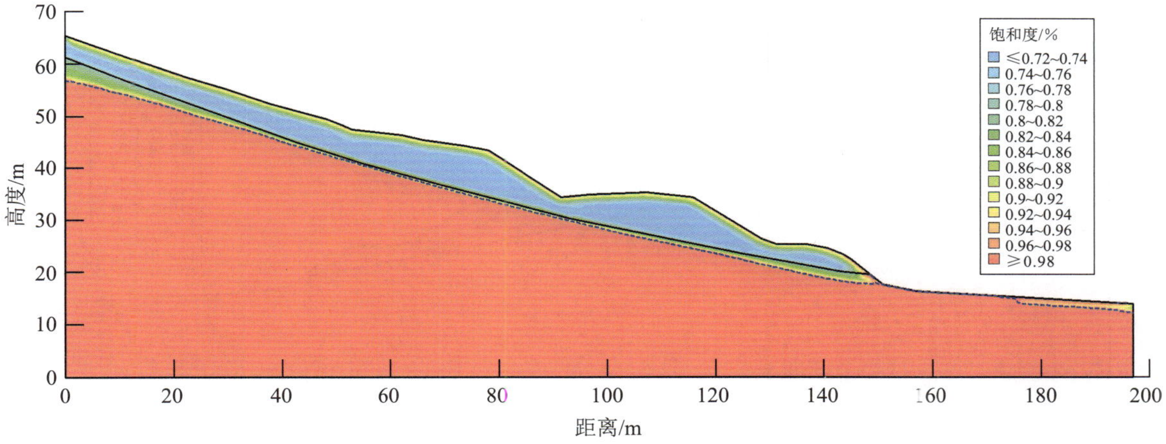

图 5-14　无裂缝模型常规降雨（29 mm/d）4 天后坡体饱和度云图

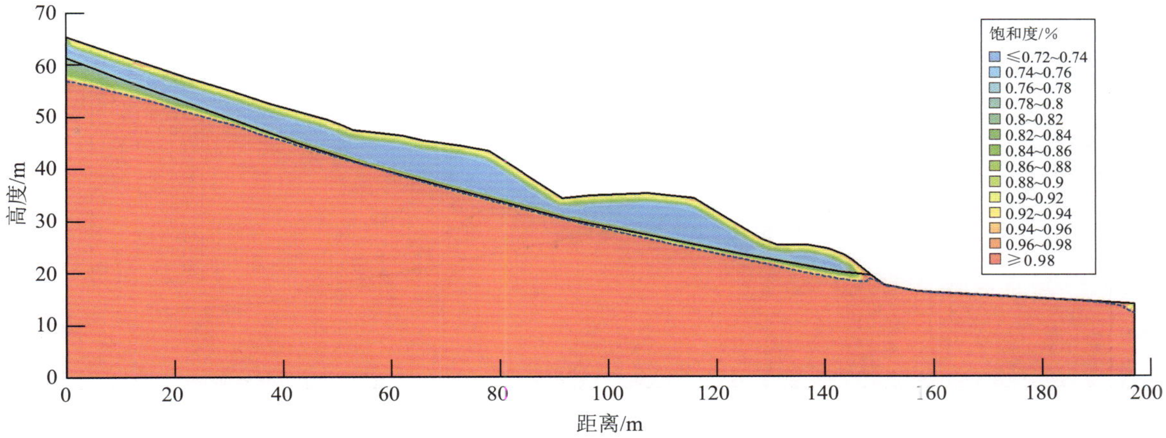

图 5-15　无裂缝模型常规降雨（29 mm/d）5 天后坡体饱和度云图

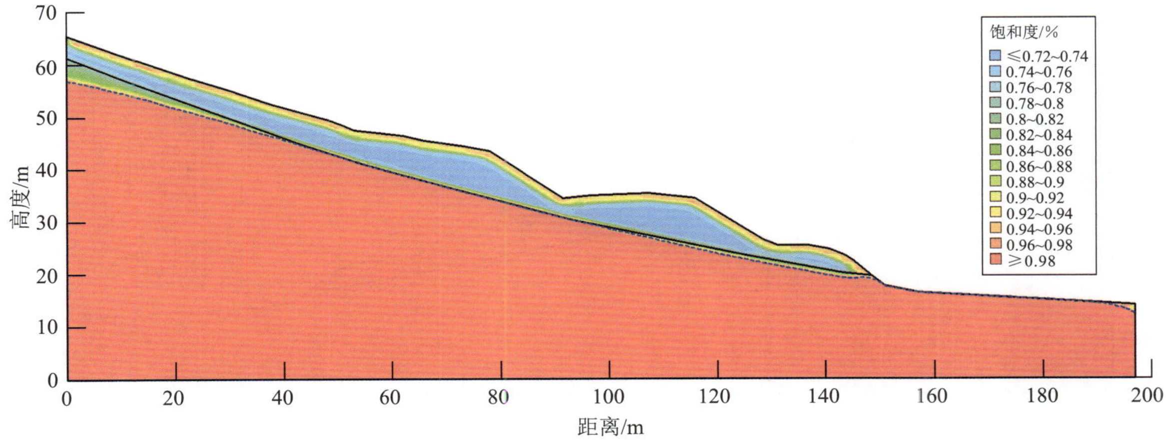

图 5-16　无裂缝模型常规降雨（29 mm/d）6 天后坡体饱和度云图

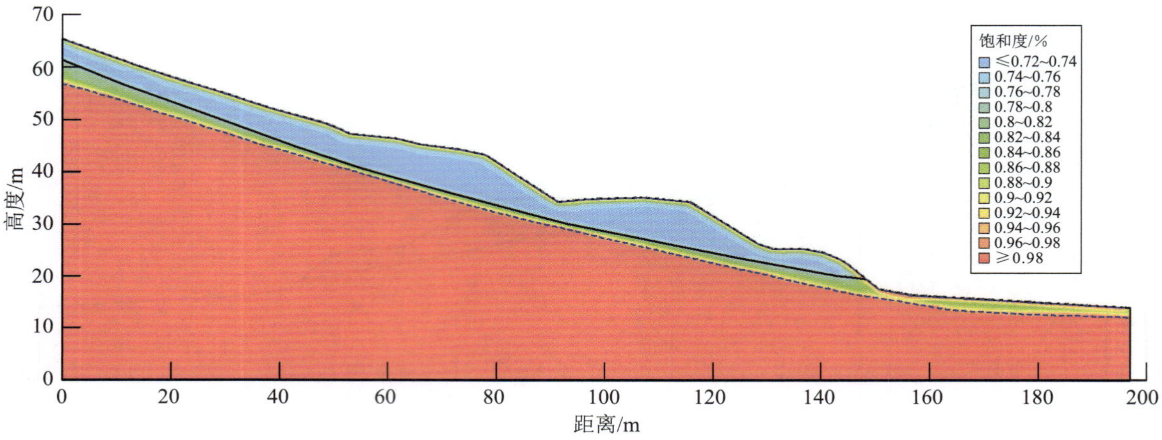

图 5-17　无裂缝模型极端降雨（100 mm/d）1 天后坡体饱和度云图

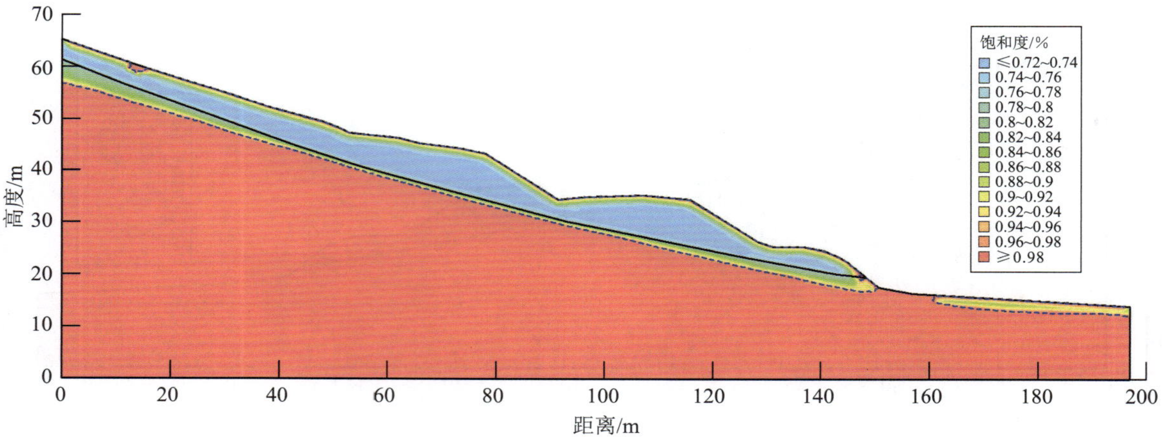

图 5-18　无裂缝模型极端降雨（100 mm/d）2 天后坡体饱和度云图

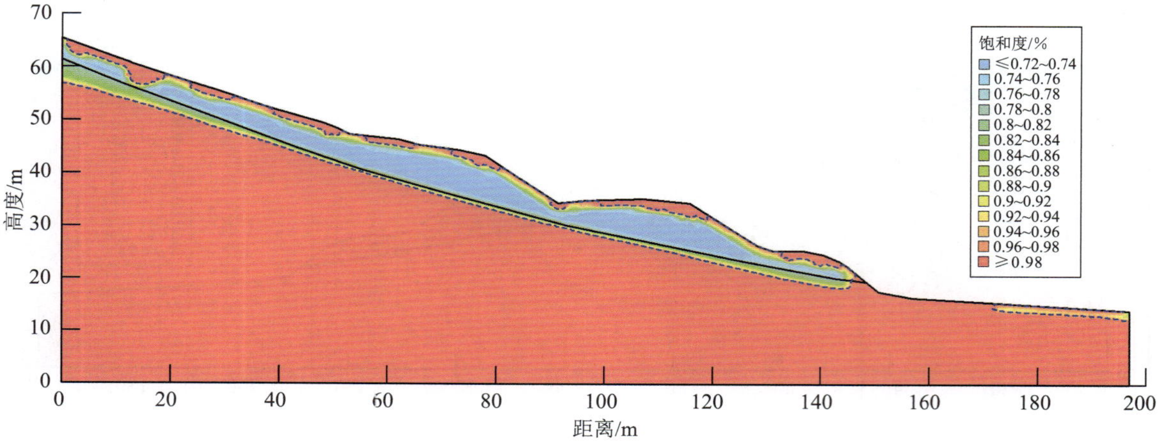

图 5-19　无裂缝模型极端降雨（100 mm/d）3 天后坡体饱和度云图

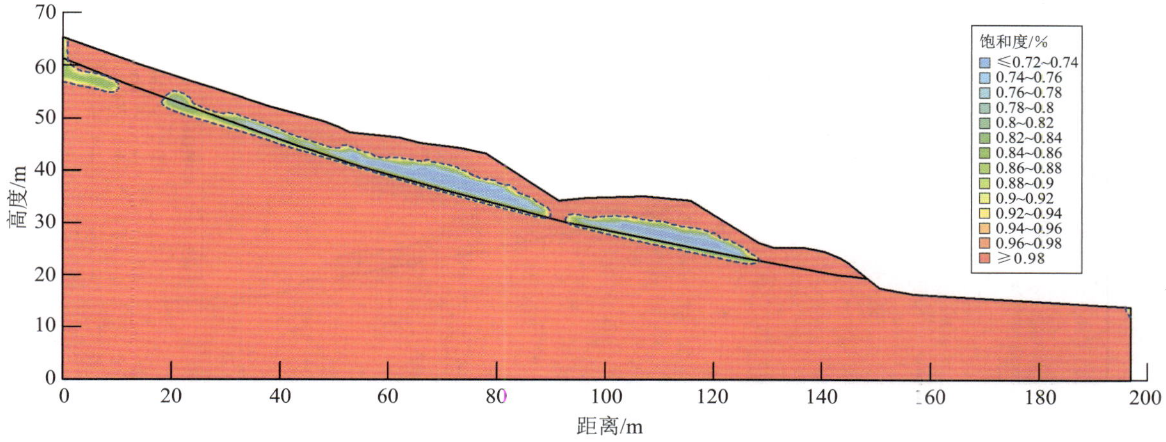

图 5-20　无裂缝模型极端降雨（100 mm/d）4 天后坡体饱和度云图

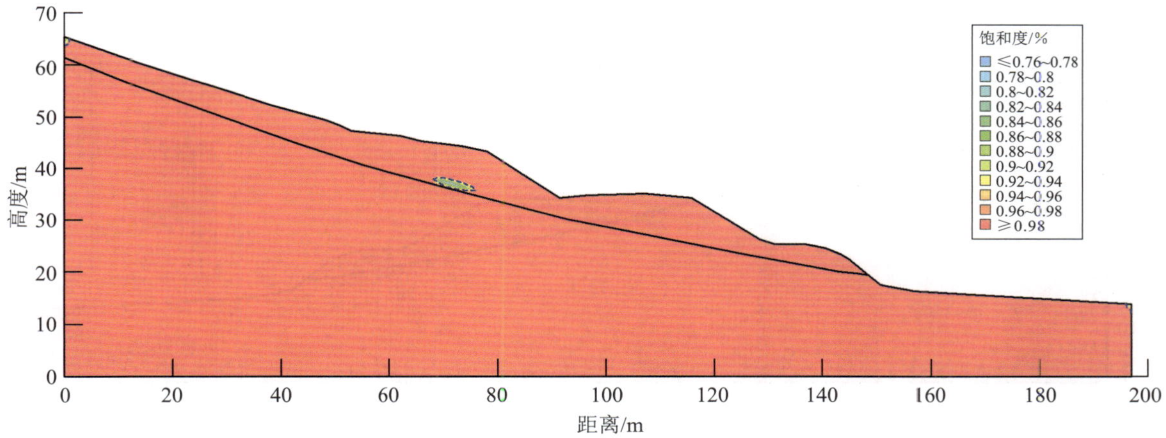

图 5-21　无裂缝模型极端降雨（100 mm/d）5 天后坡体饱和度云图

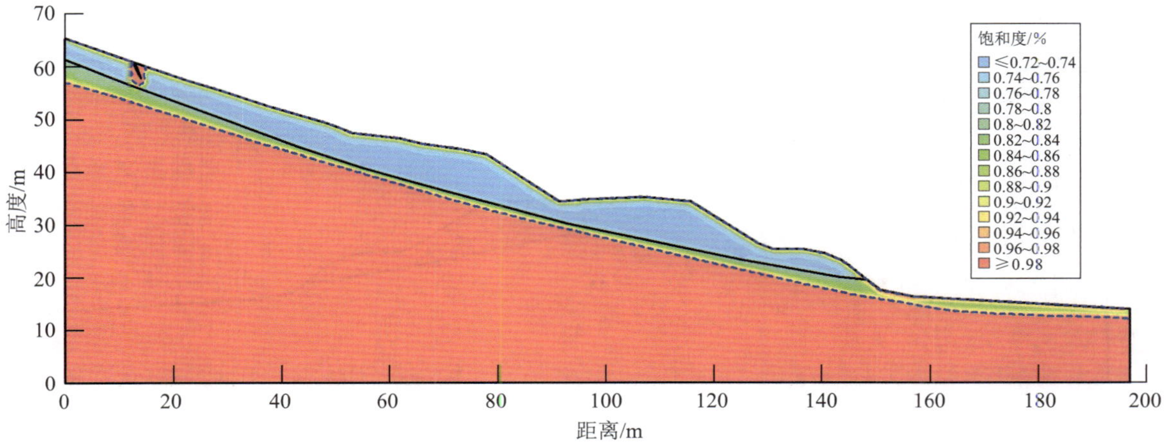

图 5-22　有裂缝模型极端降雨（100 mm/d）1 天后坡体饱和度云图

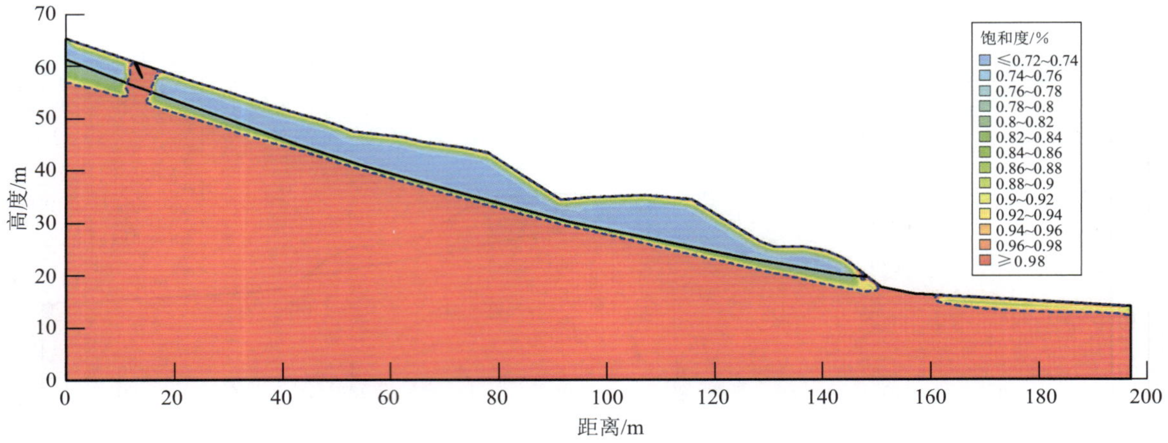

图 5-23　有裂缝模型极端降雨（100 mm/d）2 天后坡体饱和度云图

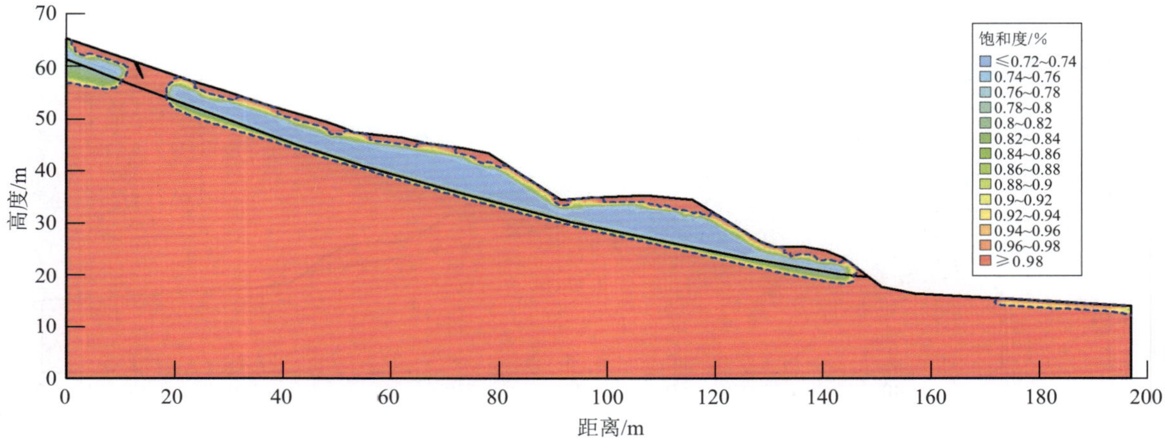

图 5-24　有裂缝模型极端降雨（100 mm/d）3 天后坡体饱和度云图

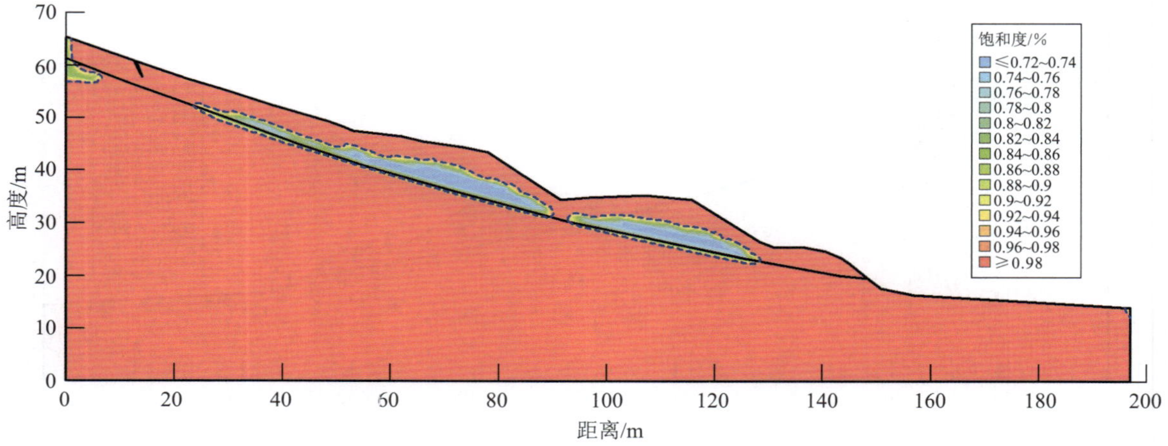

图 5-25　有裂缝模型极端降雨（100 mm/d）4 天后坡体饱和度云图

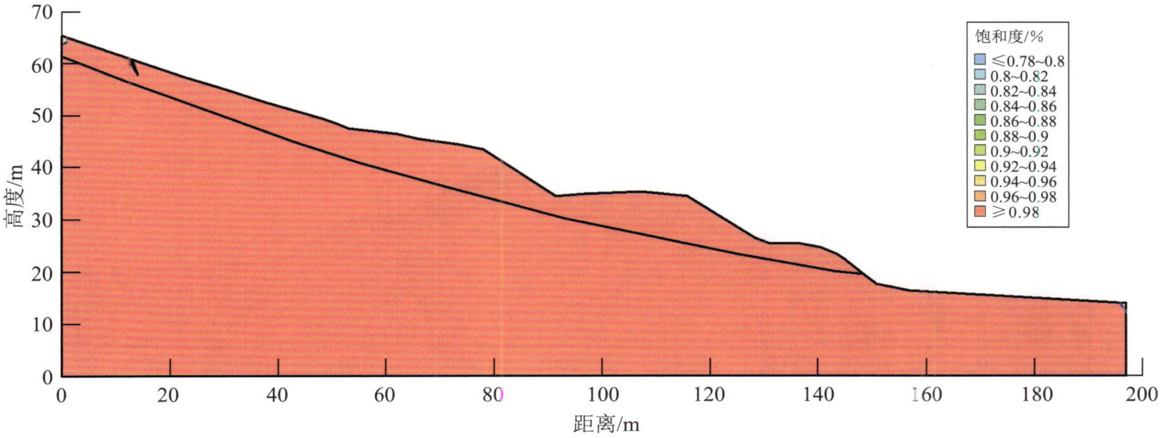

图 5-26　有裂缝模型极端降雨（100 mm/d）5 天后坡体饱和度云图

四、降雨入渗对滑坡稳定性的影响

在非饱和土中，广泛使用加拿大学者 Fredlund 和 Morgenstern（1977）提出的线性非饱和土体抗剪强度（τ_f）公式，即：

$$\tau_f = c' + (\sigma - u_a)\tan\varphi' + (u_a - u_w)\tan\varphi^b \qquad (5-5)$$

式中：c'——Mohr-Coulomb 破坏包线的延伸与剪应力轴的截距（kPa），在剪应力轴处的破坏净法向应力和基质吸力均为零，称为有效黏聚力；

σ——破坏时在破坏面上的法向总应力（kPa）；

u_a——破坏时在破坏面上的孔隙气压力（kPa），在斜坡稳定性分析中，一般认为孔隙气压力为大气压，即 $u_a=0$；

u_w——破坏时在破坏面上的孔隙水压力（kPa）；

φ'——与净法向应力状态变量（$\sigma-u_a$）有关的内摩擦角（°）；

φ^b——与基质吸力有关的内摩擦角（°）。

从式（5-5）中可以看出，由于基质吸力的存在，加大了土体的抗剪强度，计算过程中假定 φ^b 为常量，这样抗剪强度是吸力的线性函数，随着基质吸力的增减而呈线性增减。本书应用 SLOPE/W 软件中的极限平衡分析方法来计算斜坡的稳定性，把 SEEP/W 计算的不同时刻的暂态渗流场整合到 SLOPE/W 中，从而计算出该时刻滑坡的稳定系数。

岩土体计算参数如下：①黄土：重度 = 13.6 kN/m^3，黏聚力 = 33.5 kPa，内摩擦角 = 24.5°；②泥岩：重度 = 18.2 kN/m^3，黏聚力 = 52.3 kPa，内摩擦角 = 22.4°。

图 5-27 为杨家坡滑坡稳定性计算结果，图 5-28 为不同降雨条件下滑坡稳定系数与降雨时间的关系曲线。从图中可知，常规降雨条件下，滑坡稳定性缓慢降低，总体上降低幅度不大。极端降雨条件下，降雨初期滑坡稳定性缓慢降低，至降雨 3 天后稳定系数迅速降低，尤其考虑坡体裂缝时稳定系数更小，至降雨 4.5 天后稳定系数小于 1，滑坡失稳。

对于完整斜坡而言，由于雨水入渗只发生在一定深度内，因此降雨对其稳定性的影响有限。对于存在裂隙的斜坡，雨水入渗会造成裂隙附近土-岩接触面的土体抗剪强度降低，使裂隙附近土体发生局部破坏，形成初始的破裂面。最初的破坏所导致的应力集中会沿着斜坡中的软弱带逐渐向下坡方向发展，使局部破坏向下坡方向扩展，这种累进性破坏在斜坡中形成贯通的滑动面时，斜坡发生整体滑动。

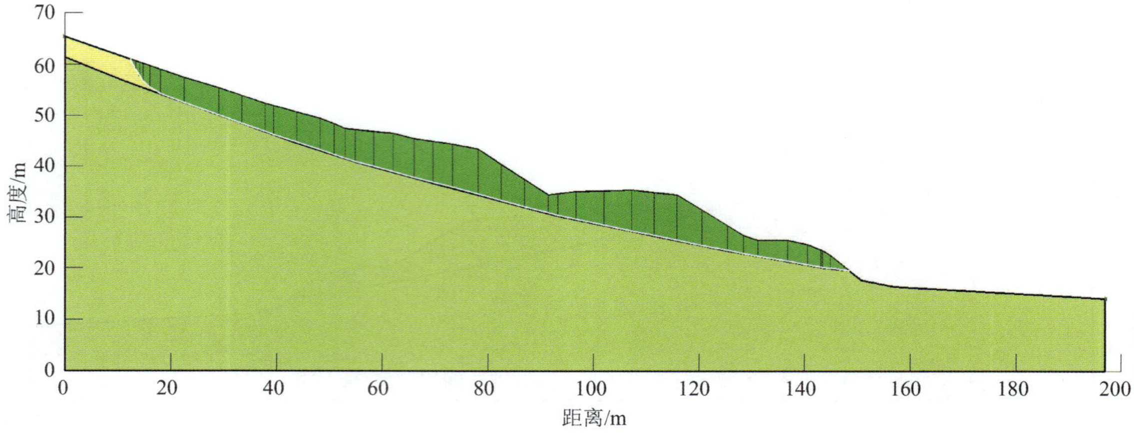

图 5-27　杨家坡滑坡稳定性计算结果图

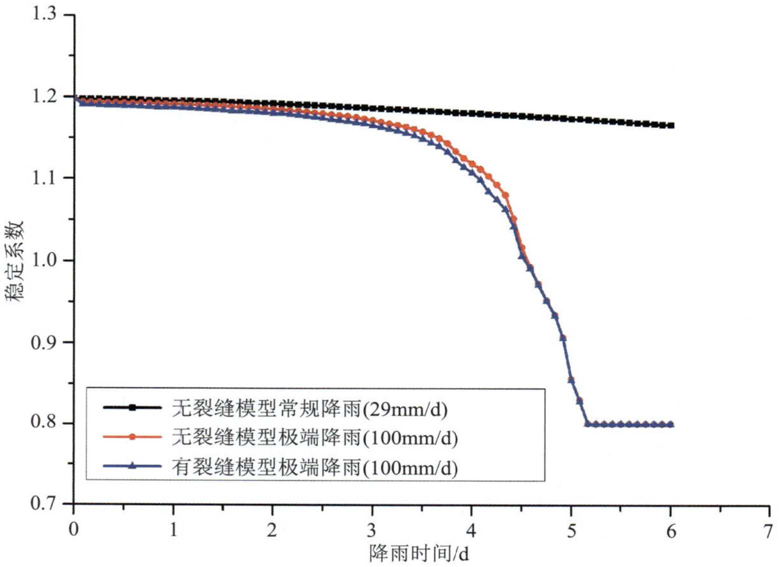

图 5-28　杨家坡滑坡稳定系数随降雨时间变化曲线

第三节　开挖坡脚诱发滑坡失稳机理研究

一、计算模型与参数设置

1. 计算模型及模拟工况

以隆德县温堡乡杨家坡滑坡为例研究滑坡开挖坡脚失稳机理。根据滑坡的几何特征与岩土体结构，建立相应的数值模型如图 5-29 所示。数值模拟的长度、宽度和高度与实际滑坡完全一致。依据前缘开挖高度的不同分为 4 种工况，分别为第一次开挖高度 2 m、第二次开挖高度 3 m、第三次开挖高度 4 m、第四次开挖高度 5 m。每次开挖后对滑坡进行计算，计算结束后将位移清零，作为下一次开挖的初始状态。

2. 计算参数设置

本数值模拟主要研究滑坡在开挖作用下的变形破坏演化过程。岩土体采用弹塑性本构模型，材料破坏服从摩尔库伦强度准则，具体计算参数如表 5-2 所示。

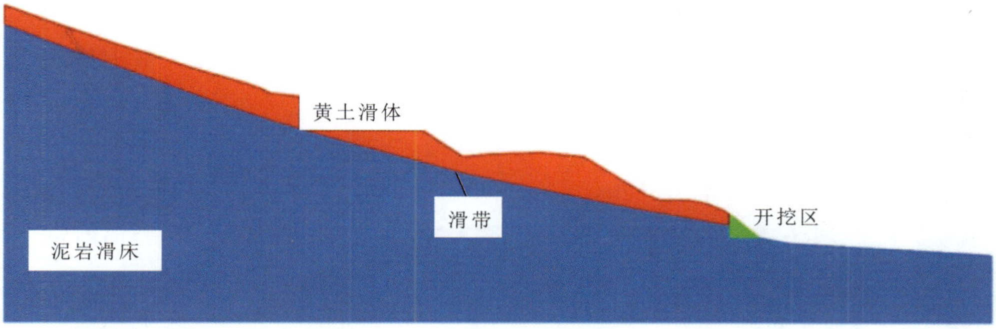

图 5-29　杨家坡滑坡开挖模型示意图

表 5-2　岩土体计算参数表

土层	重度/(kN·m^{-3})	黏聚力/kPa	内摩擦角/(°)	体积模量/GPa	剪切模量/GPa
黄土层	17.5	34	20	0.005	0.002
滑带	17.5	10	10	0.002	0.002
强风化泥岩	22	54	30	0.3	0.2

二、计算结果分析

1. 第一次开挖结果分析

杨家坡滑坡第一次开挖高度 2 m，计算结果如图 5-30 和图 5-31 所示。从图中可以看出，随着边坡持续开挖，宏观变形的量值不断增加，但是整体变形量级不高，最大量值出现在后缘拉裂面处，位移量约 1.0×10^{-2} cm，边坡在开挖面处可能出现局部的滑塌。在开挖过程中，滑面从后缘拉裂面处向前缘逐渐发展，没有贯通（图 5-31），坡体较稳定。

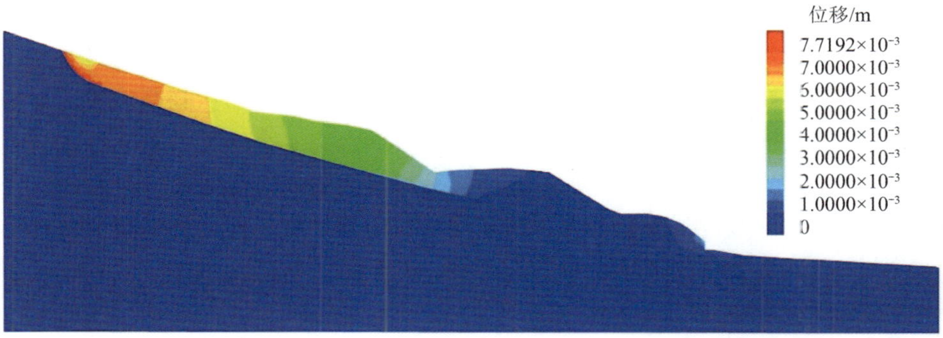

a. 2500步

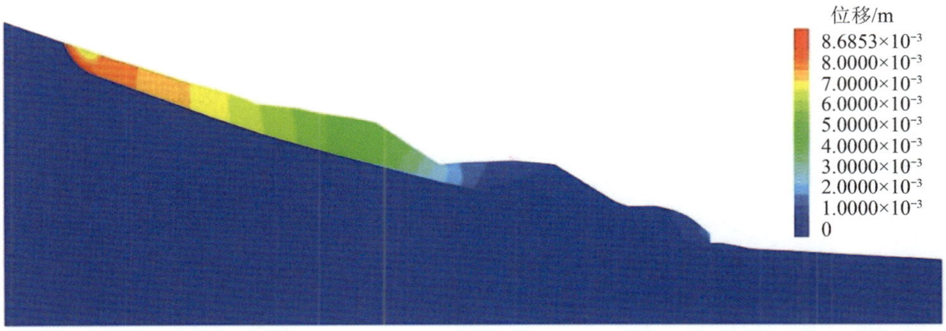

b. 10000步

图 5-30　第一次开挖后位移云图

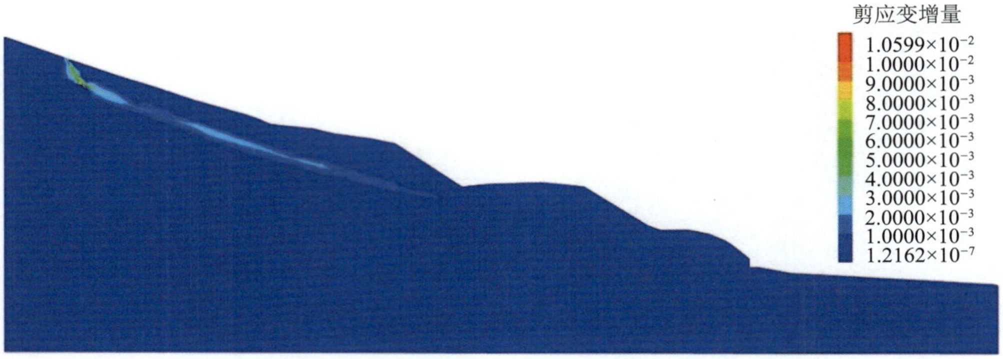

a. 2500步

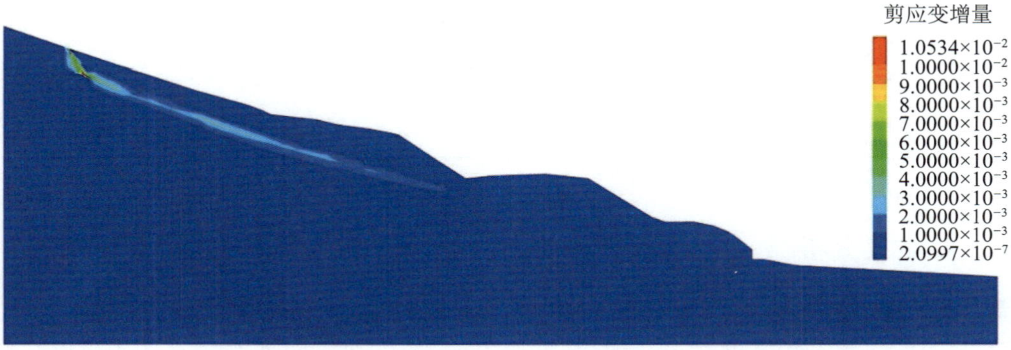

b. 10000步

图 5-31　第一次开挖坡体最大剪切应变增量云图

2. 第二次开挖结果分析

第二次开挖高度 3 m，模拟结果如图 5-32、图 5-33 所示。从图中可以看出，相较于第一次开挖，第二次开挖的变形量值有所降低，在开挖断面处和后缘拉裂面处的变形达到最大值。与第一次开挖模拟结果类似，变形量值从前缘向后缘逐渐降低，并在滑坡中部有一个明显的阻断区域，变形量值在该区域很低，该段起到了阻滑的作用。在开挖过程中，分析最大剪切应变增量可以发现，滑面剪出口最初出现在开挖断面底部和后缘拉裂面处，并不断朝向滑坡中部扩展延伸，直至在边坡后部出现了逐渐贯通的趋势。整体来看，滑坡变形破坏现象并不明显，处于稳定状态。

3. 第三次开挖结果分析

第三次开挖高度 4 m，计算结果如图 5-34、图 5-35 所示。从图中可以看出，总体变形演化特征与前两次开挖类似，均是在后缘拉裂面和前缘开挖断面的变形最大，但是整体变形量级并不明显，最大变形量值仅为 6 mm 左右。在开挖过程中，中部的阻滑区域仍然起到一定的抗滑作用，该段阻碍了变形在前缘和后缘的延续扩展特征，底部滑面在该区域没有出现贯通的现象（图 5-35），仅仅在后缘和前缘底部区域存在滑面扩展的现象。

4. 第四次开挖结果分析

第四次开挖高度 5 m，计算结果如图 5-36、图 5-37 所示。从图中可以看出，总体变形演化特征与前三次开挖类似，均是在后缘拉裂面和前缘开挖断面的变形最大，但是整体变形量级并不明显。实际上，由于在开挖过程中开挖次数较多，滑坡每次开挖量较低，降低了开挖引起的卸荷作用，所以滑坡整体变形并不显著。同时，由于滑坡中部区域起到了阻滑作用，滑坡的底部剪切带难以在该区域贯穿，对滑坡稳定性也起到了积极的作用。

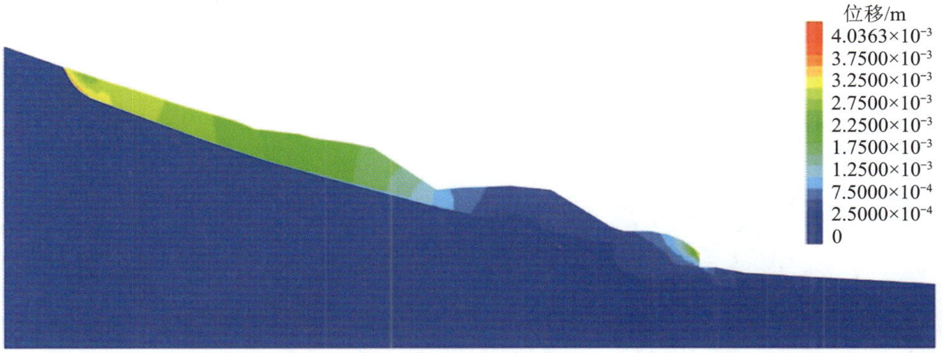

a. 2500步

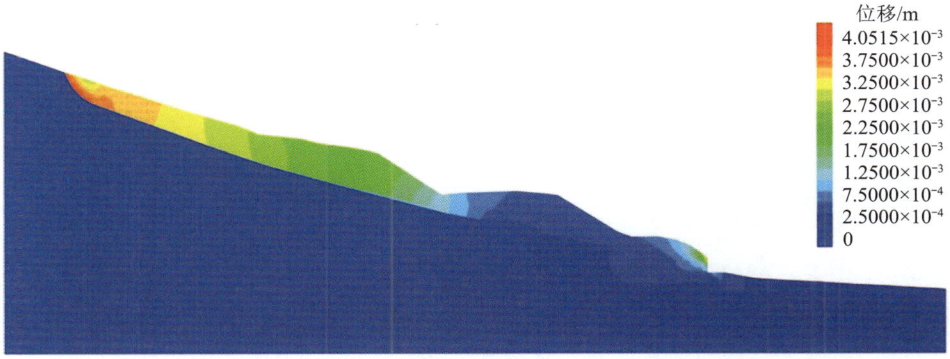

b. 10000步

图 5-32　第二次开挖后位移云图

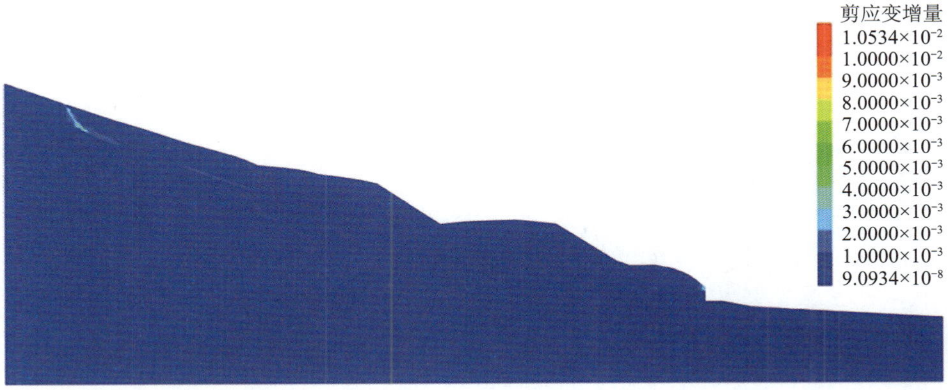

a. 2500步

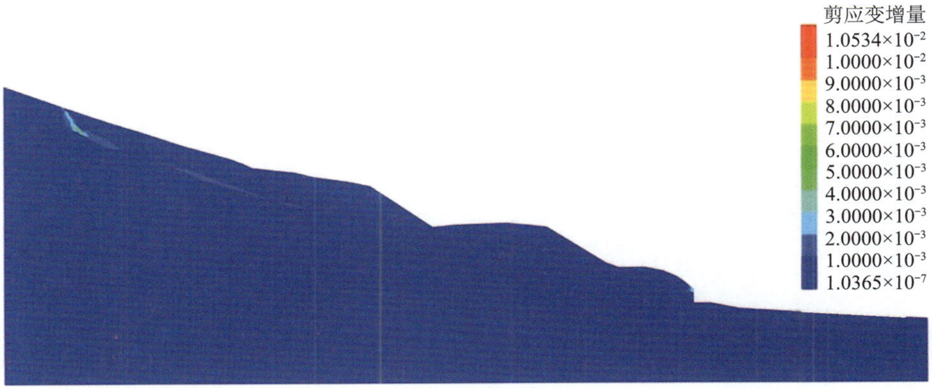

b. 10000步

图 5-33　第二次开挖坡体最大剪切应变增量云图

a. 2500步

b. 10000步

图 5-34　第三次开挖后位移云图

a. 2500步

b. 10000步

图 5-35　第三次开挖坡体最大剪切应变增量云图

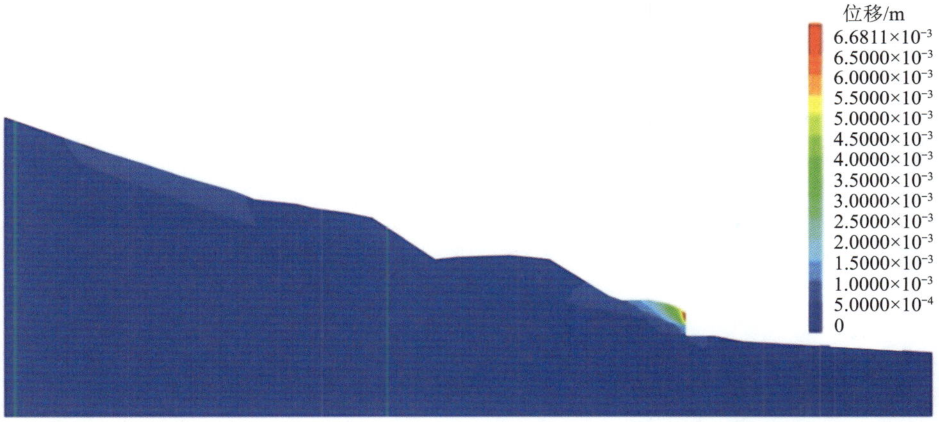

a. 2500步

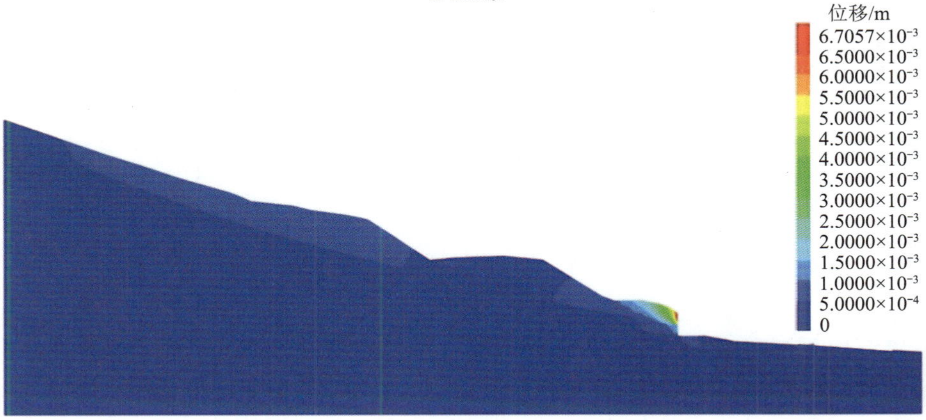

b. 10000步

图 5-36　第四次开挖后位移云图

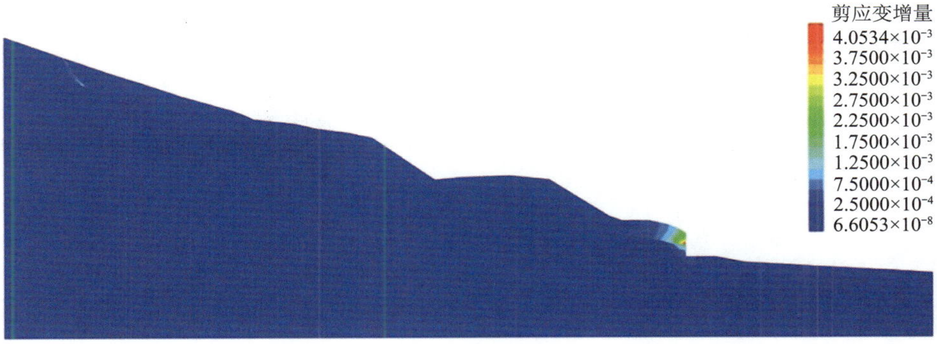

a. 2500步

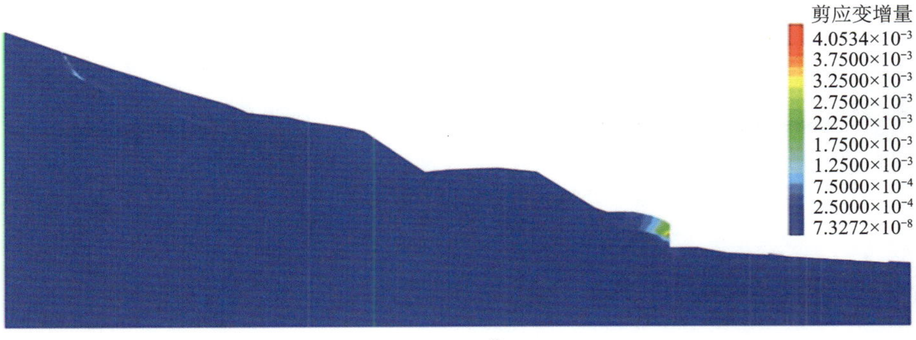

b. 10000步

图 5-37　第四次开挖坡体最大剪切应变增量云图

第四节　地震诱发滑坡失稳机理研究

一、典型滑坡动力稳定性分析

仍以宁夏温堡杨家坡滑坡为例（图 5-38），考虑无裂缝和有裂缝两种模型，并对比分析天然（无降雨）和降雨两种工况的地震动力稳定系数变化。模型材料参数与前文相同。

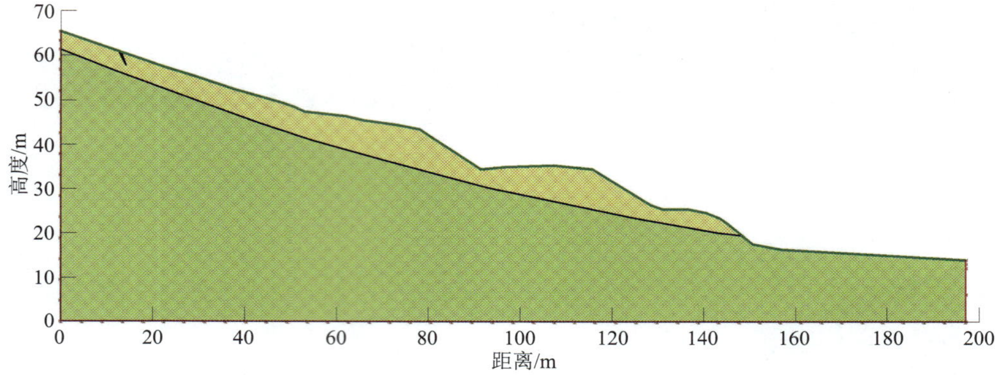

图 5-38　温堡杨家坡滑坡计算模型

滑坡动力稳定性分析利用 Geo-studio 软件，输入的地震波是 2008 年汶川地震四川绵阳清平台站地震加速度记录（图 5-39），主要振动持时约 70 s，东西向峰值加速度值为-0.824g，南北向峰值加速度值为 0.803g，竖向峰值加速度值为 0.63g，复合加速度峰值为 1.3g。

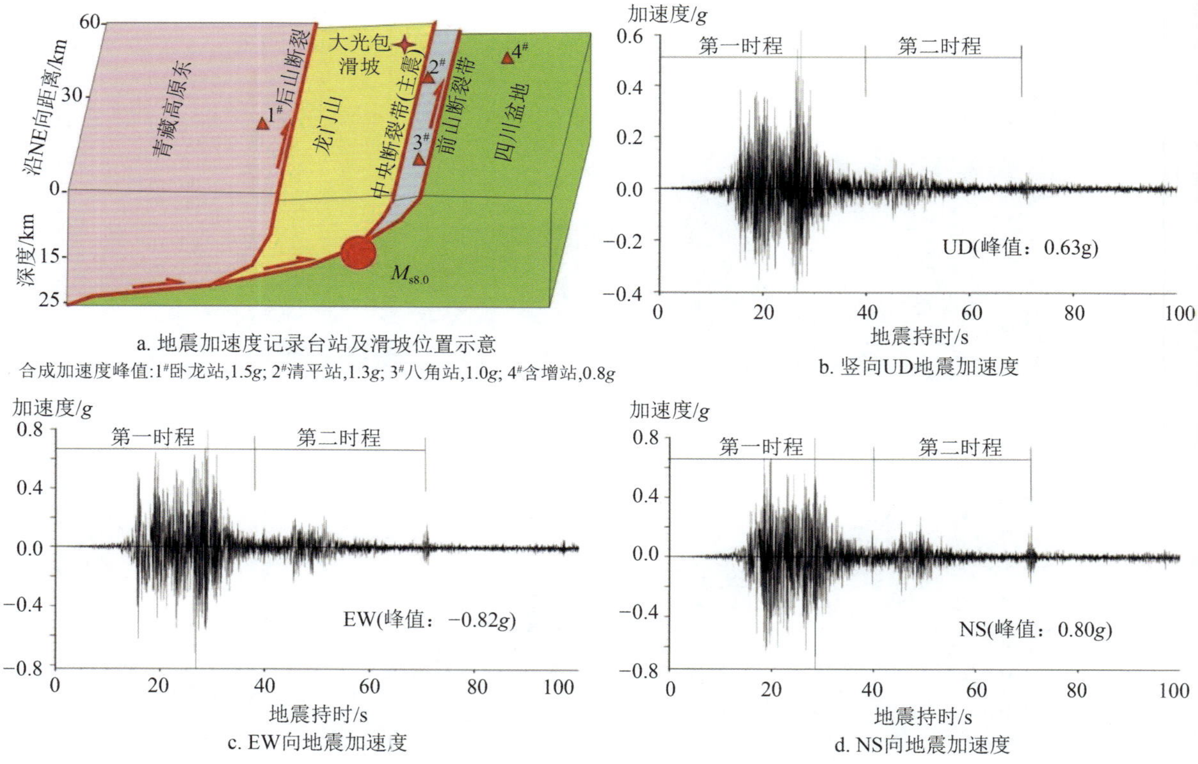

图 5-39　四川绵阳清平台站地震加速度记录

（据国家强震动台网中心，2008）

利用2018版Geo-studio软件的Quake动力模块，计算地震过程中每个时步得到的安全系数的结果（图5-40与图5-41）。

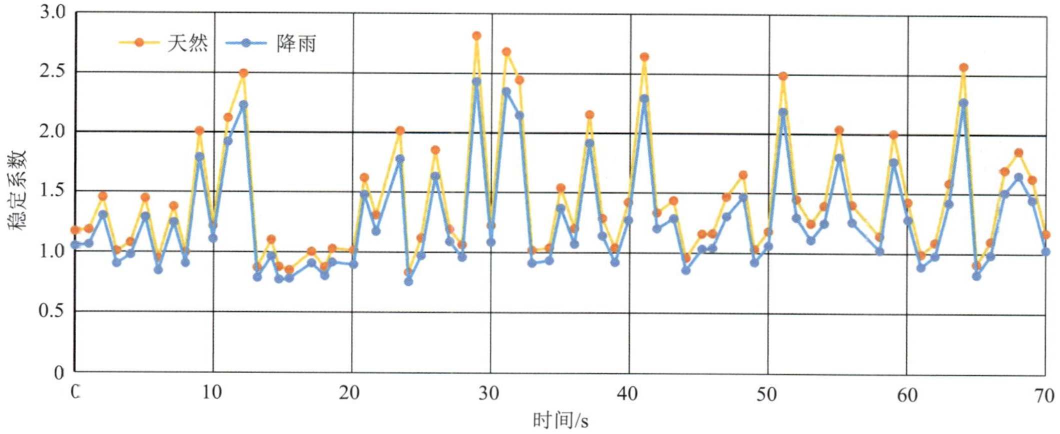

图5-40　滑坡稳定系数随时间变化曲线（未考虑裂缝）

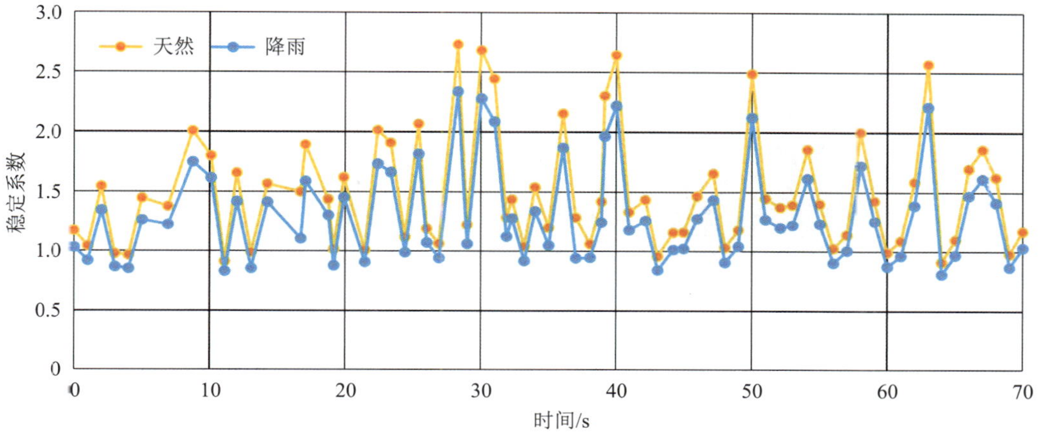

图5-41　滑坡稳定系数随时间变化曲线（考虑裂缝）

可以看出，降雨工况下滑坡稳定系数均小于天然工况下的对应值。对于有裂缝的滑坡，降雨工况下与天然工况下滑坡稳定系数差值更为明显，有裂缝的最大差值发生在28.3 s，最大差值为0.40，而无裂缝的最大差值发生在28.9 s，最大差值为0.38，说明有裂缝的滑坡更易在地震+降雨工况下发生滑坡。

动力分析方法较拟静力方法更能反映滑坡在地震作用下的应力震荡。沿着潜在滑动面，下滑力随着惯性力的变化而变化。其中可能存在某些时刻，下滑力超过了抗滑摩阻力，从而导致暂时的失稳，此时的稳定系数小于1.0，滑坡可能产生一定的位移。这些时刻累计起来，可能会导致滑坡失稳。

二、滑坡动力稳定性规律分析

为了更好地说明动力分析方法对于不同坡度滑坡的影响，建立坡度20°、30°、40° 3种模型，均为上部黄土、下部泥岩的二元结构，上部黄土平均厚度10 m，模型详见图5-42至图5-44，对比分析天然（无降雨）和降雨两种工况的地震动力安全系数变化。

根据动力分析可以看出（图5-45至图5-47）：①降雨工况下，滑坡稳定系数均小于天然工况下的对应值；②20°~40°滑坡稳定性随时间的振幅依次降低，其中20°滑坡稳定性的正振幅峰值达到4.57；③虽然相较于30°和40°滑坡，20°滑坡初始稳定系数在2.0附近，大于临界稳定系数1.0，静

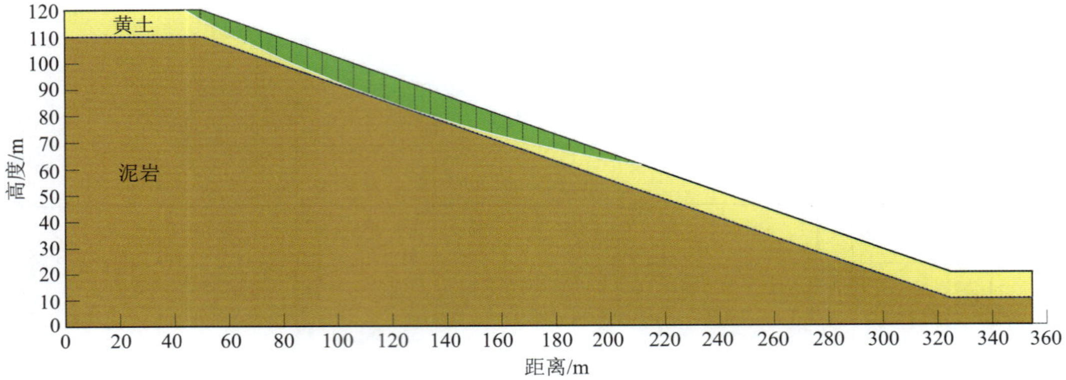

图 5-42　坡度 20°黄土滑坡计算模型

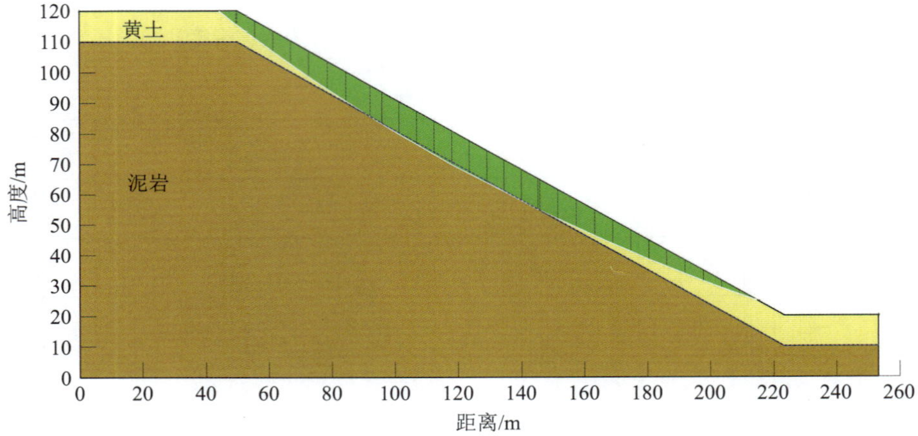

图 5-43　坡度 30°黄土滑坡计算模型

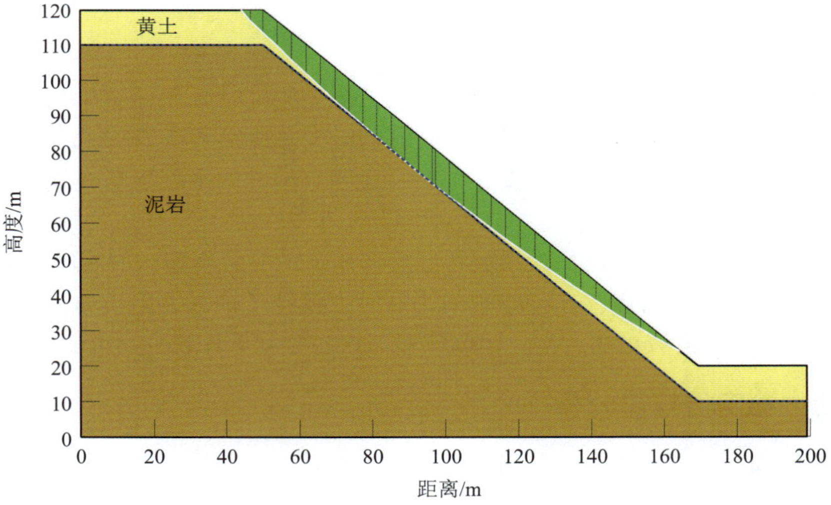

图 5-44　坡度 40°黄土滑坡计算模型

力条件下最为稳定，但在清平台站强震激励下，滑坡稳定性仍多次降到 1.0 以下，说明滑坡可能在地震工况下失稳。

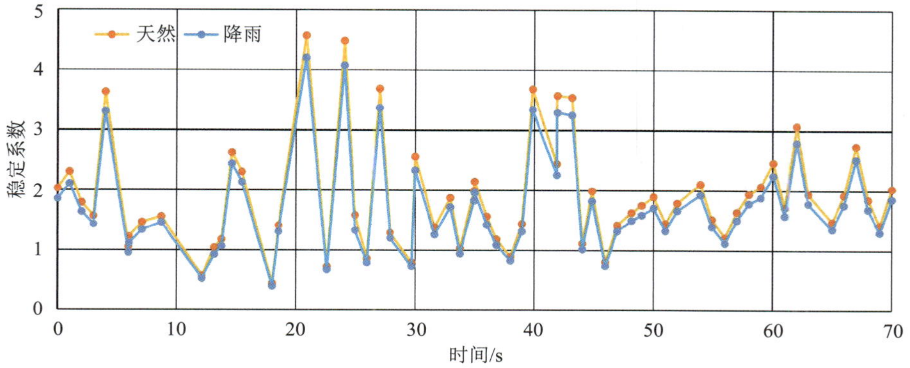

图 5-45　滑坡稳定系数随时间变化曲线（坡度 20°）

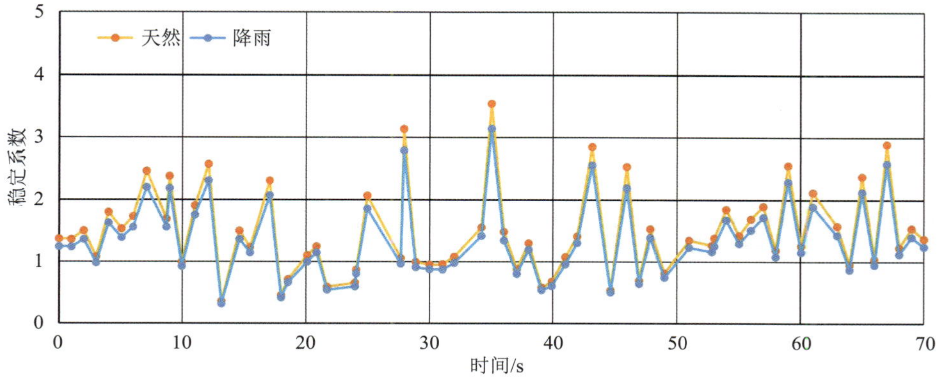

图 5-46　滑坡稳定系数随时间变化曲线（坡度 30°）

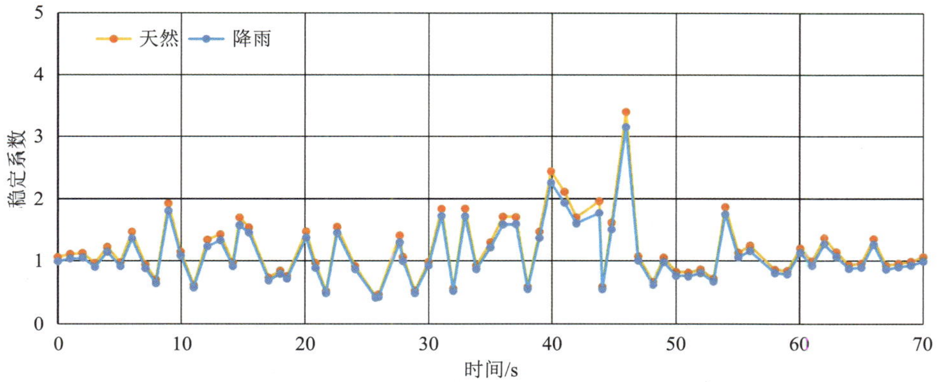

图 5-47　滑坡稳定系数随时间变化曲线（坡度 40°）

根据以上动力分析，可以得出以下结论。

1）降雨工况下，滑坡稳定系数均小于天然工况下的对应值。

2）对于有裂缝的滑坡，降雨工况下与天然工况下的滑坡稳定系数差值更为明显，说明有裂缝的滑坡更易在地震+降雨工况下发生滑坡。

3）20°～40°滑坡稳定性随时间的振幅依次降低，其中 20°滑坡稳定性的正振幅峰值达到 4.57。

4）虽然较 30°和 40°滑坡，20°滑坡初始稳定系数在 2.0 附近，大于临界稳定系数 1.0，静力条件下最为稳定，但在清平台站强震激励下，滑坡稳定性仍多次降到 1.0 以下，说明滑坡可能在地震工况下失稳。

第六章　宁夏典型泥石流成灾机理研究

第一节　苏峪口沟泥石流成灾模式与风险评价

一、苏峪口沟泥石流基本特征

（一）苏峪口沟泥石流形成条件

泥石流的形成需要3个基本条件，包括地形条件、物源条件和水源条件。

1. 地形条件

苏峪口沟泥石流流域面积50.5 km^2，沟谷流域平面形态呈树叶状，主沟沟顶高程3420 m，沟口高程1442 m，高差1978 m，沟长约14.7 km，主沟平均纵坡降（J）为125.3‰（图6-1）。最大支沟为五道塘支沟，沟顶高程2700 m，沟口高程1685 m，高差1015 m，沟道长约5.0 km，平均纵坡降203‰，于灵光寺附近汇入主沟，沟道蜿蜒狭窄，两岸坡体陡直。

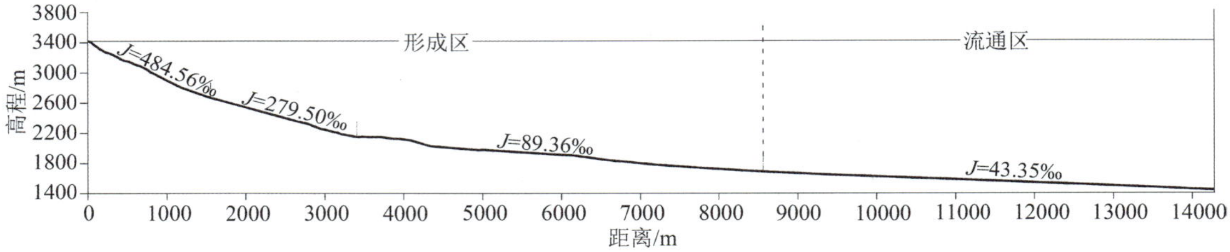

图6-1　苏峪口沟主沟坡降变化图

苏峪口沟中上游形成区山体陡峻（照片6-1、照片6-2），沟道纵坡降89.36‰~484.56‰，沟谷岸坡坡角大于32°，利于降水在短时间内汇集，使坡面水流和支沟洪水迅速获得能量汇集在主沟道

照片6-1　形成区（响水）陡峻山体（镜向190°）

中，沟道泥石流的规模和峰值快速升级，从而形成大规模泥石流冲出沟外。下游流通区沟谷狭窄较顺直（照片6-3），有利于泥石流向沟口运移。沟口堆积区地势开阔（照片6-4），为冲出泥石流提供了堆积场地，同时也具备了成灾条件。

照片6-2　形成区（五道塘）陡峻山体（镜向335°）

照片6-3　流通区沟谷狭窄顺直（镜向137°）

照片6-4　堆积区地势开阔（镜向280°）

2. 物源条件

苏峪口沟流域内松散固体物质储量较丰富，分布广泛，主要类型有崩塌堆积物、坡面堆积物和沟道堆积物 3 类，以沟道堆积物为主，静态储量约 931×10^4 m^3，动态储量约 310×10^4 m^3，松散固体物质分布情况详见图 6-2。

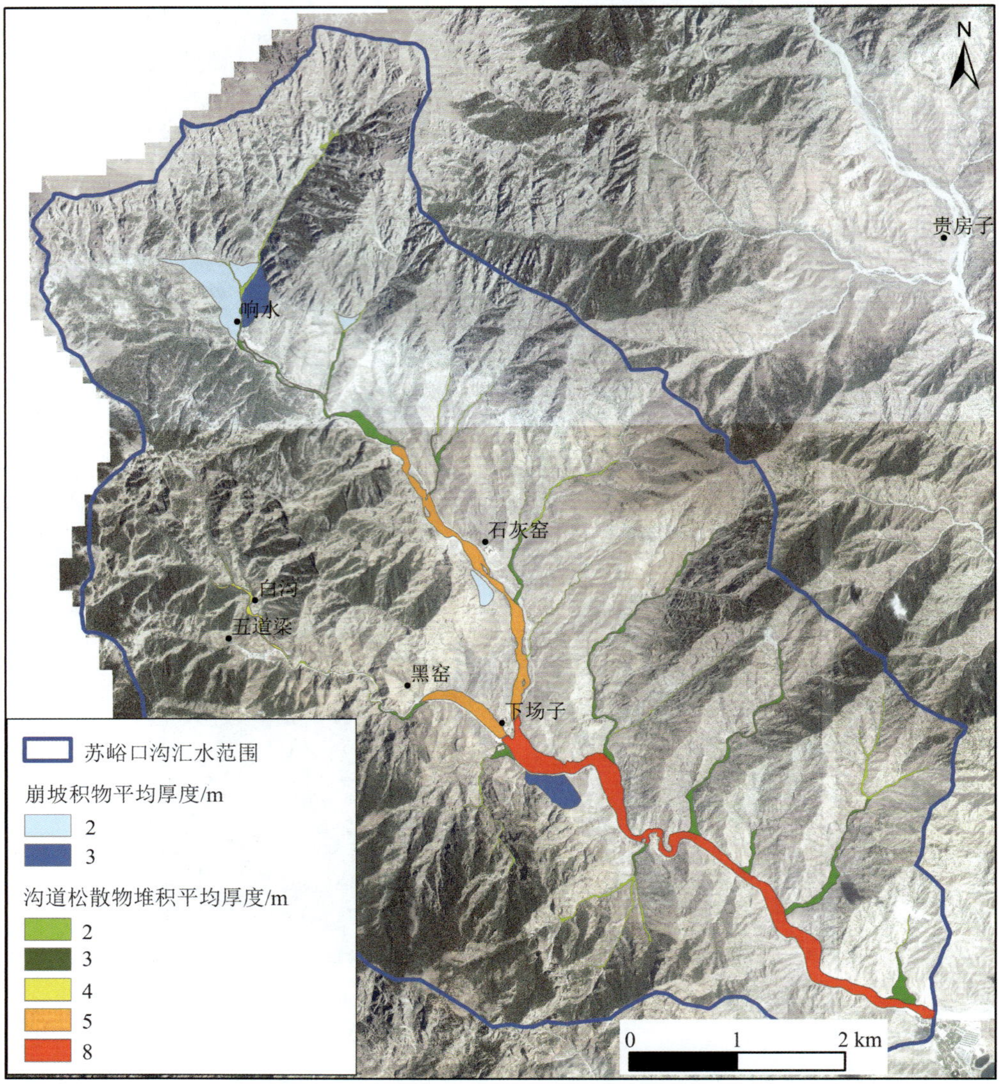

图 6-2　苏峪口沟松散固体物质分布图

（1）崩塌堆积物

崩塌是较陡斜坡上的岩土体在重力或地震作用下向坡脚崩落、滚动，在坡脚或沟内形成堆积体，它是泥石流直接、最易起动的固体松散物质。苏峪口沟内以小型崩塌为主，可直接崩落、滚动至沟底，沿主沟或支沟沟岸两侧零星分布（照片 6-5、照片 6-6）。

（2）坡面堆积物

苏峪口沟位于贺兰山构造剥蚀山地区，山体陡峭，褶皱、断裂等构造极为发育，基岩主要为砂岩、灰岩、白云岩、板岩等，呈裸露状态，节理裂隙发育。本区域昼夜温差大，物理风化强烈，受热胀冷缩作用影响，岩体被切割成块体，由大块变成小块，由小块变成砂土，堆积于斜坡较缓部位或坡脚地带，主要是以面蚀、剥落、局部崩塌和侧蚀等方式进入沟内（照片 6-7、照片 6-8），成为泥石流的固体物质补给物。

照片 6-5　坡脚崩塌堆积体（镜向 147°）

照片 6-6　坡脚崩塌堆积体（镜向 90°）

照片 6-7　页岩风化坡积物（镜向 150°）

照片 6-8　坡面松散堆积物（镜向 115°）

（3）沟床堆积物

沟床堆积物是苏峪口沟泥石流的重要物源，这些堆积体大部分为山坡物质以面蚀、沟蚀、局部崩塌、坡面泥石流和支沟泥石流等水力侵蚀和重力侵蚀方式进入沟谷，经水流改造后形成的土体，主要成分由漂石（块石）、卵石（碎石）、圆砾和砂粒组成，自形成区向堆积区颗粒粒径整体逐步减小、小颗粒成分逐渐增多。流域内沟床厚度受沟宽、纵坡降影响较大，一般宽缓沟谷段堆积物较厚。就小支沟而言，因沟床陡急，沟床堆积物较薄，以泥石流堆积物和崩积物为主，中上游地段厚度较薄，局部地段基岩裸露；下游及沟口（照片 6-9、照片 6-10）厚度 1.0~3.0 m。五道塘支沟上游（照片 6-11）和下游（照片 6-13）沟谷宽缓处堆积物厚度一般 3.0~6.0 m，中游由于沟谷狭窄（照片 6-12），沟坡陡峭，沟谷内堆积物厚度较薄，厚度一般 1.0~3.0 m，局部沟底可见基岩出露。五道塘主沟上游（摩崖石刻以上段）沟谷狭窄（照片 6-14、照片 6-15），沟坡陡峭，沟谷内堆积物厚度较薄，以漂石、卵石为主，厚度一般 1.0~3.0 m，局部沟底可见基岩出露；主沟中游（灵光寺-摩崖石刻段）沟谷整体较宽缓（照片 6-16、照片 6-17），一般是边堆积、边冲刷，其堆积物相对较厚，厚度一般 5.0~8.0 m；主沟下游（灵光寺以下段）沟谷较宽缓（照片 6-18 至照片 6-20），是边堆积、边冲刷，其堆积物厚度一般 5.0~8.0 m。

照片 6-9　小支沟泥石流沟口堆积物（镜向 19°）

照片 6-10　小支沟泥石流沟口堆积物（镜向 19°）

照片 6-11　五道塘支沟上游沟床堆积物（镜向 305°）

照片 6-12　五道塘支沟中游沟床堆积物（镜向 102°）

照片 6-13　五道塘支沟下游沟床堆积物（镜向 70°）

照片 6-14　主沟上游（索道管理处西侧）沟谷堆积物（镜向 185°）

照片 6-15　主沟上游（索道管理处东南 950 m）沟谷堆积物（镜向 295°）

照片 6-16　主沟中游（灵光寺-摩崖石刻段）沟谷堆积物（镜向 175°）

照片 6-17　主沟中游（灵光寺-摩崖石刻段）沟谷堆积物（镜向 310°）

照片 6-18　主沟下游（灵光寺以下段）沟谷堆积物（镜向 160°）

照片 6-19　主沟下游（灵光寺以下段）沟谷积物（镜向 295°）

照片 6-20　主沟下游（灵光寺以下段）沟谷积物（镜向 25°）

3. 水源条件

苏峪口沟在上游平时存在小股流水，向下游隐入地下或被截断利用，在灵光寺以下无常流水，诱发泥石流发生的水源为大气降雨。

根据苏峪口雨量站资料，苏峪口沟区域降水量总体较少，多年平均降水量 282.5 mm。降水量年际变化大，月最大降水量 105.2 mm，降水主要集中在 6~9 月份，占全年降水量的 70%以上，降雨以局地突发性短时强降雨为主，具有历时短、强度大且集中的特点，为区内泥石流地质灾害的发生提供了水源条件。

（二）泥石流流域分区特征

泥石流形成区是泥石流固体物质的主要补给区，泥石流流体中的水体主要来自形成区的汇流；流通区是泥石流流动而淤积很少或不淤积的地段；堆积区是泥石流固体物质堆积的区域。根据该原则，结合泥石流形成、运移、堆积特征，将苏峪口沟泥石流流域划分为形成区、流通区和堆积区三部分。分区具体详见图 6-3。

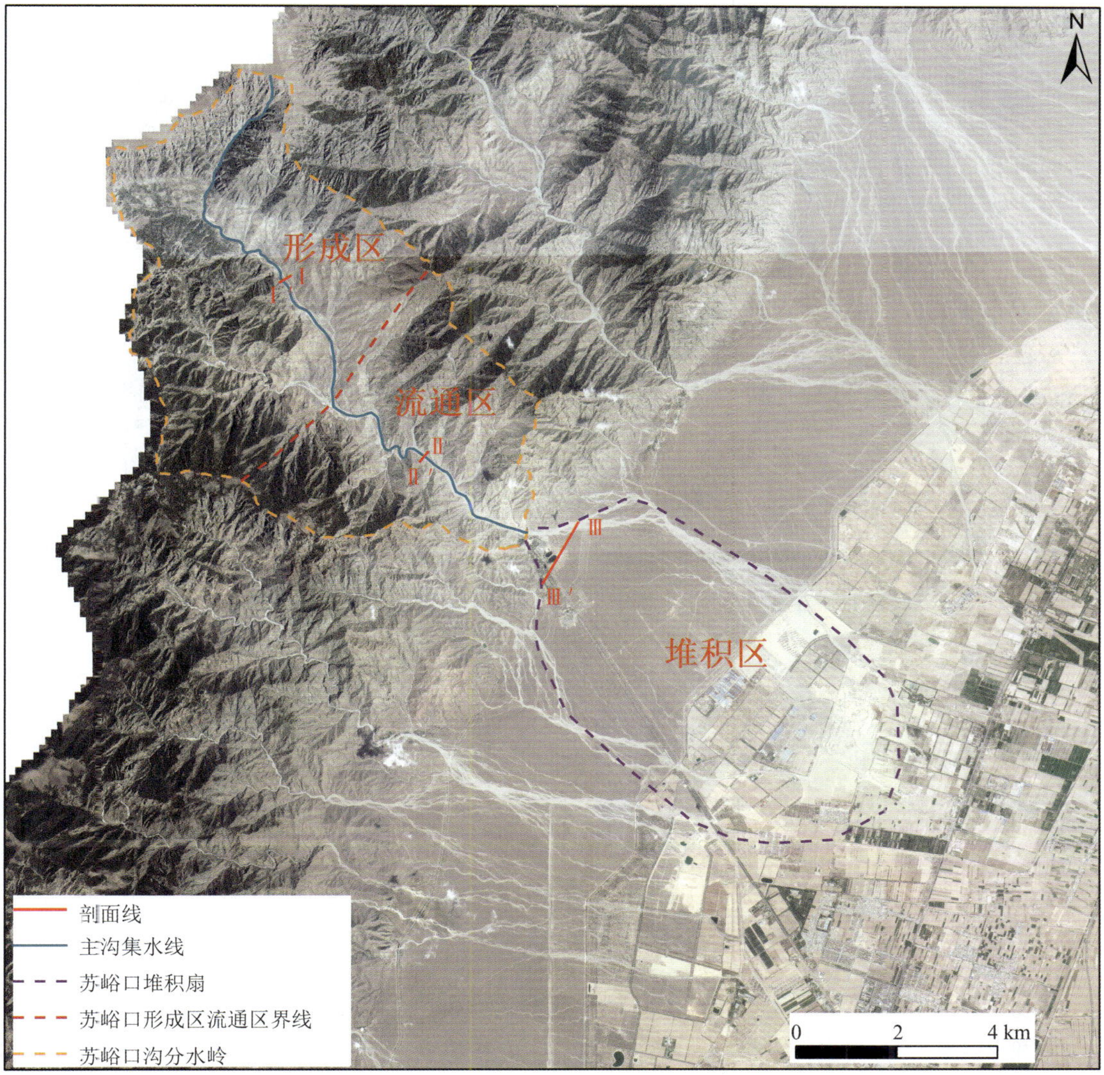

图 6-3　苏峪口沟泥石流分区图

1. 形成区

形成区位于沟谷中上游（照片 6-21 至照片 6-24），即灵光寺以上的广大区域，三面环山，呈枝状、羽状、鱼脊状地形，面积约 31.7 km^2，主沟道长度约 8.5 km，占主沟总长度的 58.4%。周围山坡陡峻，以 30°~60°的陡坡为主，局部近直立状。

沟谷断面以“V”字形为主，主沟宽缓地段呈“U”字形（图 6-4），沟道纵比降 89‰~484‰。区域内地层主要有中元古界王全口组白云岩、白云质灰岩、板岩及砂岩；新元古界兔儿坑组板岩、砾岩；寒武系苏峪口组砂岩、砂砾岩，五道淌组白云岩、白云质灰岩，陶思沟组板岩夹灰岩，胡鲁台组板岩、灰岩，阿不切亥组灰岩、白云岩、白云质灰岩；奥陶系天景山组和大南池组灰岩、白云岩；石炭系羊虎沟组和太原组页岩、砂岩夹煤层；二叠系山西组砂岩夹页岩及煤层，上、下石盒子组砂岩、粉砂岩及页岩，孙家沟组粉砂岩、泥岩、凝灰岩。坡面表层风化强烈，沟道松散堆积物以第四系全新统洪积漂石和卵砾石为主，沟岸两侧小型潜在崩塌体居多，分布不连续，规模均为小型。区内断裂、褶皱发育，受构造影响，局部岩层呈大倾角产出，节理裂隙发育。两岸坡体植被较发育，主要植被类型有常绿针叶林植被类型、针阔混交林植被类型、落叶阔叶灌丛植被类型、落叶阔叶植被类型、高山草甸植被类型和疏林草地植被类型，植被覆盖率约为 47%。

照片 6-21　苏峪口沟泥石流形成区（五道塘）（镜向 345°）

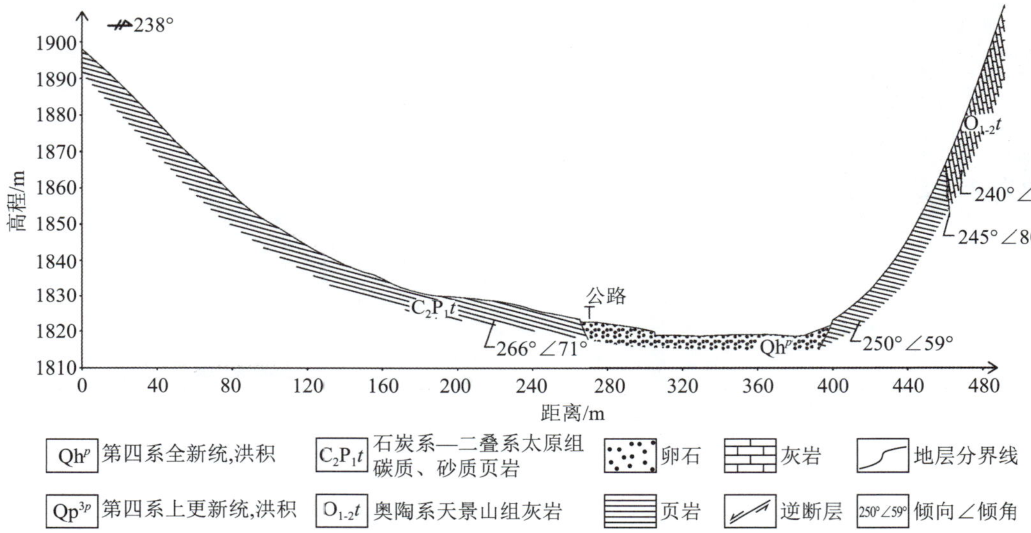

图 6-4　苏峪口沟泥石流形成区主沟 I－I′工程地质剖面图

2. 流通区

流通区位于中、下游主沟道一带，流通区面积约 18.8 km^2，主沟道长度约 5.7 km，占主沟总长度的 41.6%。沟谷断面以“U”字形为主，局部地段呈“V”字形（图 6-5），沟道纵比降 43‰，较宽缓，谷坡坡度 30°~60°。区域内地层主要有中元古界王全口组白云岩、白云质灰岩、板岩及砂岩；新元古界兔儿坑组板岩、砾岩；寒武系苏峪口组砂岩、砂砾岩，五道淌组白云岩、白云质灰岩，陶思沟组板岩夹灰岩，胡鲁台组板岩、灰岩，阿不切亥组灰岩、白云岩、白云质灰岩；石炭系羊虎沟组和太原组页岩、砂岩夹煤层；二叠系山西组砂岩夹页岩及煤层，上、下石盒子组砂岩、粉砂岩及页岩，孙家沟组粉砂岩、泥岩、凝灰岩；三叠系刘家沟组和和尚沟组砂岩、粉砂岩、泥岩及砾岩。沟道松散堆积物以第四系全新统洪积漂石和卵砾石为主，沟岸两侧小型潜在崩塌体居多，分布不连续，规模均为小型。区内断裂、褶皱发育，受构造影响，局部岩层呈大倾角产出，节理裂隙发育。由于后期侵蚀下切作用，以沟底再搬运为主，最终将沟道松散堆积物携带至沟口处堆积。

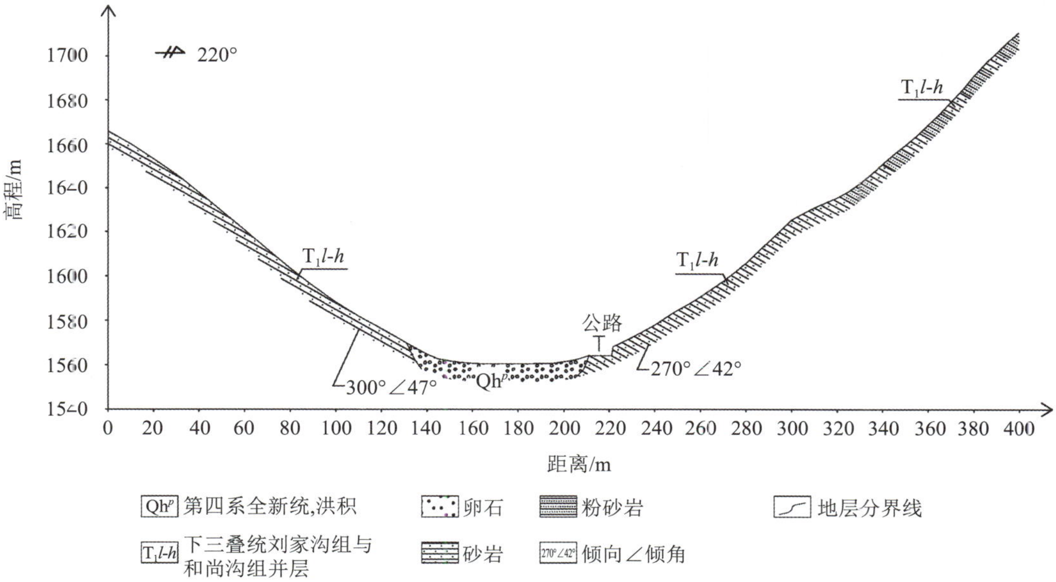

图 6-5　苏峪口沟泥石流流通区主沟Ⅱ-Ⅱ′工程地质剖面图

3. 堆积区

堆积区位于沟口（照片 6-22），堆积区面积约 35 km²，受南北两侧宰牛沟和贺兰沟扇体的挤压、联合影响，苏峪口沟堆积扇向中部有明显收敛，平面形态呈舌状，扇长约 9.0 km，最大扇宽约 5.0 km，扇形地势平缓，坡度 2°~5°。老洪积扇受下切作用，在北侧形成宽约 200 m 的沟槽，沟槽深约 4.0 m。扇形地主要为老洪积堆积区，新近堆积物位于下切形成的沟槽中，地层以第四系上更新统卵砾石和漂石为主，充填砂粒。洪积扇上大部分为荒地，荒地上砾石遍布，分布少量杂草和低矮灌木。苏峪口景区入口西侧大部分开垦为林地，主要种植枣树。在扇顶附近建有苏峪口景区入口管理建筑，银苏线、旅游专线和陈华公路自堆积扇上通过。

照片 6-22　苏峪口沟泥石流堆积区（镜向 285°）

苏峪口沟泥石流堆积区工程地质剖面图见图6-6，各分区基本特征见表6-1。

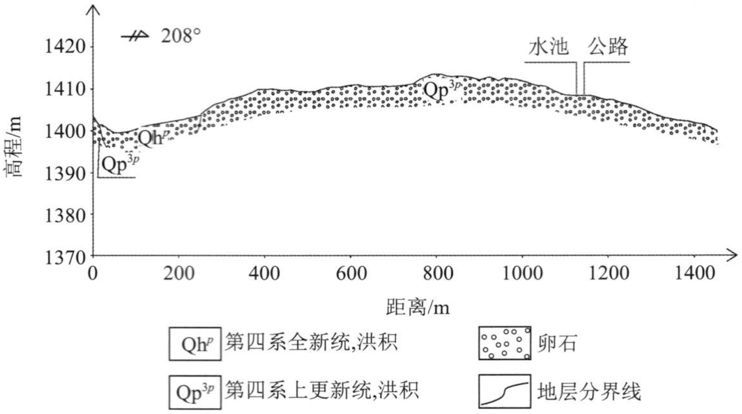

图6-6　苏峪口沟泥石流堆积区Ⅲ-Ⅲ′工程地质剖面图

表6-1　苏峪口沟泥石流分区特征一览表

区段	面积/km²	主沟沟长/km	植被覆盖率/%	谷坡坡度/(°)	相对高差/m	比降/‰	沟道断面
形成区	31.7	8.0	50	30~60	1730	89~484	主沟“V”“U”字形相间，支沟“V”字形
流通区	18.8	5.7	30	30~60	247	43	主沟“U”字形为主，支沟“V”字形
堆积区	35.0	—	30	2~5	300	33	下切沟槽“U”字形

（三）泥石流形成过程和流动特征

1. 形成过程

苏峪口沟泥石流物质补给来源主要集中在主沟中游及上游及一些规模较大的支沟内，固体松散物质在两侧坡面及沟道内堆积。在强降雨条件下，沿陡峻沟坡漫流的坡面水流携带、冲刷表层松散物质，迅速向沟内汇集，沟谷上游及一些支沟内洪水沿比降较陡的沟床宣泄而下在主沟内汇合壮大，沿程渗浸、冲蚀沟内大量堆积的松散碎石土，特别是沟谷中游松散物质比较集中的冲蚀、汇入，使水与土体揉合，固液混杂，能量和流量不断加大，从而形成较大规模泥石流冲出沟口。

2. 流动特征

泥石流的流态、冲淤变化、流速及流量等受流域形态、沟道特征、固体松散物质数量及补给特征、降雨强度等控制。根据实地调查访问，区内泥石流发生前后期基本上呈连续性流动，形成洪水-泥石流-洪水的汇流过程，其间基本无断流，只是泥石流重度、流量、流速发生变化。暴雨期间，先是携带泥沙洪水自沟内泄出，其流速较快，其后沟谷内出现比较沉闷的声音，泥石流似“稀粥状”自沟内涌出，流量比前期大，但流速较慢，在此之后又出现流量较小的洪水乃至停息。

3. 堆积特征

苏峪口沟泥石流以沟口堆积为主，次为沟道堆积，其颗粒组成基本一致。堆积物特征的变化主要表现在其堆积物粒度上。由于苏峪口沟中、上游坡降比较大，泥石流流速较快，泥石流堆积物相对较少，堆积颗粒以巨粒土为主，可见漂石、块石；下游沟床相对较缓，且泥石流出山后沟道变宽，水动力降低，固体物质大规模堆积，粗粒土居多，以卵石、砾石为主，主沟下切老洪积扇，形成宽度50~200 m、深度约4 m的沟槽，因受构造影响，主流向北受迫偏移。根据调查访问，结合本次浅井开挖以及收集过往钻孔资料显示，苏峪口沟出山口处泥石流堆积厚度大于10 m，泥石流堆积物垂向层与层之间特征不太明显（见照片6-23）。

照片 6-23　堆积区地层横断面（镜向 200°）

（四）泥石流流体特征值

1. 泥石流重度

重度是泥石流体重要的特征值之一。当泥石流固体部分的级配成分和矿物成分不变时，黏度、起始切力、分解速度是重度值的函数。泥石流体是一种极不均匀的物质，其重度（γ_c）为重量 m 和该重量占有的体积 V 之比：

$$\gamma_c = \frac{m}{V} \tag{6-1}$$

体积的选择对测定重度的精度起重要的作用。泥石流和它的各个基本单元（龙头和龙身等）的平均重度，从原则上讲应该由下式确定：

$$\gamma_c = \frac{\iiint \gamma(x、y、z、t)\,\mathrm{d}x\mathrm{d}y\mathrm{d}z\mathrm{d}t}{\iint\int \mathrm{d}x\mathrm{d}y\mathrm{d}z\mathrm{d}t} \tag{6-2}$$

式中：x、y、z——空间坐标；

t——时间坐标。

目前，测定泥石流重度可以采用现场试验，另外可以应用已有的经验公式或理论计算获取。使用试验方法获取泥石流重度困难较大，泥石流的特点使人们难以在泥石流暴发时测定泥石流重度。泥石流沟研究中一般采用第二种方法，即应用已有的经验值或相关理论进行计算获取泥石流容重值。本次泥石流设计重度根据实际勘查、访问资料及查表等方法确定，按现场实验法、形态调查法及查表法所得结果综合分析确定。

（1）现场实验法

在浅井所在的沟段，量取面积 1 m^2、深度 0.5～1 m 的取样坑，取出其全部土、砂、石，从中挑出粒径大于 200 mm 以上的石块单个分别称重，其余按粒径分筛为 200～150 mm，150～100 mm，100～50 mm，50～20 mm，20 mm 以下若干级，每级分组称重，计算分组质量与总质量之比，绘制颗粒集配曲线（图 6-7、图 6-8、图 6-9），求算颗粒集配特征值。

对苏峪口沟“泥石流”浆体取 3 组样品进行实验，测试结果如表 6-2 所示。

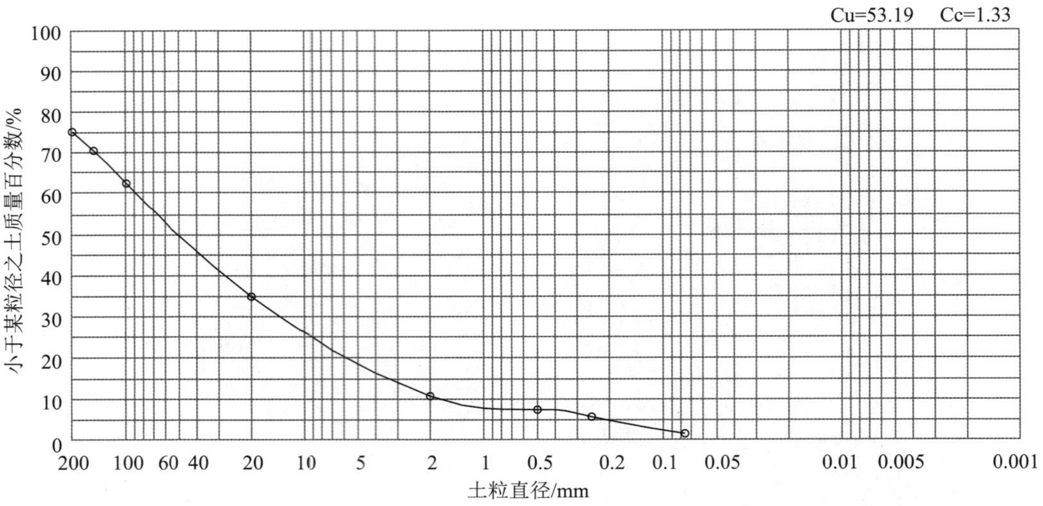

图 6-7　试样 SQJ-3-R-1 颗粒级配曲线

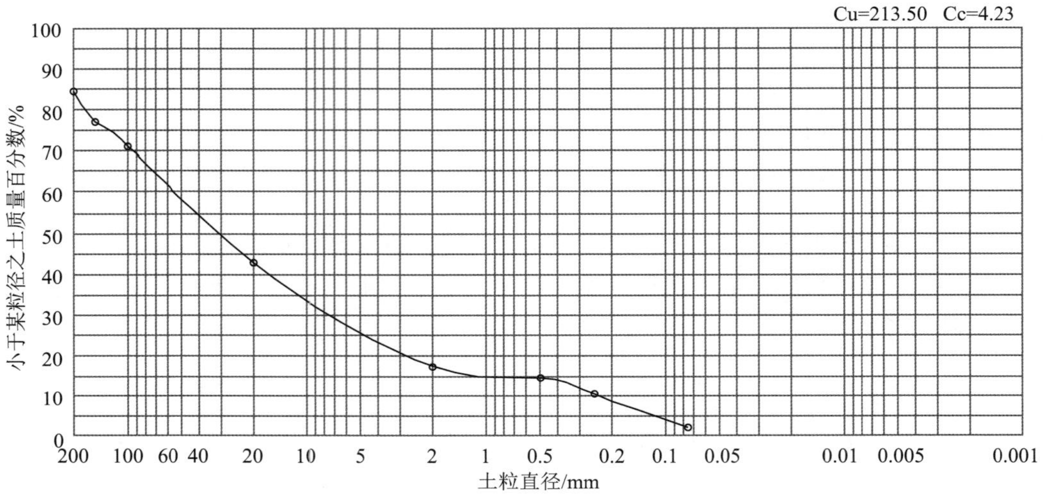

图 6-8　试样 SQJ-4-R-1 颗粒级配曲线

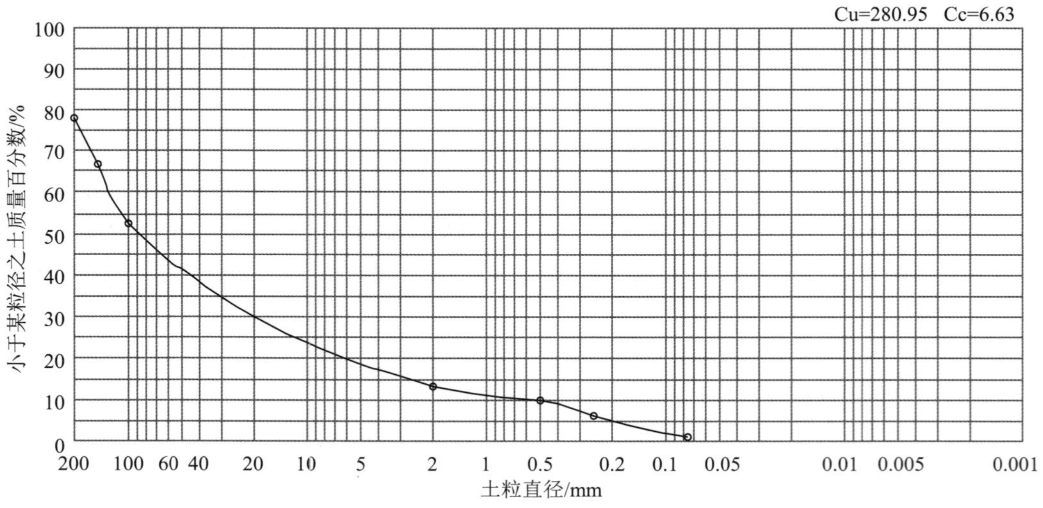

图 6-9　试样 SQJ-5-R-1 颗粒级配曲线

表 6-2　测试泥石流浆体重度结果统计表

沟名	重度/(kN·m^{-3})			
	第一组	第二组	第三组	平均值
苏峪口沟	17.95	18.60	18.15	18.23

（2）形态调查法

根据在现场测绘泥石流流体呈稀粥状，依据《泥石流灾害防治工程勘查规范》（T/CAGHP006—2018）H.1 综合分析判定，该泥石流重度介于 16.0~18.0 kN/m^3 之间（表 6-3）。

表 6-3　泥石流流体稠度特征表

重度	稀浆状	稠浆状	稀粥状	稠粥状
γ_C/(kN·m^{-3})	12.0~14.0	14.0~16.0	16.0~18.0	18.0~23.0

（3）查表法

根据泥石流易发程度数量化评分（N）与重度（kN/m^3）、（1+φ）关系对照表查找相应沟谷泥石流重度，结果如表 6-4 所示。

表 6-4　查表法确定泥石流浆体重度结果统计表

沟名	现场测试平均重度/(kN·m^{-3})	形态调查法重度/(kN·m^{-3})	查表法重度/(kN·m^{-3})	综合重度/(kN·m^{-3})
	权重值（0.5）	权重值（0.3）	权重值（0.2）	
苏峪口沟	18.23	17.50	15.86	17.54

2. 泥石流流量

泥石流流量是泥石流的重要特征值，它反映了泥石流的规模、强度及流体性质，决定着防治工程建筑物的结构及尺寸，是本次泥石流勘查的重要内容之一。本次苏峪口沟泥石流流量计算采用雨洪法。计算公式为：

$$Q_C = (1 + \Phi_c) Q_P \cdot D_C \tag{6-3}$$

式中：Q_C——频率为 P 的泥石流峰值流量（m^3/s）；

Q_P——频率为 P 的暴雨洪水设计流量（m^3/s）；

Φ_c——泥石流泥砂修正系数，$\Phi_c = (\gamma_c - \gamma_W) / (\gamma_H - \gamma_c)$；

γ_c——泥石流容重（kN/m^3）；

γ_W——清水的容重（kN/m^3），取值为 10 kN/m^3；

γ_H——泥石流中固体物质容重（kN/m^3），根据实际情况取值为 26.5 kN/m^3；

D_C——泥石流堵塞系数，取 1.1。

根据参考《宁夏水文手册》（2020 年版）与《宁夏回族自治区暴雨洪水图集》（2016 试用版），贺兰县苏峪口沟 Q_m 与 Q_P 的具体经验公式如表 6-5 所示。

表 6-5　各分区洪峰流量均值与面积关系表

分区		适用面积	面积 F 与 Q_m 关系
贺兰山区		20~200	$Q_m = 8.5F^{0.55}$
风沙干旱区	灵盐同风沙干旱区	小于 1000	$Q_m = 0.15F^{0.85}$
	卫宁黄河右岸	小于 300	$Q_m = 0.8F^{0.85}$
干旱区		小于 1000	$Q_m = 3.2F^{0.60}$
半干旱区		小于 1000	$Q_m = 0.2F^{1.1}$
半湿润区	暂未分析		

贺兰县苏峪口沟位于贺兰山区，适用公式：

$$Q_p = K_P \times Q_m \tag{6-4}$$

式中：Q_m ——多年平均最大洪峰流量均值（m^3/s），$Q_m = 8.5F^{0.55}$；

K_p ——某重现期的模比系数；

F ——流域面积（km^2），取 50.5 km^2。

通过查询《宁夏回族自治区暴雨洪水图集》后附皮尔逊型Ⅲ曲线的模比系数 K_p 值表。可以分别求得 Q_p（1%）100 年一遇最大清水洪峰量、Q_p（2%）50 年一遇最大清水洪峰量、Q_p（5%）20 年一遇最大清水洪峰量，Q_p（10%）10 年一遇最大清水洪峰量。

计算结果如表 6-6 所示。

表 6-6　清水流量（Q_p）及泥石流峰值流量（Q_c）计算结果表

频率	$Q_p/(m^3 \cdot s^{-1})$	$Q_c/(m^3 \cdot s^{-1})$
100 年一遇（1%）	590.85	1195.88
50 年一遇（2%）	451.96	914.77
20 年一遇（5%）	282.20	571.17
10 年一遇（10%）	172.48	349.10

3. 泥石流一次最大冲出量

一次泥石流过流总量是指在一次泥石流运动过程中，泥石流流体中固体物质与浆体的体积之和，是泥石流动力学特征的重要参数之一。目前一次泥石流过流总量的计算方法主要有三种：直接观测测量法、统计模型法和经验公式法。本次研究采用计算分析。

（1）一次泥石流总量

一次泥石流过流总量按照《泥石流灾害防治工程勘查规范》（DT/T 0220—2006）附录 I 提供的计算公式进行计算：

$$Q_w = K \cdot Q_C \cdot T \tag{6-5}$$

式中：Q_w——泥石流一次最大冲出量（m^3）；

K ——流域面积系数，苏峪口沟泥石流 K 取 0.0378；$F<5$ km^2，$K=0.202$；$F=5\sim10$ km^2，$K=0.113$；$F=10\sim100$ km^2，$K=0.0378$；$F>100$ km^2，$K=0.0252$；

Q_C——泥石流洪峰流量（m^3/s）；

T ——泥石流过程时间（s），在缺乏大量实验数据和实测数据阶情况下，以堆积后的泥石流冲出物最大粒径大体推求石块运动速度的经验公式：按经验公式 $V=\alpha\sqrt{d_{max}}$，α 取经验值 4，结合苏峪口沟 50 年一遇洪水重现期苏峪口水文站洪水过程历时，本次泥石流过程时间取 3200 s。

计算结果如表 6-7 所示。

表 6-7　一次泥石流过程总量计算表

沟名	计算频率 P/%	K	泥石流历时 T/s	最大流量 $Q_c/(m^3 \cdot s^{-1})$	一次泥石流过程总量 $Q_w/10^4$ m^3
苏峪口沟	100 年（1%）	0.0378	3200	1195.88	14.47
	50 年（2%）	0.0378	3200	914.77	11.10
	20 年（5%）	0.0378	3200	571.17	6.91
	10 年（10%）	0.0378	3200	349.10	4.22

（2）一次泥石流冲出的固体物质总量

一次泥石流固体冲出物按照《泥石流灾害防治工程勘查规范》（DT/T 0220—2006）附录 I 提供

的计算公式进行计算：

$$Q_H = Q_w（\gamma_C - \gamma_W）/（\gamma_H - \gamma_W） \tag{6-6}$$

式中：Q_w——一次泥石流总量（m^3）；

γ_C——泥石流容重（kN/m^3）；

γ_W——清水容重（kN/m^3）；

γ_H——泥石流中固体物质容重，取 26.5 kN/m^3。

经计算，$Q_{H1\%}=6.59\times10^4\ m^3$；$Q_{H2\%}=5.06\times10^4\ m^3$；$Q_{H5\%}=3.15\times10^4\ m^3$。$Q_{H10\%}=1.93\times10^4\ m^3$。计算结果如表 6-8 所示。

表 6-8 一次泥石流冲出的固体物质总量计算结果表

计算频率 P/%	泥石流容重 $\gamma_c/(kN\cdot m^{-3})$	清水容重 $\gamma_w/(kN\cdot m^{-3})$	固体物质容重 $\gamma_H/(kN\cdot m^{-3})$	一次泥石流过程总量 $Q_w/10^4\ m^3$	一次泥石流冲出固体物质总量 $Q_H/10^4\ m^3$
100 年（1%）	17.54	10	26.5	14.47	6.59
50 年（2%）	17.54	10	26.5	11.10	5.06
20 年（5%）	17.54	10	26.5	6.91	3.15
10 年（10%）	17.54	10	26.5	4.22	1.93

（3）泥石流规模

经计算，100 年一遇泥石流一次最大冲出量为 $6.59\times10^4\ m^3$；50 年一遇泥石流一次最大冲出量为 $5.06\times10^4\ m^3$；20 年一遇泥石流一次最大冲出量为 $3.15\times10^4\ m^3$，10 年一遇泥石流一次最大冲出量为 $1.93\times10^4\ m^3$。依据泥石流规模划分标准（表 6-9）可知，100 年一遇、50 年一遇和 20 年一遇泥石流规模为中型，10 年一遇泥石流规模为小型。

表 6-9 泥石流规模划分标准表

规模	分级指标
巨型	一次最大冲出量 $\geq 50\times10^4\ m^3$
大型	一次最大冲出量 $20\times10^4 \sim 50\times10^4\ m^3$
中型	一次最大冲出量 $2\times10^4 \sim 20\times10^4\ m^3$
小型	一次最大冲出量 $<2\times10^4\ m^3$

4. 泥石流主沟纵比降

贺兰县苏峪口沟泥石流主沟纵比降采用分段计算的方法进行，其原理如图 6-10 所示。

$$J = \frac{(H_0+H_1)l_1+(H_1+H_2)l_2+(H_2+H_3)l_3+\cdots+(H_{n-1}+H_n)l_n-2H_0\sum l_i}{(\sum l_i)^2} = \frac{(\sum H_{i-1}+\sum H_i)l_i-2HL}{L^2} \tag{6-7}$$

其中，H_i、h_i 以米（m）计；L、I_i 以千米（km）计，苏峪口沟泥石流主沟纵比降 J 为 125.3‰。

（五）泥石流易发性

根据《泥石流灾害治理工程勘查规范》（T/CAGHP 006—2018）对贺兰县苏峪口沟泥石流的易发程度进行评判，判定结果为：苏峪口沟泥石流易发程度为轻度易发，易发程度评判表见表 6-10、表 6-11。

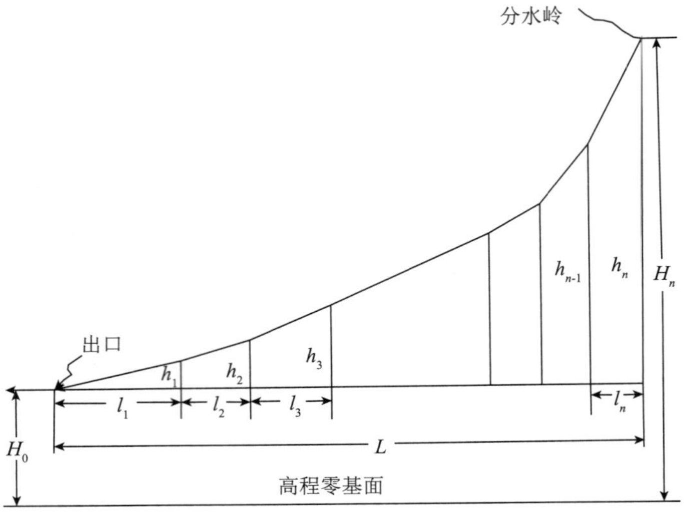

图 6-10　泥石流沟纵比降分段计算示意图

表 6-10　苏峪口沟泥石流易发程度数量化评分表

序号	影响因素	量级划分							
		极易发（A）	得分	中等易发（B）	得分	轻度易发（C）	得分	不易发生（D）	得分
1	崩坍、滑坡及水土流失（自然和人为活动的）严重程度	崩坍、滑坡等重力侵蚀严重，多层滑坡和大型崩坍，表土疏松，冲沟十分发育	21	崩坍、滑坡发育，多层滑坡和中小型崩坍，有零星植被覆盖冲沟发育	16	有零星崩坍、滑坡和冲沟存在	12	无崩坍、滑坡、冲沟或发育轻微	1√
2	泥砂沿程补给长度比/%	>60	16√	60~30	12	30~10	8	<10	1
3	沟口泥石流堆积活动程度	主河河形弯曲或堵塞，主流受挤压偏移	14√	主河河形无较大变化，仅主流受迫偏移	11	主河河形无变化，主流在高水位时偏，低水位时不偏	7	主河无河形变化，主流不偏	1
4	河沟纵坡	12°（21. 3%）	12	12°~6° （21. 3%~10. 5%）	9√	6°~3° （10. 5%~5. 2%）	6	<3° -3. 20%	1
5	区域构造影响程度	强抬升区，6 级以上地震区，断层破碎带	9√	抬升区，4~6 级地震区，有中小支断层	7	相对稳定区，4 级以下地震区，有小断层	5	沉降区，构造影响小或无影响	1
6	流域植被覆盖率/%	<10	9	10~30	7	30~60	5√	>60	1
7	河沟近期一次变幅/m	>2	8	2~1	6	1~0. 2	4√	0. 2	1
8	岩性影响	软岩、黄土	6	软硬相间	5	风化强烈和节理发育的硬岩	4√	硬岩	1
9	沿沟松散物储量/（$10^4\ m^3 \cdot km^{-2}$）	>10	6	10~5	5	5~1	4	<1	1√
10	沟岸山坡坡度	>32°（62. 5%）	6√	32°~25° （62. 5%~46. 6%）	5	25°~15°	4	<15°	1

续表

序号	影响因素	量级划分							
		极易发（A）	得分	中等易发（B）	得分	轻度易发（C）	得分	不易发生（D）	得分
11	产沙区沟槽横断面	V型谷、U型谷、谷中谷	5√	宽U型谷	4	复式断面	3	平坦型	1
12	产沙区松散物平均厚度/m	>10	5	10~5	4	5~1	3	<1	1√
13	流域面积/km^2	0.2~5	5	5~10	4	10~100	3√	>100	1
14	流域相对高差/m	>500	4√	500~300	3	300~100	2	<100	1
15	河沟堵塞程度	严重	4	中等	3	轻微	2	无	1√
16	得分 N	83							
17	易发程度	轻度易发（N=44~86）							

注：√表示参与计算的得分项。

表 6-11　泥石流沟易发程度数量化综合评判等级标准表

是与非的判别界限值		划分易发程度等级的界限值	
等级	标准得分N的范围	等级	按标准得分N的范围自判
是	44~130	极易发	116~130
		中等易发	87~115
		轻度易发	44~86
非	15~43	不易发生	15~43

（六）临界雨量阈值

1. 泥石流激发条件——降雨

泥石流形成需要有数量充足的水体（径流），对于苏峪口沟泥石流来讲，水体最主要的来源就是降雨，这成为该泥石流发生的主要水源。一方面水体是泥石流物质的组成部分，泥石流为固液两相流体，液相物质就是水；另一方面汇流过程中水体又是泥石流运动的动力条件，只有当雨水、冰雪融水形成强大的径流，才能携带大量的土石运动并融合为泥石流。

不同成因类型的泥石流有不同的激发条件。雨水泥石流需要暴雨或者大暴雨激发，冰雪消融泥石流的激发因素是当年热季连续数日的高温引起冰雪强烈消融；沟蚀泥石流要求足够大的暴雨径流才能起动。这些暴雨、气温、径流都具有数量界限，即通常所说的界限值，达到或超过界限值，泥石流就将发生或大量发生。

2. 临界雨量阈值研究方法

临界雨量是指一个流域或区域某一时间段内降雨量达到或超过某一量级和强度时，该流域或区域将发生泥石流灾害，把这时的降雨量或降雨强度，称为该流域或区域的临界雨量。在国内外学者研究泥石流临界雨量方法主要分为以下三类：

（1）实证法

该方法主要是通过对实际的降雨和泥石流灾害资料进行统计分析，得出相应的前期有效降雨量和特征雨量（10 min、30 min、1 h 雨量等）之间的关系，从而绘出雨量阈值曲线。该方法准确度高，需要有非常丰富的、长期的雨量序列资料和灾害资料，通过泥石流的前期有效雨量与泥石流发生当日雨量关系探索泥石流灾害发生规律。因此，仅适用于具有长期观测历史的地区。

（2）启动法

该方法是通过对于泥石流启动机理的研究，得出降雨量与泥石流起动的关系，从而计算出泥石流的临界雨量值。

（3）频率法

该方法主要适用于降雨资料丰富而泥石流灾害资料缺乏的地区，它假设泥石流的发生与暴雨同频率，通过对降雨资料的统计分析，计算暴雨的发生频率，从而计算得到诱发泥石流的降雨量阈值。

由于苏峪口沟泥石流周期较长且泥石流灾害历史统计资料缺乏，在上述方法中，仅启动法适用于该泥石流临界阈值的确定。

3. 确定临界雨量（启动法）

（1）诱发泥石流的降雨组成

泥石流发生之前的前期降雨使形成区内的松散堆积体含水率增大，饱和度增加，强度降低，变得不稳定。连续降雨之后的短历时暴雨，使得整个流域短时间内汇水量增大，为泥石流的形成提供了主要的动力条件。所以，泥石流的暴发是前期降雨量和短历时雨强共同作用的结果。一次过程的降雨量，经过逐日递减，一般在 20 d 就基本耗尽。不同类型的暴雨泥石流沟，所需前期间接雨量的天数不同，根据泥石流激发雨量和前期雨量的关系而具体确定天数。一般暴雨型泥石流沟取到 20 d 前的降雨，大暴雨型泥石流沟取到 10 d 前的降雨即可，特大暴雨泥石流沟的激发，主要决定于本次降雨过程，前期降雨量可忽略不计。

泥石流的激发是短历时暴雨和前期降雨量共同作用的结果。以往多处实测资料表明，泥石流的激发多出现在降雨过程峰值降雨之中的某一时刻。峰值雨量的持续时间一般较短，通常只有几分钟到几十分钟，这种短历时的峰值降雨在泥石流研究中被称为泥石流的激发雨量。不同短历时的暴雨均可以说明泥石流的激发雨量，通常选用 10 min 雨强或者 30 min 雨强、1 h 雨强等作为泥石流的激发雨量，需根据具体情况而定。本次以 1 h 雨强为例。

（2）启动机制分析

一般情况下，泥石流沟床内的松散堆积体的长度和宽度均远大于堆积体的厚度，因此采用无限坡模型对松散堆积体进行受力分析。设泥石流沟床坡度为 θ，松散堆积体厚度 h，水深为 h_w，堆积体主要受重力和孔隙水压力作用，取单位长度堆积体进行受力分析。

根据摩尔-库伦强度准则，松散堆积体的抗剪强度为：

$$\tau_f = c + (\sigma - u)\tan\phi \tag{6-8}$$

式中：c——松散堆积体的内聚力（kPa）；

ϕ——松散堆积体的内摩擦角（°）；

σ——堆积体对沟床的压力，即正应力（kPa）；

u——沟床面上的孔隙水压力（kPa）。

正应力 σ 为堆积体的重力在垂直于沟床平面方向上的分量，计算公式为：

$$\sigma = \rho_s gh\cos\theta \tag{6-9}$$

式中：ρ_s——松散堆积体的密度（g/cm^3）；

g——重力加速度（m/s^2）；

h——堆积体厚度（m）；

θ——沟床坡度（°）。

孔隙水压力 u 的计算公式为：

$$u = \rho_w gh_w\cos\theta \tag{6-10}$$

松散堆积体的剪应力是重力沿沟床平面向下方向上的分量，计算公式为：

$$\tau_s = \rho_s gh\sin\theta \tag{6-11}$$

松散堆积体的安全系数为抗剪强度和剪应力之比，将式（6-9）和式（6-10）代入到式（6-8）中，得到抗剪强度的计算公式，由此，得到松散堆积体的安全系数的计算公式：

$$F_s = \frac{\tau_f}{\tau_s} = \frac{c + (\rho_s gh - \rho_w gh_w)\cos\theta\tan\varphi}{\rho_s gh\sin\theta} \tag{6-12}$$

水深逐渐增加时，孔隙水压力增大，松散堆积体的有效应力减小，抗剪强度降低，安全系数减小。根据极限平衡理论，当安全系数为1时，松散堆积体处于极限平衡状态，即临界破坏状态，松散堆积体失稳，暴发泥石流。当安全系数为1时，水深为泥石流发生的临界水深。由此，得到临界水深的计算公式为：

$$h_w = \frac{c}{\rho_w g \tan\varphi \cos\theta} + h \frac{\rho_s}{\rho_w}\left(1 - \frac{\tan\theta}{\tan\varphi}\right) \tag{6-13}$$

（3）产汇流分析

大气降雨在流域内要经过下渗、填洼、截流、蒸发等损失之后，才能形成径流从流域出口流出。一次降雨扣除掉下渗、填洼、截流、蒸发等损失量之后，所剩部分称之为净雨，净雨量的计算称之为产流计算。净雨沿地面和地下汇入河网，汇流成径流从流域出口流出的过程称为汇流，整个流域汇流过程的计算称之为汇流计算。

区内干湿季节区分明显，少雨季节，地表干旱缺水，雨季来临时吸水量大，下渗能力强。雨季为6~8月份，雨季期间降雨量充沛，地下水位较高，包气带薄，一般一次暴雨的降雨量能够使流域蓄满。流域产流的方式为蓄满产流，降雨首先经下渗、填洼等使流域蓄满之后才会产流。根据蓄满产流的原理，径流深计算公式为：

$$R = P - I = P - (I_m - P_b) \tag{6-14}$$

式中：R——径流深（mm）；

P——一次降雨量（mm）；

I——降雨开始时的土壤含水率（mm）；

I_m——降雨结束时流域达到的最大蓄水量（mm）；

P_b——一次降雨的损失量（mm）。

流域的最大蓄水量是反映一个流域蓄水能力的基本特征，一般为一个定值。我国大部分地区的经验表明流域的最大蓄水量一般为80~120 mm。

（4）泥石流雨量阈值

通过雨量站对流域降雨的实时观测资料，可以得出前期影响雨量。在泥石流沟道内选取横断面，根据水力类泥石流起动机制，由式（6-13）计算得出该断面泥石流启动所需要的临界水深，则流域的平均流量为：

$$Q = BVh_w \tag{6-15}$$

式中：Q——流域的平均流量（m^3/s）；

B——沟道的宽度（m）；

V——泥石流流速（m/s）；

h_w——临界水深（m）。

径流深是指在某一时段内的径流总量平铺在全流域面积上所得的水层深度。以1 h为单位，则流域的径流深R可表示为：

$$R = \frac{W}{1000F} = \frac{3.6\sum Q\Delta t}{F} = \frac{3.6Q}{F} \tag{6-16}$$

式中：W——径流总量（m^3）；

F——泥石流形成区面积（km^2）；

Δt——流量历时（s）。

以小时雨量进行泥石流预警报，一次降雨量P改写为小时雨量。同时，降雨开始时的土壤含水率即反映了泥石流的前期影响雨量，式（6-14）可以写为：

$$I_{60} + P_\alpha = R + I_m \tag{6-17}$$

由式（6-16）可以计算泥石流暴发时的径流深，由于流域最大蓄水量为一定值，所以泥石流暴发时R也为一定值。一般的流域最大蓄水量为80~120 mm，由于研究区处于山区，无历史统计资料，对临界降雨量进行保守预测，取为 80 mm。当达到时，泥石流则暴发，也就是说为泥石流暴发的临界降雨量。为前期降雨量，前期降雨量只影响土壤的含水率，对于泥石流的暴发起更重要的诱发作用的是激发雨量，也就是 1 h 降雨强度，忽略前期降雨量和流域最大蓄水量的影响，或是假设二者相等，则诱发泥石流的 1 h 降雨强度等于泥石流暴发时的径流深 R，所以式（6-16）计算出的径流深 R 即为诱发泥石流的 1 h 降雨强度，即临界雨量。

4. 苏峪口沟泥石流临界雨量计算

（1）临界水深计算

根据公式（6-13）计算苏峪口沟泥石流临界水深，计算结果如表 6-12 所示。

表 6-12 苏峪口沟泥石流临界水深计算成果

c/kPa	ρ_s/(g·cm^{-3})	ρ_w/(g·cm^{-3})	g/(N·kg^{-1})	θ/(°)	φ/(°)	h/m	h_w/m
15	2.0	1	9.8	26	32.5	2.5	2.7

（2）径流深计算

根据公式（6-16）计算苏峪口沟泥石流径流深，计算结果如表 6-13 所示。

表 6-13 苏峪口沟泥石流径流深计算成果

B/m	V/(m·s^{-1})	h_w/m	Q/(m^3·s^{-1})	F/km^2	R/mm
75	2.3	2.7	465.75	50.5	33.2

根据预测结果，苏峪口沟可能诱发泥石流的 1 h 降雨强度为 33.2 mm。

二、苏峪口沟泥石流危险性评价

采用 FLO-2D 二维模拟软件，对苏峪口沟泥石流的形成过程、运动状态等进行模拟，结合雨量与数字地形图数据，反复进行模拟和数据拟合，力争求出该泥石流流动的深度、速度、堆积范围、破坏程度等情况。在此基础上，模拟泥石流在发生过程中的运动状态，还原发生泥石流灾害在发生时的特征。对比结合本次调查计算值与泥石流数值模拟值，通过改变模拟的各项参数，例如可以改变模拟过程中的曼宁系数、黏滞系数等，反复修改参数，以达到模拟结果能尽量与泥石流灾害发生时的状况基本相同。

（一）FLO-2D 模拟理论基础

FLO-2D 是一种常用的水动力模型，用于模拟和计算水流对地面结构物的冲击力。它是基于二维水流运动方程和动量方程，通过离散网格方法进行数值计算，通常用于预测洪水、泥石流等灾害事件中流体对承灾体的冲击力，从而为防洪工程和灾害管理提供科学依据，常被运用在防护工程、防灾减灾工程的工程设计，也可以在洪水灾害管理方面起到一定的作用，如在城市水涝和城市泥石流方面。

1. 数值模拟的条件假设

FLO-2D 模型有两项限制与六项假设：

（1）FLO-2D 数值模型假设

1）假设是定床模型。定床模型指泥石流发生时，其水流边界固定不变，也不会因为冲淤影响而使河床水流发生变化，因此本模型没有办法模拟刷深的现象。

2）震波和水跃现象无法进行模拟。

（2）FLO-2D 模型的其他假设条件

1）浅水波假设。

2）泥石流灾害发生时，满足稳定流阻滞方程。

3）静水压力的分布假设。

4）差分时间在差分时间的间隔内是固定的稳定恒流。

5）各个网格点的每个参数仅有一个值，包括高程与曼宁值（n）。

6）假定每个网格内的断面和水力粗糙度都是平均值。

2. 控制方程

在 FLO-2D 中连续方程与运动方程是泥石流 2D 模型的基本控制方程，由公式（6-18）和（6-19）控制泥石流或者洪水的体积质量守恒来进行运算。

（1）连续方程

$$\frac{\partial h}{\partial t}+\frac{\partial hV_x}{\partial x}+\frac{\partial hV_y}{\partial y}=i \tag{6-18}$$

式中：t——时间（s）；

i——有效降雨强度（m/s）；

V_x——X 轴平均流速（m/s）；

V_y——Y 轴平均流速（m/s）；

h——流动的深度（m）。

（2）运动方程

$$sf_x=so_x-\frac{\partial h}{\partial x}-\frac{V_x}{g}\left(\frac{\partial V_x}{\partial x}\right)-\frac{V_y}{g}\left(\frac{\partial V_x}{\partial x}\right)-\frac{1}{g}\left(\frac{\partial V_x}{\partial t}\right) \tag{6-19}$$

$$sf_y=so_y-\frac{\partial h}{\partial y}-\frac{V_y}{g}\left(\frac{\partial V_y}{\partial y}\right)-\frac{V_x}{g}\left(\frac{\partial V_y}{\partial x}\right)-\frac{1}{g}\left(\frac{\partial V_y}{\partial t}\right) \tag{6-20}$$

式中：g——重力加速度（m/s^2）；

sf_x 和 sf_y——摩擦坡降（‰）；

so_x 和 so_y——底床坡降（‰）。

公式（6-19）是模型中 X 轴方向上的动量方程，用于表示力平衡。动力波的模型主要是以公式（6-19）这个动量方程为主体，为给研究人员在讨论加速运动在模拟过程中的影响带来方便，该动量方程采用无量纲。从左到右分别为：摩擦坡降、底床坡降、压力梯度及惯性力中对流加速度项与局部加速度项。

FLO-2D 模拟时，是假设每个单方向都是一维流体，据此来假设二维流体。它是分别求解每个一维方向的动量，再计算出该方向网格边界上的平均速度，但对于任何一个网格点，都存在方向流动的任意性，为此，我们采取先计算每个网格点八个方向上的运动速度和流动深度，再在此基础上确立二维流体的概念。

3. 流变模型方程

FLO-2D 泥石流模型的基础是 O' Brien 和 Julien 的流变模型，如式（6-21）所示，该流变模型采用的流变方程的形式是坡度形式：

$$S_f=S_y+S_v+S_{td}=\frac{\tau_y}{\gamma h_m}+\frac{K\eta u}{8\gamma_m h^2}+\frac{{n_{td}}^2v^2}{\sqrt[3]{h^4}} \tag{6-21}$$

式中：S_y——屈服坡降；

S_v——黏滞坡降；

S_{td}——紊流、扩散坡降；

τ_y——屈服应力；

η——黏滞系数；

γ_m——泥石流体单位重；

K——层流阻滞系数；

n_{td}——等效曼宁系数；

v——流体流速（m/s）。

在研究流体运动过程中，如果流体具有很高的体积浓度，随着流体中各微颗粒之间的相互碰撞变多，流体的扩散应力也会随之增加，为此，研究过程中必须考虑到该效应对流动的阻力的影响。绝大多数情形下，在随着体积浓度变大的过程中，曼宁值会以指数函数增长形势而变化。

（二）数值模拟

1. 数值模拟参数

在进行 FLO-2D 模拟时，其两大部分分别为降雨径流和泥石流模拟。地形与雨量参数应用于 FLO-2D 降雨径流模式，得到泥石流模拟的洪水流量过程线，再结合泥石流堆积物的体积浓度值，碎屑中的土、石材料的比重，以及其他参数，输入软件，就能够根据泥石流模块计算得到堆积深度与影响范围等重要数据。

（1）曼宁系数 n

地表粗糙状况决定了曼宁 n 值（表 6-14），查看 FLO-2D 的配套使用手册的建议值，并确定给定方程，本次泥石流地区的曼宁系数 n 的取值：苏峪口沟沟道整体为 0.23，旅游道路、银苏线公路取 0.05，旅游景点建筑、配套管理用房取 0.28。值得注意的是：当曼宁值 n 越大，就表示该地区的地表植被越好，地表就越粗糙。

表 6-14　不同地表条件下的曼宁系数 n

地面条件	曼宁系数	地面条件	曼宁系数
茂密草地	0.17~0.8	耕地	0.008~0.012
植生茂密灌木草地	0.17~0.48	轮休耕地	0.06~0.22
杂林灌木、牧草地	0.3~0.4	传统耕地	0.06~0.16
一般草地植生	0.2~0.4	以整地耕地	0.3~0.5
植被稀疏粗糙地	0.2~0.3	梯田	0.07~0.17
矮草原	0.1~0.2	无耕作农作物	0.17~0.47
稀疏草原	0.05~0.13	有块石分布开阔地	0.1~0.2
有块石分布稀疏植被	0.09~0.34	沥青混凝土	0.02~0.05
无植被覆盖-20%植被覆盖	0.05~0.25		

（2）泥石流的数字地面模型

泥石流数值的模拟首要的是地面的数字模型，地面数字模型是通过数学、数字来表达地面地表情况，是模拟的必要前提条件。网格的大小，是通过研究精度来确定的，这就可以保证每个网格都可以赋予相应的绝对高程，再根据 FLO-2D 计算得出各个单元的面积，通过内插计算使用高程散点，DEM 变换出高程散点。本次对苏峪口沟泥石流的仿真模拟过程中，使用 20 m×20 m 的网格。

（3）体积浓度

体积浓度（C_v）是指当泥石流发生时，泥石流中的土体以及碎石、砾石等杂物占整个泥石流体积的百分比。本次 FLO-2D 泥石流模型中，体积浓度与屈服应力和黏滞系数之间的关系是指数函数关系，即只要体积浓度增大，其屈服应力也会相应地随之增大。体积浓度一般情况下是通过查询 FLO-2D 手册来获得的，大沟泥石流粒径较大的砾石含量较多，参照手册的对照表，本次研究的体积浓度最初设置为 0.52，之后查看仿真模拟的结果再细微调整。

（4）黏滞系数

本研究中的屈服应力是宾汉屈服应力，其应力主要体现为黏性泥石流的内部应力形态，其主要以黏滞力的形式存在，而黏滞力是由流体的剪切和拉伸应力相互作用而生成的阻力，因此，本研究所说的宾汉黏滞系数和黏滞力是密切相关的，当黏滞系数变小，则黏滞力就会变小，泥石流的流动性也就会越好。流体的体积浓度上升会引起宾汉屈服应力和宾汉黏滞系数强度的指数增加，关系式表示如下：

1）屈服应力与体积浓度之间的表达式：

$$\tau_y = \alpha_2 e^{\beta_2 c_v} \tag{6-22}$$

2）宾汉黏滞系数和体积浓度关系：

$$\eta = \alpha_1 e^{\beta_1 c_v} \tag{6-23}$$

FLO-2D 模型，通过给定 α_1、α_2、β_1、β_2 和泥石流体积浓度，判定分析的黏滞系数和屈服应力。α_1、α_2、β_1、β_2 是经验系数，通常是经过实验获取的，但是也可查找 FLO-2D 手册获取。本次模拟中参数如下：α_1 为 0.811、α_2 为 0.0075、β_1 为 13.72、β_2 为 14.39。

（5）阻滞系数 K

泥石流发生后，其流动体在流动过程中不可避免地会受到各种阻力，而阻力与流动方向作用在同一直线上且呈相反方向，阻力与黏滞力以及流体黏滞系数有密切的关系，黏滞系数增大，阻力增大。此外，阻力的另一个影响因素是层流阻滞系数，而层流阻滞系数的大小，与泥石流通过区的地表粗糙程度有关。基于众多复杂因素的存在，FLO-2D 模拟软件说明中明确提出：建议使用者参考 Woolhiser 的相关研究数据，如表 6-15 所示。本次模型模拟选择的阻滞系数 K 为 2285。

表 6-15　地表与 K 值建议对照表

表面类型	K 值范围
混凝土/沥青	24~108
裸露沙土	30~120
表层级配	90~400
被侵蚀的裸露泥土-被侵蚀的壤土	100~500
稀疏植被	1000~4000
矮草原地	3000~10000
早熟禾草地	7000~50000

（6）泥石流流量

泥石流的流量过程线，是由放大因子 BF（bulking factor）与流入点泥石流中水流量相乘的结果来决定的，BF 与体积浓度计算如下式：

$$\mathrm{BF} = \frac{1}{1-c_v} \tag{6-24}$$

（7）泥石流体中的土石材料参数比重（G_S）

如果泥石流流体携带物体为砾石，其参数比重约为 2.65；如果是黏土则参数比重选择约为 2.75。由于本次贺兰县苏峪口沟范围内泥石流均属于砾石型，所以土石材料参数比重可以选择 2.65。

本次数值模拟采用的参数如表 6-16 所示。

表 6-16　FLO-2D 数值模拟参数

模拟参数项	数值
计算网格/m	20×20
土石比重 T_s/(t·m^{-3})	2.65
曼宁粗糙系数 n	苏峪口沟道整体取 0.23；旅游道路、银苏线公路取 0.05；旅游景点建筑、配套管理用房取 0.28
层流阻力系数 K	2285
α_1	0.811
α_2	0.0075
β_1	13.72
β_2	14.39

2. 泥石流过程模拟

（1）地形数据处理

首先收集研究区内的数字地形图，再通过实地考察，对地形图进行修正。该过程中，可运用 ArcGIS 软件将 DEM 的文件格为 FLO-2D 模拟软件可以识别的 ASCII 文件，在确定模拟范围的同时，尽量把模拟范围划分成较多的网格。对于计算范围内的网格，要确定泥石流的起点，可以通过 DEM 插入的绝对高程值来获得。而模拟的起始网格点的选择，还是要结合现场调查情况，以实地调查结果为依据。最后，依据泥石流沟在降雨后汇流的特点，此次模拟选择泥石流流出点的附近作为数值模拟的起始点。该泥石流沟内未发现拦挡坝人类工程，同时，泥石流疏通通道本次在模型中体现，因此本次研究为具备疏通通道工况下的模拟。

（2）降雨过程模拟

FLO-2D 所能识别的数据是累积降雨百分比，该参数的数据主要来源于采集的雨量数据。模拟开始初期，累计降雨百分比的初始值为零，随着时间的增加，模拟将每一个时间点前的降雨量，通过计算后转化为总体降雨量百分比。为此，当计算终结时，所有时间节点的累计百分比之和为 1。

（3）过程数值模拟

整个过程模拟分为几个阶段。第一，通过 FLO-2D 泥石流模拟软件，对泥石流灾害进行模拟和重现，该过程中尽量还原灾害发生时候的状况；第二，通过查询 FLO-2D 使用手册，确定泥石流模拟的其他参数，如堆积物体积浓度、碎屑石料比重等；最后通过结合 FLO-2D 中的“降雨-径流模式”，提取出清水流量过程线，通过清水流量过程线，求出 BF 值，进而根据公式计算出泥石流的流量（表 6-17），从而模拟出泥石流的全过程，确定泥石流灾害的影响范围以及堆积厚度。

表 6-17 苏峪口沟流域范围内不同降雨工况下出水点所在截面峰值流量

频率	暴雨洪峰流量 Q_p/(m^3·s^{-1})	泥石流洪峰流量 Q_c/(m^3·s^{-1})	历时 T/s
100 年一遇	590.85	1195.88	3200
50 年一遇	451.96	914.77	3200
20 年一遇	282.20	571.17	3200
10 年一遇	172.48	349.10	3200

3. 不同降雨频率的模拟

本次调查发现沟内存在大量的松散堆积物，沟谷较通畅顺直，在强降雨的情况下有发生泥石流的危险。因此，通过模拟可以预测在不同降雨工况下，苏峪口沟泥石流可能再次发生的灾害程度，并且合理指导苏峪口沟地区泥石流的减灾工作。

在 FLO-2D 泥石流模块中输入泥石流流量线和泥石流相关参数，开始泥石流模拟，不同重现周期下苏峪口沟泥石流模拟结果如图 6-11 至图 6-14 和表 6-18 所示。

表 6-18 不同降雨频率下的泥石流模拟结果

重现周期	堆积扇面积/m^2	最大深度/m	最大速度/(m·s^{-1})	冲出量/m^3
10 年一遇	75066.8	19.03	7.15	36670.58
20 年一遇	1039870.59	19.33	7.25	62958.79
50 年一遇	4693716.18	19.67	7.49	111235.89
100 年一遇	7796903.92	20.15	8.85	131955.39

（三）模拟结果分析

通过对比遥感地形测绘成果生成的地形等值线和野外现场调查结果，泥石流实际前缘位置基本一致，通过 FLO-2D 模拟的 100 年一遇泥石流的扇顶位置在野外调查位置上游约 329 m 位置（图 6-15）。数值模拟泥深结果和野外调查相较吻合，模拟结果准确性较高，模拟中各项参数的设置比较合理。

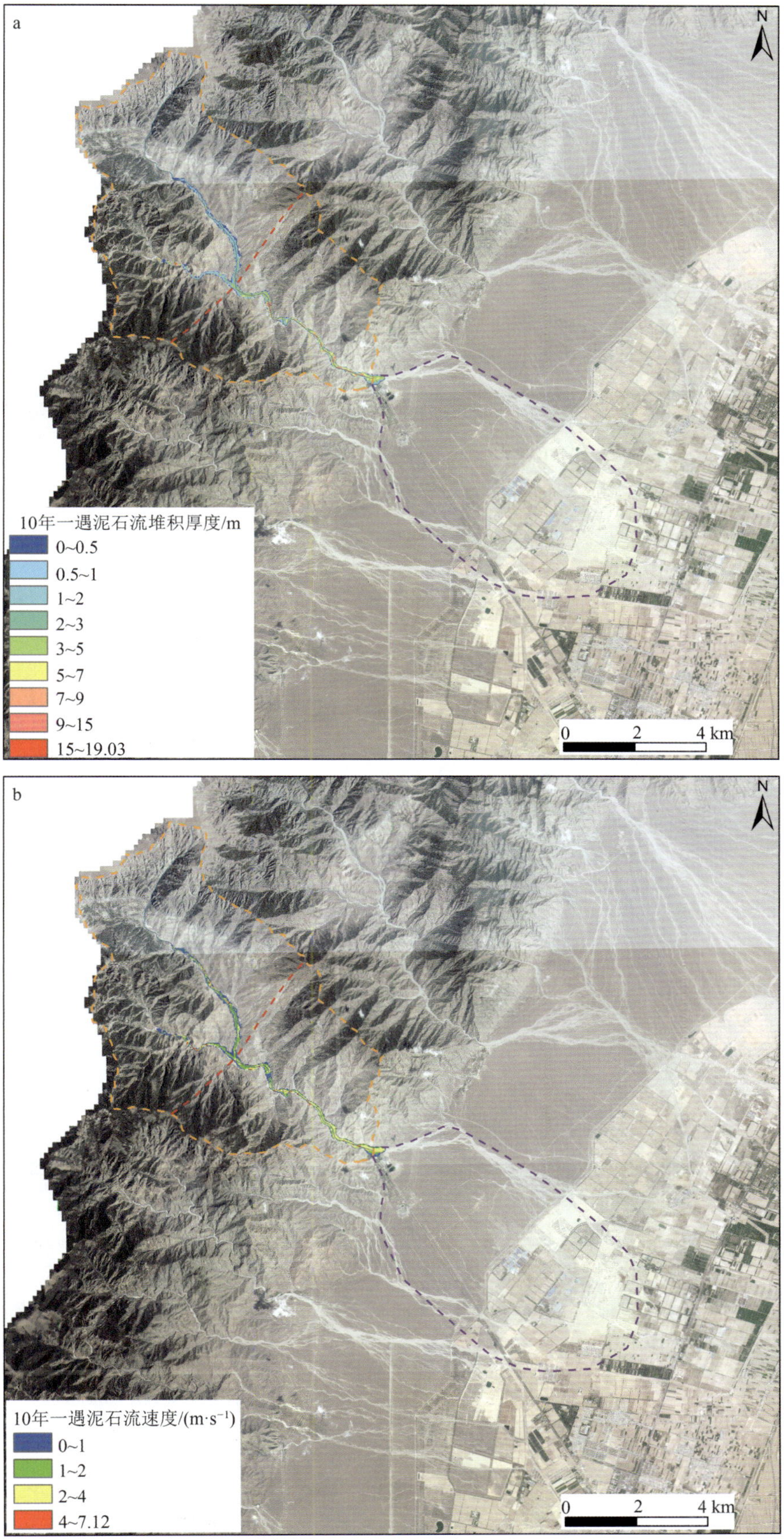

图 6-11　10 年一遇情况下泥石流堆积厚度（a）和流速分布图（b）

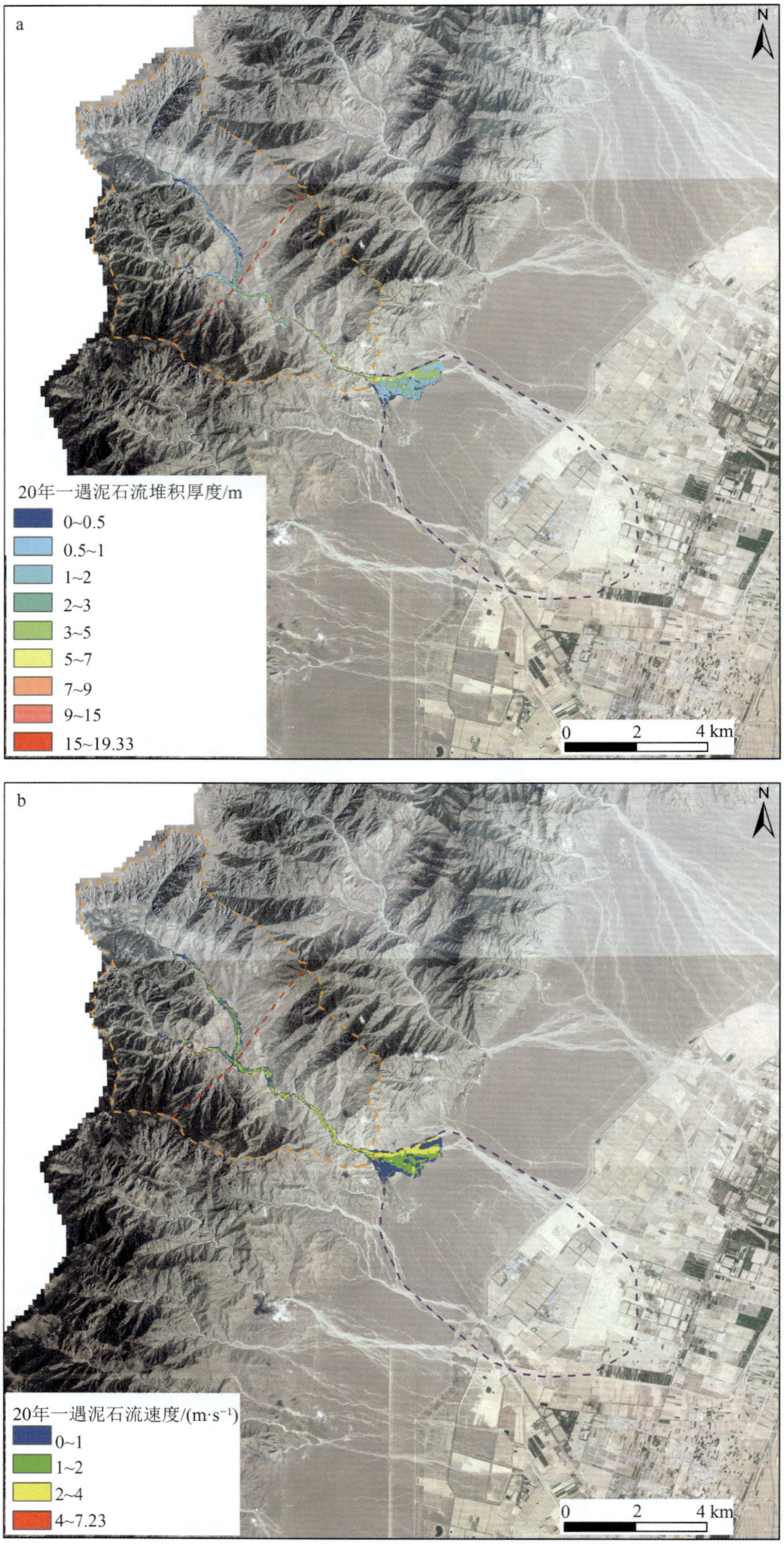

图 6-12　20 年一遇情况下泥石流堆积厚度（a）和流速分布图（b）

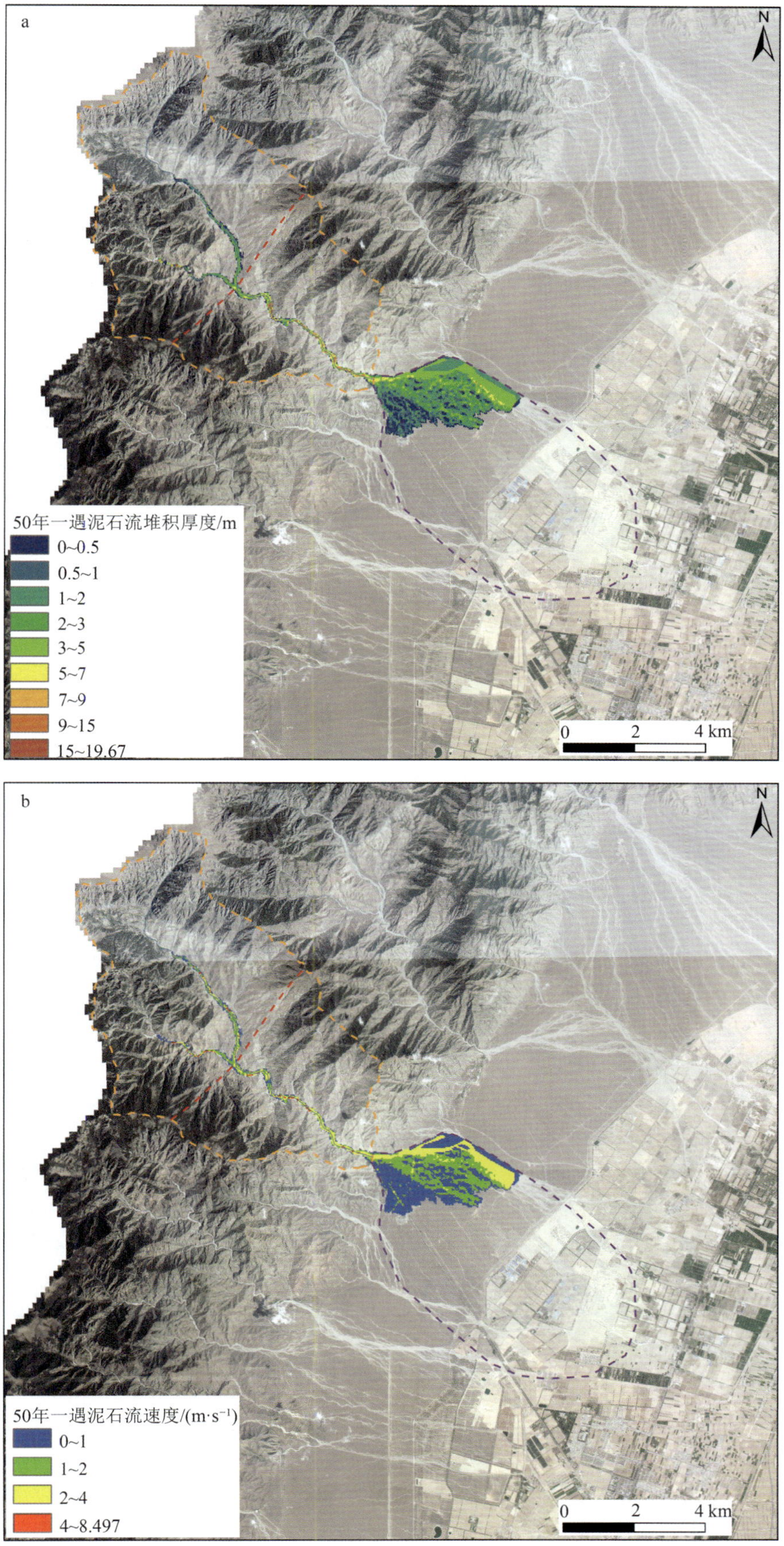

图 6-13 50 年一遇情况下泥石流堆积厚度（a）和流速分布图（b）

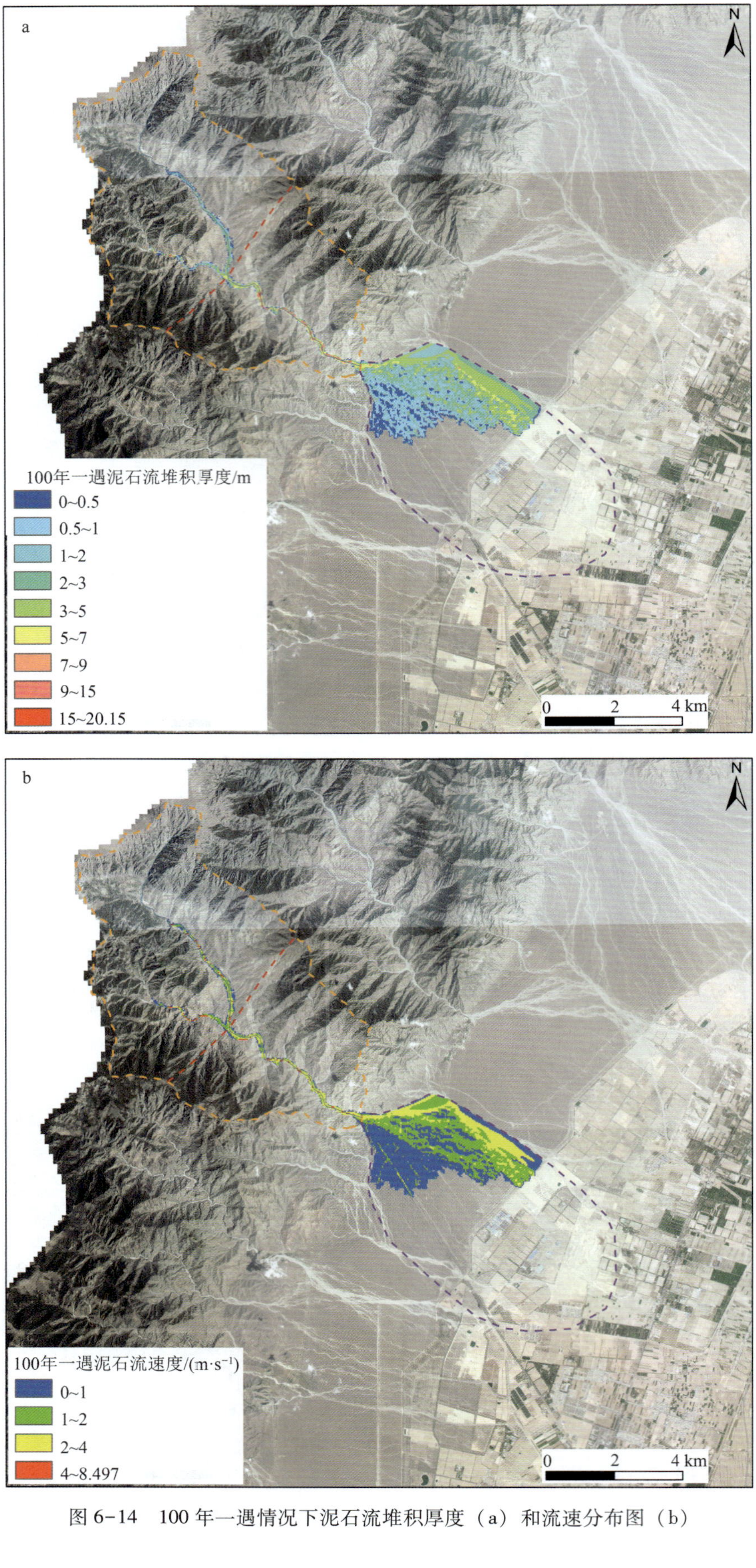

图 6-14　100 年一遇情况下泥石流堆积厚度（a）和流速分布图（b）

图 6-15 泥石流野外调查扇缘与 100 年一遇模拟扇缘对比图

三、泥石流风险评价

（一）泥石流危险性分析

1. 沟道淤堵情况分析

模拟结果显示，在 50 年一遇降雨工况下，泥石流最大泥深为 19.67 m，泥深大于 5 m 均分布于沟道内拐弯处（图 6-16），分布面积约为 42.86×10^4 m^2，其中 5～10 m 面积为 7.84×10^4 m^2；10～15 m 面积为 4.33×10^4 m^2；15～19.67 m 面积为 0.931×10^4 m^2，主要分布于两处，这与野外实际调查情况基本相符。主沟沟道内淤积的松散堆积物若淤堵严重，在持续暴雨条件下将会再次增加泥石流暴发的概率。

2. 泥石流冲出范围分析

不同降雨工况下泥石流冲出范围如图 6-17 所示。

在 10 年一遇降雨工况下，冲出范围面积为 75066.8 m^2，平均宽度约 133 m，最远冲出距离 260 m，最大泥深 7.24 m，位于冲出范围的中部位置。

在 20 年一遇降雨工况下，冲出范围面积为 1039870.59 m^2，平均宽度约 835 m，最远冲出距离 1887 m，最大泥深 7.13 m，位于冲出范围的中部靠上位置。

在 50 年一遇降雨工况下，冲出范围面积为 4693716.18 m^2，平均宽度约 1524 m，最远冲出距离 4029 m，最大泥深 8.38 m，位于冲出范围的中部位置。

在 100 年一遇降雨工况下，冲出范围面积为 7796903.92 m^2，平均宽度约 1629 m，最远冲出距离 5156 m，最大泥深 9.23 m，位于冲出范围的中部靠下位置。

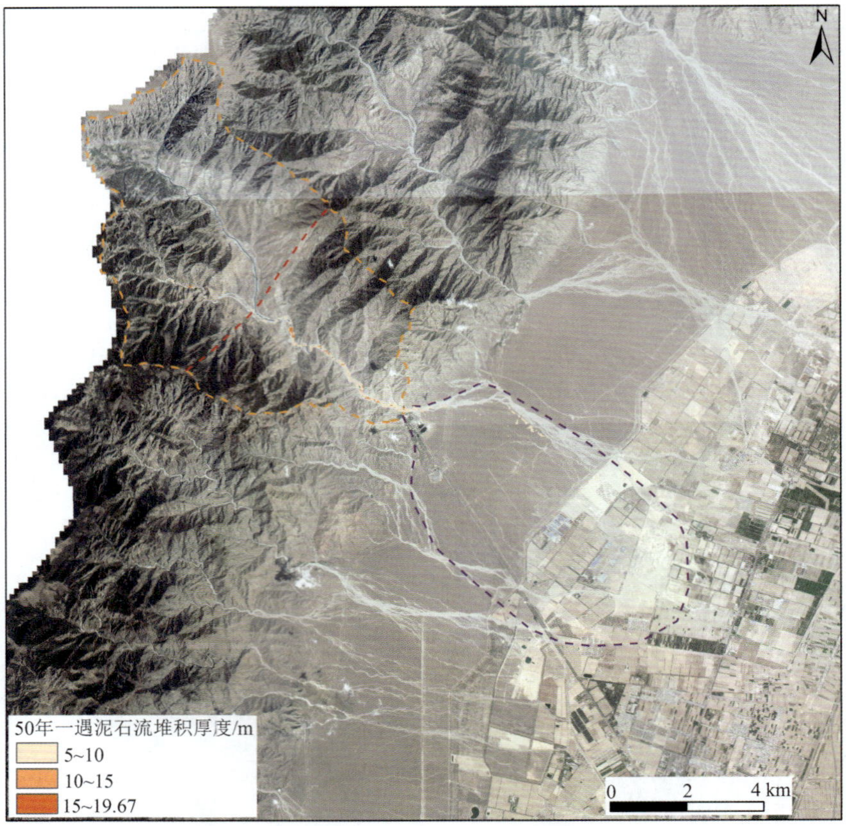

图 6-16　泥石流泥深大于 5 m 分布范围

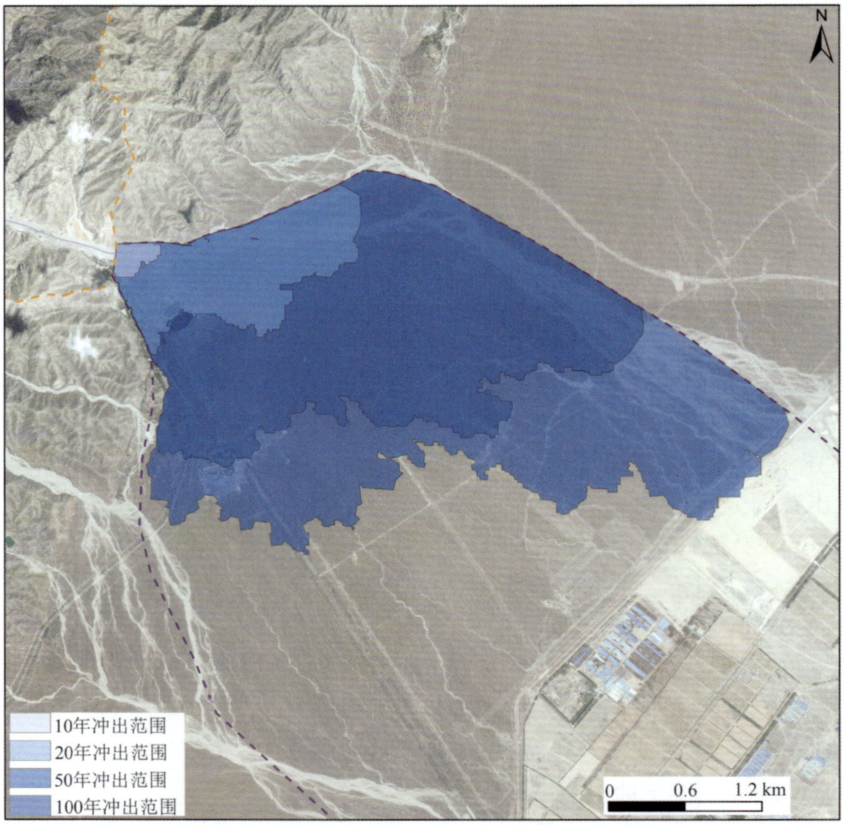

图 6-17　不同降雨工况下冲出范围示意图

3. 泥石流影响强度划分

国内外科学家 Ofee 用泥深与流速之间的函数关系来确定泥石流的影响强度，该方法被一直沿用至今，在国内外的运用范围很广，它主要是通过把泥石流划分为三个不同等级的危险区，即高、中、低三个危险区域。高危险区的特点是：泥石流破坏性极强，无论处在室内或者室外，均处在危险中，泥石流可破坏建筑；中危险区特点为：房屋建筑可能受到一定程度的损坏，但处在室外的人员处于危险中；低危险区特点是：泥石流无论是对人、对物都不可能产生破坏或危害。

本次研究采用泥深（*H*）与流速（*V*）的乘积（*H*·*V*）结果划分泥石流影响范围内的危险性等级（表 6-19）。

表 6-19　泥石流危险性判定表

危险分级	泥深/m	条件	泥深×流速/（$m^2 \cdot s^{-1}$）
高	>1.5	OR	>1.5
中	0.5~1.5	AND	0.5~1.5
低	<0.5	AND	<0.5

4. 泥石流危险性评价

按照上述划分标准，根据苏峪口沟泥石流数值模拟结果，通过 ArcGIS 的运算，可得到四种极端降雨工况下，泥石流爆发后影响范围内的危险性分级，如图 6-18 至图 6-21 所示。

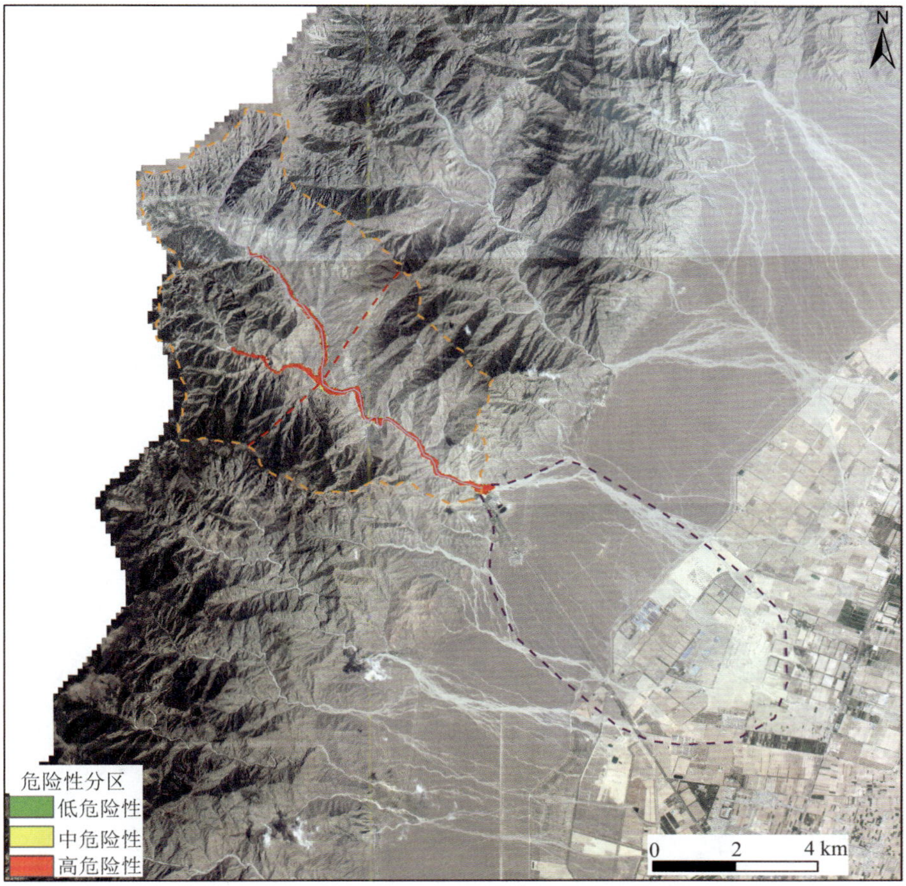

图 6-18　10 年降雨工况泥石流危险性评价分区图

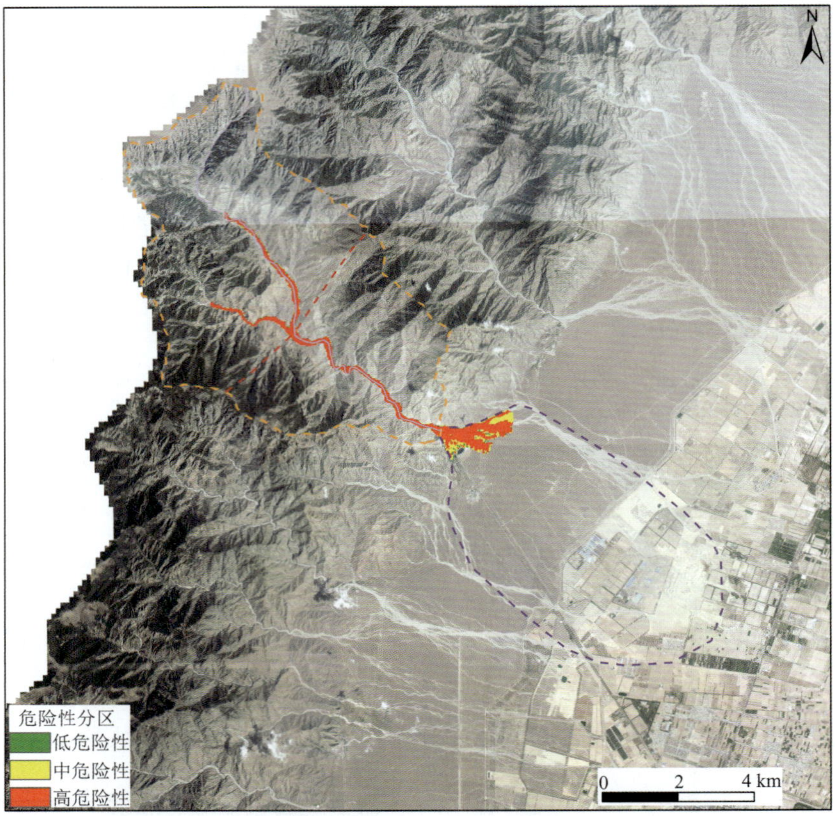

图 6-19　20 年降雨工况泥石流危险性评价分区图

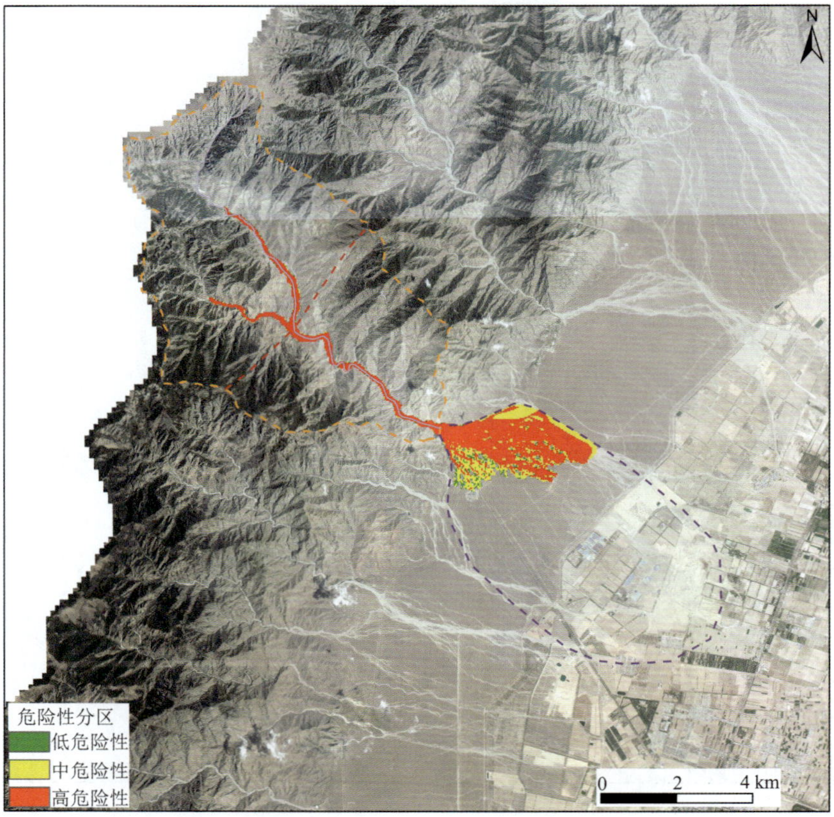

图 6-20　50 降雨工况泥石流危险性评价分区图

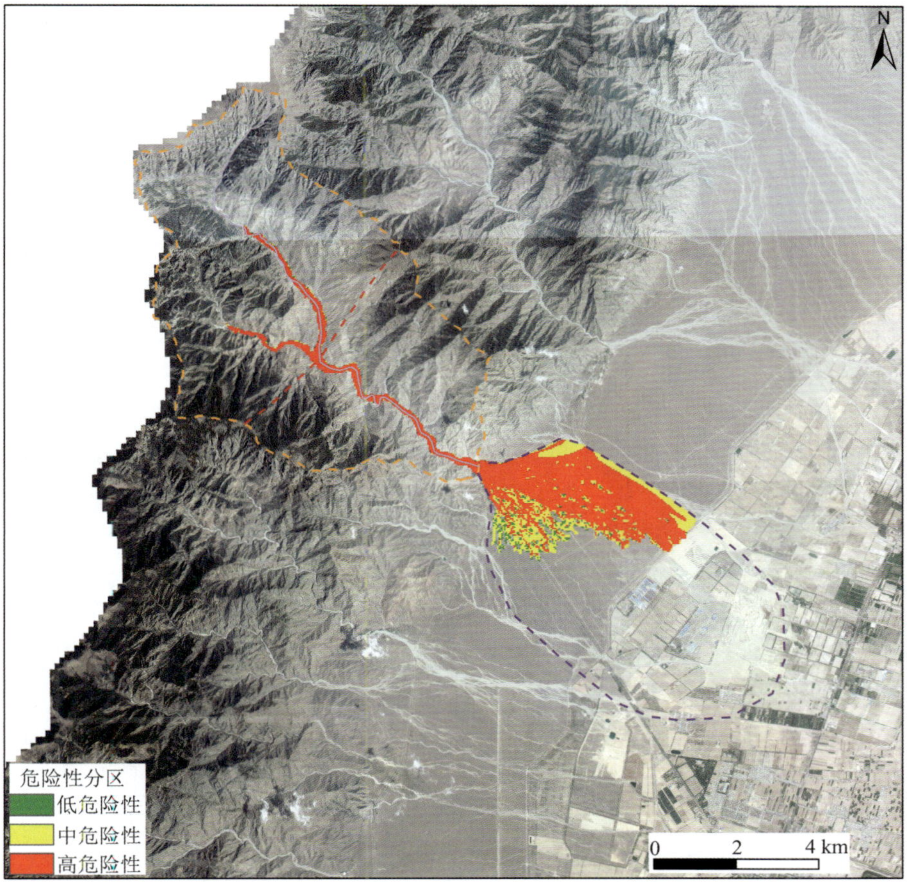

图 6-21　100 降雨工况泥石流危险性评价分区图

从表 6-20 和图 6-18 至图 6-21 中可以看出，无论是何种工况，苏峪口沟整个沟道均处于高危险区，且堆积区的北部亦为高危险区，究其原因与苏峪口现状沟床分布有关。其次，在危险性分区中，高危险区整体占比超过 60%，中危险区占比大于 15%者较少；其余为低危险区。

表 6-20　不同降雨工况泥石流危险性分区统计表

降雨工况	高危险区面积 $/10^4\ m^2$	占比/%	中危险区面积 $/10^4\ m^2$	占比/%	低危险区面积 $/10^4\ m^2$	占比/%
10 年	142. 67	90. 28	10. 47	6. 63	4. 89	3. 09
20 年	228. 20	86. 24	10. 77	11. 46	7. 92	2. 3
50 年	487. 97	77. 75	110. 42	17. 59	29. 9	4. 66
100 年	714. 01	76. 64	173. 34	18. 60	44. 22	4. 76

从图 6-22 中可以看出，100 年一遇情况下，沟道、堆积区内的房屋、道路等有部分在高危险区内。

（二）泥石流易损性分析

苏峪口沟沟道内物源丰富，沟道纵坡降 89‰~484. 56‰，沟谷岸坡坡角大于 32°，在降雨条件下存在发生泥石流灾害的可能性，根据 FLO-2D 模拟结果，在 100 年一遇工况下，泥石流会对沟道与堆积区内的旅游景区设施与配套管理用房、景区旅游道路和堆积区的银苏线（S104）、旅游专线及景区

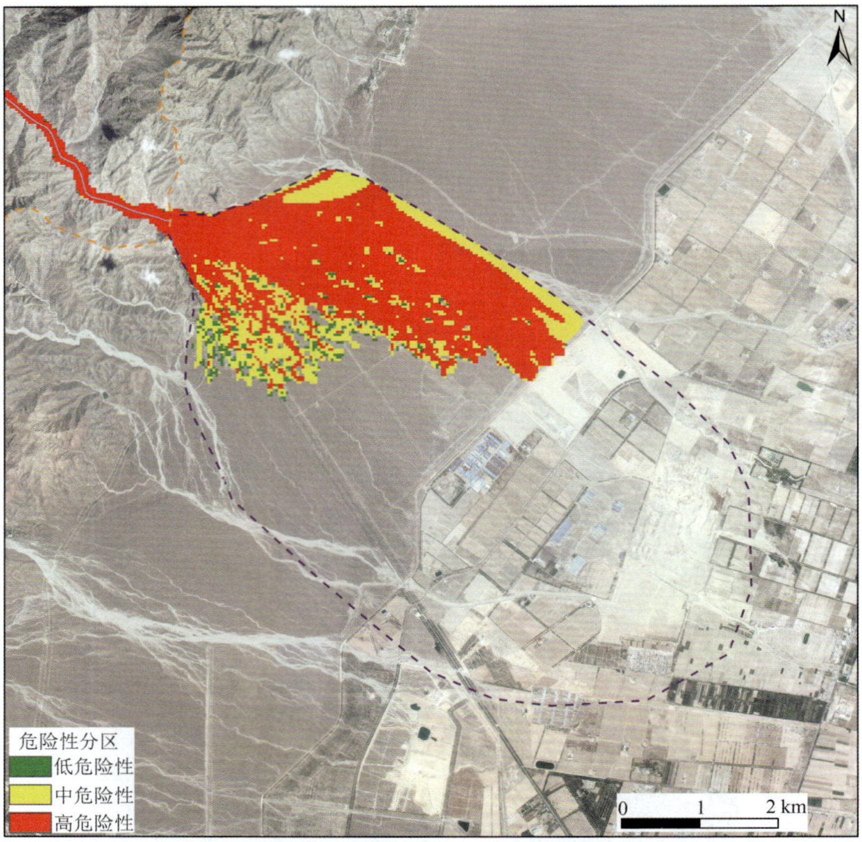

图 6-22　100 年一遇情况下堆积区危险性分区图

常驻管理人员和游客（根据苏峪口旅游景区淡旺季旅游人数平均值综合计算）造成潜在威胁（图 6-21、图 6-23）。通过遥感影像结合野外调查，承灾体为沟道与堆积区内的旅游景区设施与配套管理用房、15.22 km 景区旅游道路和堆积区的 3.7 km 银苏线（S104）、650 m 旅游专线，苏峪口沟泥石流堆积区承灾体分布参见图 6-23、图 6-24。

易损性评价首先对承灾体进行识别和分类，主要包括对评价区的资料收集分析、实地调查、遥感解译、大比例尺地形测绘等内容。在对苏峪口沟评价区承灾体的研究中，由于苏峪口沟为旅游景区，应遵循以收集旅游区游客资料为基础，以 1∶1 万的高分辨率遥感或 1∶2000 的摄影测量影像分析为先导，以实地调查核实为主要手段的承灾体识别原则。主要核实内容包括：人口分布、建筑物、公路等。

易损性评价主要是分析地质灾害破坏效应，是界定承灾体范围、划分承灾体类型、分析承灾体易损性的基础。本次易损性评价选取人口、道路、房屋建筑作为评价指标，对评价因子分类分级后赋值，赋值结果如表 6-21 所示，进行易损性归一化。将不同类型承灾体的易损性经济价值在 ArcGIS 平台上进行空间叠加运算，得到图 6-25 所示的研究区易损性分区图。

表 6-21　研究区承载体易损性

类型	类型	经济损失/与受灾人数	赋值
人口	景区常驻管理人员、游客	平均日游客量 1.2 万人（苏峪口景区年游客量 20 万人，游客主要集中在 5 月、8 月、9 月，旅游旺季日平均游客量达 1.2 万~1.3 万人）	0.3
道路	景区内旅游道路	452 万元（15.22 km 景区旅游道路）	0.2
	银苏线（S104）、旅游专线	4350 万元（3.7 km 银苏线（S104）、650 m 旅游专线）	0.4
房建	旅游景区设施与配套管理用房	450 万元	0.4

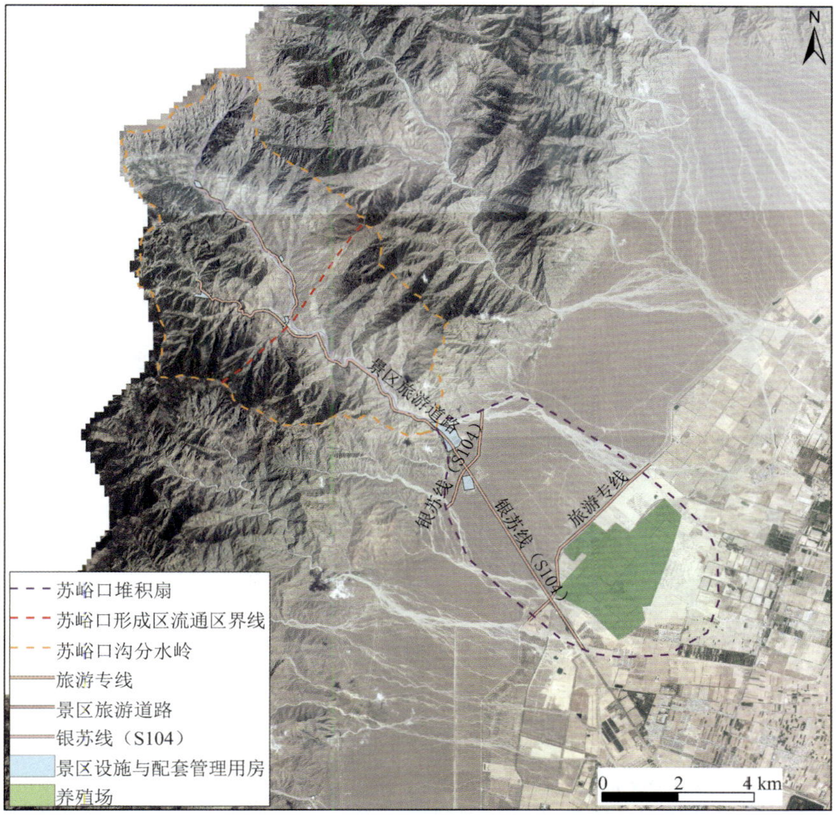

图 6-23　苏峪口沟泥石流承灾体分布图

图 6-24　苏峪口沟泥石流堆积区承灾体分布图

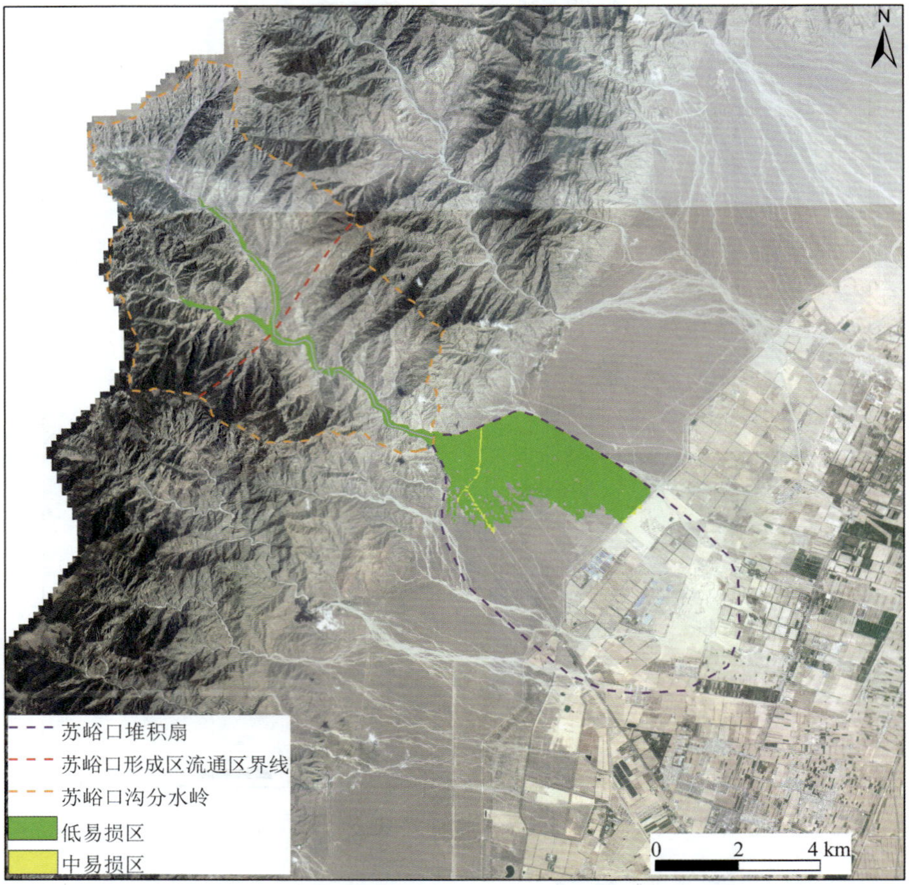

图 6-25　苏峪口沟泥石流易损性分布图

（三）泥石流风险评价

风险评价在地质灾害危险性和易损性评价结果的基础上，采用矩阵定性分析方法发得到最终的风险评价结果，地质灾害风险等级划分矩阵见表 6-22。

表 6-22　地质灾害风险等级划分表

易损性	危险性			
	极高	高	中	低
极高	极高	极高	高	高
高	极高	高	中	中
中	高	高	中	低
低	高	中	低	低

根据苏峪口沟泥石流 100 年一遇工况泥石流风险性分布图（图 6-26），苏峪口沟泥石流整体风险性评价划分为低-中-高风险，其中泥石流低风险区面积 $217.56\times10^4\ m^2$，占风险区面积的 23.35%，中风险区面积 $691.71\times10^4\ m^2$，占风险区面积的 74.25%，高风险区面积 $22.30\times10^4\ m^2$，占风险区面积的 2.4%。

泥石流沟道的风险性评价划分为低-中风险，其中泥石流低风险区面积 $2.25\times10^4\ m^2$，占风险区

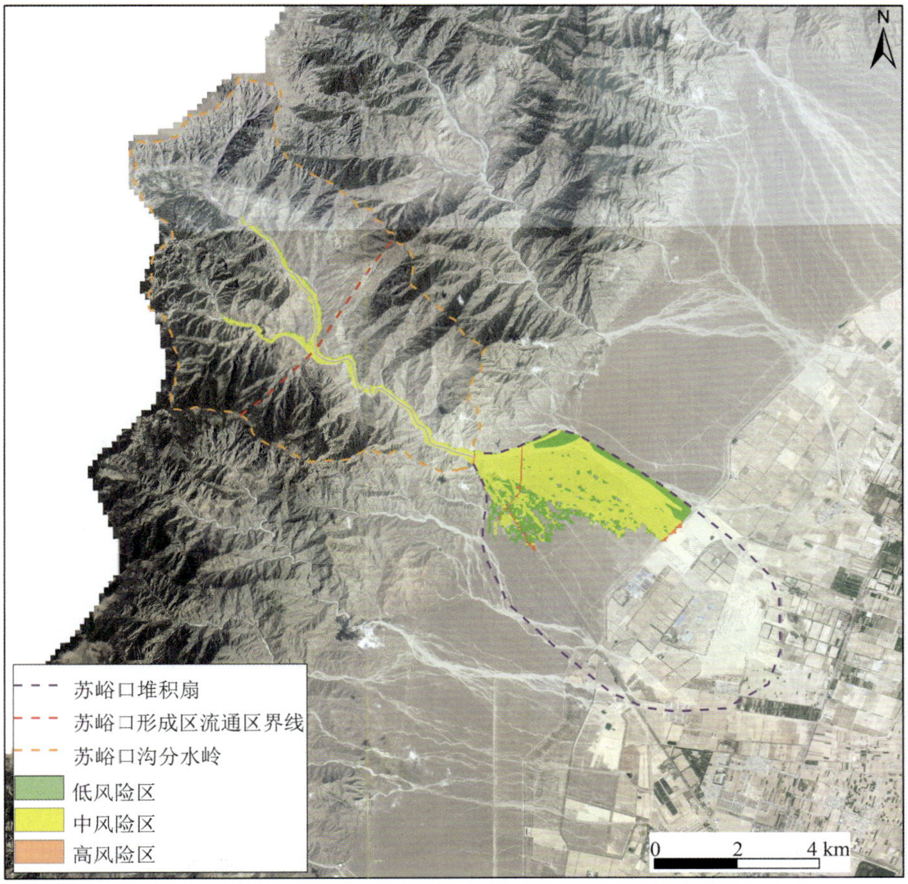

图 6-26　苏峪口沟泥石流风险分布图（100 年工况）

面积的 1. 28%，中风险区面积 189. 07×10^4 m^2，占风险区面积的 98. 82%。

苏峪口沟泥石堆积区风险性评价划分为低-中-高风险（图 6-27），其中低风险区面积 214. 31×10^4 m^2，占风险区面积的 29. 08%，中风险区面积 502. 64×10^4 m^2，占风险区面积的 67. 90%，高风险区面积 22. 3C×10^4 m^2，占风险区面积的 3. 02%。风险分区面积统计情况如表 6-23 所示。

表 6-23　风险分区面积及占比统计表

分区	整体		堆积区		沟道	
	面积/10^4 m^2	百分比/%	面积/10^4 m^2	百分比/%	面积/10^4 m^2	百分比/%
高风险	217. 56	23. 35	215. 31	29. 08		
中风险	691. 71	74. 25	502. 64	67. 90	189. 07	98. 82
低风险	22. 30	2. 4	22. 30	3. 02	2. 25	1. 28

（四）泥石流风险管控建议

风险管控建议根据 100 年一遇工况泥石流风险性分级提出，该工况下苏峪口沟泥石流风险性评价划分为低-中-高风险（图 6-27）。

1）在景区浏览路线图和旅游门票设计上，标明风景区主要泥石流灾害点位置及简明信息，让游客及时了解泥石流灾害点分布。

2）在游览道路和风景点受泥石流影响范围内的人员活动场所、公路沿途明显地段，设置警示标识并标明避险路线，达到提醒、警示行人的目的。

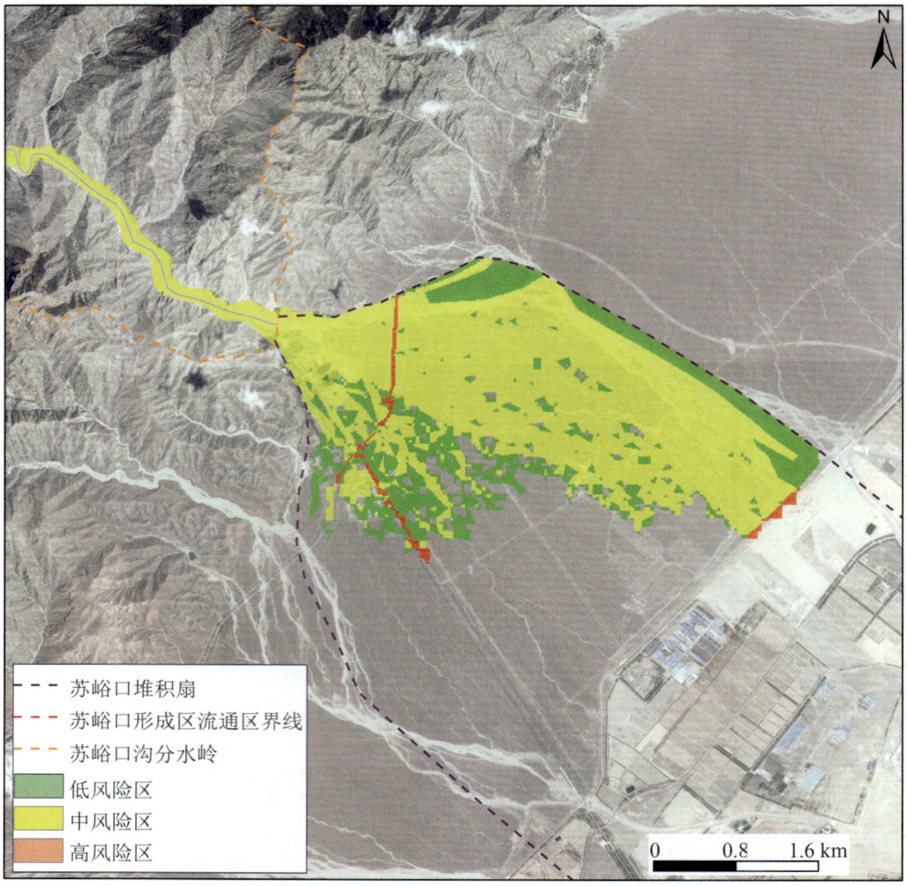

图 6-27　苏峪口沟泥石流堆积区风险分布图（100 年工况）

3）严禁在冲沟中随意弃土、弃渣、堆放垃圾占用沟道，在雨季到来之前，及时清除沟道中的障碍物，保证沟道有良好的泄洪能力。

4）在苏峪口旅游区入口管理区一侧设置挡墙，并修建排导堤，对泥石流进行排导，使其向堆积区自然排泄，防止泥石流爬高冲毁管理区建筑物。

5）对旅游公路隧道附近的沟谷弯道进行适当截弯取直，并在凹岸公路一侧设置挡墙，防治泥石流毁坏公路路基和隧道。

6）强化苏峪口泥石流沟全流域专业监测预警系统，开展降雨监测、泥石流监测（泥位监测、视频监测等）、滑坡崩塌监测等，有效减缓泥石流的风险；确定防灾预警信号，以确实可行的方式进行报警，避免造成不必要的伤亡。

7）设立专门的群测群防员，定期进行巡视，在工程治理之前，应先对泥石流沟口进行应急治理，将沟口堆积物清理，挖出简易排水槽，清理主沟内碎块石。

8）组织景区工作人员、导游等开展定期地质灾害防治科普宣传及自救应急培训。

9）加强地质灾害防治知识的宣传，提高群众的警觉性和安全意识，一旦出现异常征兆，应及时就近撤出危险区，并在公路上设立警示牌，提示过往车辆及行人。

四、泥石流发展趋势与危险性预测

（一）泥石流危害现状

苏峪口沟流域形态为树叶状，该沟流域面积 50.5 km^2，主沟道总长 14.78 km，沟谷总体呈西北—东南方向展布，海拔 3420~1442 m，相对高差 1978 m，沟床平均纵比降 125.3‰。两侧谷坡坡度在 30°~60°之间，两侧沟壁近乎垂直陡立，沟道蜿蜒曲折，山体风化较强强烈，节理裂隙发育。该区内昼夜温差大，物理风化强烈，受热胀冷缩作用影响，岩体被切割成块体，由大块变成小块，由小块变成砂土，堆积于斜坡较缓部位或坡脚地带，主要是以面蚀、剥落、局部崩塌和侧蚀等方式进入沟内，成为泥石流的固体物质补给物。

苏峪口泥石流沟在遭遇强降雨后存在发生洪水或泥石流的可能，该沟内有苏峪口国家森林公园，泥石流主要威胁对象为景区道路和景区设施、景区工作人员和游客（表 6-24），可能造成财产损失约 902 万元。

表 6-24　苏峪口泥石流威胁对象

类型	类型	经济损失（万元）/人数（人）
人口	景区常驻管理人员、游客	平均日游客量 1.2 万人（苏峪口景区年游客量 20 万人，游客主要集中在 5 月、8 月、9 月，日平均游客量达 1.2 万~1.3 万人）。
道路	景区内旅游道路	452 万元（15.22 km 景区旅游道路）
房建	旅游景区设施与配套管理用房	450 万元

经调查，苏峪口沟泥石流为稀性泥石流，其危害方式主要以冲刷侵蚀、淹没为主。由于该泥石流携带的固体松散物质以砂卵砾石为主，泥沙较少，大块漂石淤积在上游、中游沟道内，致使沟道变窄、变迁，严重影响沟道的疏导功能，但下游沟道宽泛，并且景区道路沿沟一侧而行，依山而建，一定程度上相当于对沟道进行了砌护，故该泥石流沟危害较小。

（二）泥石流发展趋势分析

苏峪口沟泥石流发展具有一定周期性、波动性，其所处阶段受诸多因素影响，随流域自然环境条件变化而变化，归结起来受控于地形地貌、气候、地震、固体松散物质累积速率、植被增减及人类活动等因素。经过对苏峪口沟泥石流流域调查，结合相关资料综合分析认为，该沟泥石流发展有逐步减弱的趋势，原因有以下三个方面：

其一，从沟道内不同时期泥石流侵蚀特征上来推断，其携带泥沙流量呈减小趋势。

其二，沟道中下游沟床相对较缓，沟床比降较小，碎屑物质聚集需要的时间更长，暴发的周期更长。

其三，沟道内无任何采矿活动，沟道两侧坡趋于稳定，崩塌、滑坡活动减弱，补给物质大量减少，泥石流物源减少。

综上所述，苏峪口沟泥石流呈衰退之势，规模将趋于减小，暴发周期不断变长。

（三）泥石流危害程度预测

主沟沟道内无人类活动，沟道内景区道路从沟脑修建至沟口，顺沟修建，近沟侧砌护，下游沟道宽泛，同时结合其发展趋势分析，该泥石流的危害程度较低。

五、泥石流形成机理和成灾模式

（一）形成机理

通过对泥石流灾害的成因条件进行分析，结合野外调查结果、已有研究成果和专家经验，提出了地形、物源、降雨等是影响泥石流发育的主要因素，同时按照试验数据以及经验公式，对泥石流的流体特征进行了定性评价。但缺乏对各成因条件在泥石流形成过程中的作用方式、机制、机理的认识，欠缺基于物理机制对上述成因的分析、论证。基于此，通过 FLO-2D 模拟试验，多次模拟泥石流形成启动过程，进一步分析研究泥石流的形成启动机制和机理，为泥石流防治提供科学根据。

苏峪口沟泥石流沟主沟平均纵坡降125.3‰，发生频率低，但其流域面积较大，约50.5 km^2，经过现场调查，该沟历史上曾暴发过大规模的泥石流。其类型属于降雨激发型沟谷泥石流，但坡面泥石流应视作沟谷泥石流形成的前期阶段，因此，研究其机理应从斜坡产流产砂阶段和沟谷汇流冲刷启动形成泥石流两个方面进行研究。

1. 坡面产流产砂因素分析

斜坡是泥石流沟的主要地貌类型，占流域面积的绝大部分，它是接受降雨的主体，是沟谷汇流的源头，影响产流产沙的因素主要有：

（1）降雨因素

对应不同特征的降雨事件，同一斜坡的产流特征也不同。降雨事件的降雨量、降雨强度、降雨类型、雨型结构、降雨覆盖范围、前期降雨持时及有效前期降雨量等多个指标均影响产流。

（2）坡度

根据观察分析，苏峪口沟泥石流沟道沿岸边坡的坡度≥30°，随着坡度的增大，其水平投影的受雨面积减小，接受的雨量减少，产流随之减少。

（3）地表覆被、岩性组构、微地貌等基本下垫面因素

大气降水落到地表后，一部分蒸发变成水蒸气返回大气，一部分沿着土壤孔隙下渗成为地下水，其余部分形成坡面积水，产生地表径流，而这部分还要经受植被茎叶、地表裂缝、地洞、大空隙、洼地的拦截。不同的地表覆被情况，不同表层岩土体的岩性、级配、结构，不同的地裂缝、空隙、洼地等微地貌发育特征，导致斜坡上的雨水截留、下渗等损耗也不同，从而引起流域内坡面产流的空间差异。苏峪口沟泥石流沟道两侧岩性以砂岩、灰岩、页岩为主，地表风化强烈，岩石节理裂隙较发育，渗透能力强，雨滴落至地表即可形成下渗，坡面无产流；雨水下渗的过程中，冲刷、携带细粒、黏粒物质向土体内部更深入运移；随着细粒、黏粒物质不断积聚，形成隔水层，地下渗流开始由垂直向下转为向坡外渗出，顺路裹挟一些黏粒，形成产流产砂；斜坡内部隔水层逐渐连接成片，加上雨水不断下渗，导致隔水层附近孔隙水压力增大，有效应力和抗剪强度降低，随着坡体含水量增加，坡体自重增大，当下滑力超过抗滑力，隔水层上方物质发生蠕滑破坏。

（4）前期地表岩土体状态

地表岩土体在不同降雨、空气湿度、地震等多种因素影响的环境下，其状态如土壤湿度、基质吸力、松散程度等也不同。土壤湿度，即前期土壤含水量，是变化最明显和最常见的指标。当土壤湿度越大，较少的入渗量即可达到饱和，所需历时短、形成产流越快，反之亦然。

（5）水力侵蚀

水力侵蚀是苏峪口沟泥石流细粒物质的主要补给途径。影响斜坡水力侵蚀产砂的因素主要有降雨、岩土性质等条件。降雨特征影响产流，地表径流越大，对斜坡的侵蚀越强烈。而同等雨量的降雨，降雨强度越大，地表径流越大，对地表的侵蚀越强，产砂越为明显；岩土性质等地质条件，决定了斜坡表面抗侵蚀能力。斜坡岩土体的岩性较软弱则易破碎、风化，颗粒直径越小，结构越松散，则抗侵蚀能力越弱，越易被地表径流冲刷裹挟。

（6）重力侵蚀

苏峪口沟泥石流重力侵蚀产砂主要表现为斜坡失稳，如滑坡、崩塌、泻溜、蠕滑等。斜坡的岩性、结构、形态差异导致其失稳破坏的可能性不同。重力侵蚀往往也有水力的附加作用，如降雨是诱发滑坡的重要因素。斜坡重力侵蚀产砂因其水敏性、突发性、规模较大的特点，成为泥石流的重要物质来源。苏峪口沟泥石流流域滑坡多为高位滑坡，主要发生在坡度较大、高差较大的斜坡和前方临空较好的泥石流台地边缘，其在岩性软弱区多发，如强风化页岩、砂岩分布区滑坡发育密集；断层、褶皱等构造穿切带岩土体构造及派生节理，裂隙发育，风化强烈，地下水富集。降雨通过入渗补给岩土体地下水，致使坡地自重增加，地下岩土体软化，进而诱发滑坡。其中部分滑坡在下滑过程中破碎，与坡面径流混合，形成泥石流，即坡面泥石流。

2. 沟谷汇流启动形成泥石流的影响因素分析

根据野外调查发现，苏峪口沟沟谷泥石流主要是由沟道径流冲刷启动沟床堆积物而形成。因此，揭示沟道物质启动形成泥石流的机理，对该泥石流灾害预警是十分必要的。沟道是坡面产流产砂的最终汇聚场所，它接受上游来水和周边斜坡坡面产流，形成沟道洪流。受径流的冲刷作用，沟床细小松散岩土体最先启动，水流含砂量逐渐增加，流体挟砂能力加强，侵蚀切割能力也随之增强，在向下游运动过程中继续不断地掏蚀沟床物质和劫掠沟岸物质，流体含砂量进一步增加，最终发展成沟谷泥石流。苏峪口沟泥石流为降水激发型的沟谷泥石流，在沟床可提供的松散物质来源极其丰富的前提下，影响泥石流启动的因子主要为沟道径流特征、沟床物质构成、沟床物质结构、沟床物质前期含水量、沟床比降等。

1）径流流量、水位、流速越大，其冲刷搬运能力越强，底蚀、侧蚀作用越明显，搬运的固体物质更多，并在搬运前行过程中充分搅拌融合形成泥石流。通过 FLO-2D 模拟结果显示，中上游有明显的堆积，侵蚀堆积活动比中下游严重。

2）沟床物质的组成决定了泥石流的性质和运动特征。其中，细粒物质的含量决定了泥石流的性质和运动特征，苏峪口沟沟床物质以粗粒为主，呈稀性。

3）沟床物质的结构，决定了洪流启动搬运沟床物质的难易程度。不同的级配和不同的岩性，决定了沟床物质的内部结构特征。苏峪口沟泥石流细粒偏少、坚硬的卵砾石较多，大块的卵砾石相互直接接触，支撑形成骨架，较细粒物质填充其间，强度较大，抗冲击能力较强。

4）前期含水量的多寡影响沟床物质的结构强度，但这只对含有一定粉粒、黏粒物质的沟床才适用。前期含水量的增加，减少了沟床下渗所需水量，同时其孔隙水压力也随之增加，随着洪流的冲击和震动，其孔隙水压为急剧攀升，形成超孔隙水压力，颗粒结构支撑作用失效，抗剪强度锐减，从而被冲击破坏。

5）沟床纵比降越大，赋予沟谷的势能越大，进而转化为充沛的动能，驱使洪流的冲刷侵蚀动力大增。苏峪口沟泥石流主沟平均纵坡降 125.3‰，沟床纵比降较小，这也导致了其冲刷侵蚀能力有限，更多以搬运为主。

（二）成灾模式

苏峪口沟泥石流成灾模式主要有冲刷破坏、淤积爬高、堵塞沟道三种模式。

1. 冲刷破坏

冲刷破坏过渡性、高速运动的泥石流具有强烈的冲击力。苏峪口沟泥石流物质中大于 0.2 m 的块石含量超过 20%，粒径大于 1 m 的大块石占泥石流固体物质总量的 3%~5%，泥石流搬运的最大块石粒径 4 m，运动过程中破坏力较强。泥石流侵蚀主沟两侧的残坡积物，强烈的下切侵蚀和横向侵蚀，既补给固体物质，又严重影响两侧边坡的稳定性。泥石流通过狭窄、弯曲、陡峭的天然沟道后，出沟口进入宽阔平缓的洪积倾斜平原，流速降低，冲击力相对较小。虽然沟口局部沟槽修建了防洪堤，高度约 3 m，但整体不连续，不能完全拦挡泥石流的冲击，苏峪口景区门口的设施和建筑仍存在受泥石流冲刷破坏的可能性，经景区损耗以后，其余的泥石流物质沿沟槽继续向前，存在冲刷破坏滚苏岩画公路的可能性。

2. 淤积爬高

苏峪口沟泥石流流通区沟道狭窄、弯曲，沟坡陡峻，泥石流在流通区内流速快、惯性大，泥石流前进过程中在沟谷转弯处受到阻挡，部分物质堆积下来，使得沟床迅速抬高，产生弯道超高或冲起爬高，存在越过沟岸对右岸景区道路造成损毁的可能性。

3. 堵塞沟道

苏峪口沟泥石流中上游沟道内存在较多的松散堆积物，因沟道蜿蜒曲折，在拐弯处极易形成冲洪积物的堆积，从而造成物源的增加，通过 FLO-2D 的模拟可以看出（见图 6-16），在多处拐弯位置随着时间的增加，堆积物厚度呈快速堆积的态势。

第二节　郑官沟泥石流成灾机理研究

一、郑官沟泥石流基本情况

（一）概况

郑官沟泥石流位于石嘴山市大武口区大武口乡大武口烈士陵园北 800 m 处，距大武口市区约 5 km，地理位置为东经 106°22′22″，北纬 39°03′05″。

（二）泥石流基本特征

郑官沟所在的贺兰山为中山剥蚀侵蚀地貌，流域面积约 3. 43 km^2，流域最高点高程 1681 m，最低点高程 1145 m，相对高差约 536 m。郑官沟沟谷发育，主沟长约 4. 49 km，平均纵坡降约 129‰，泥沙补给段长度约占 50%，松散固体物质储量约 20×10^4 m^3。按流域特征分类，郑官沟属于典型的沟谷型泥石流，可分为形成区、流通区和堆积区（图 6-28、图 6-29）。

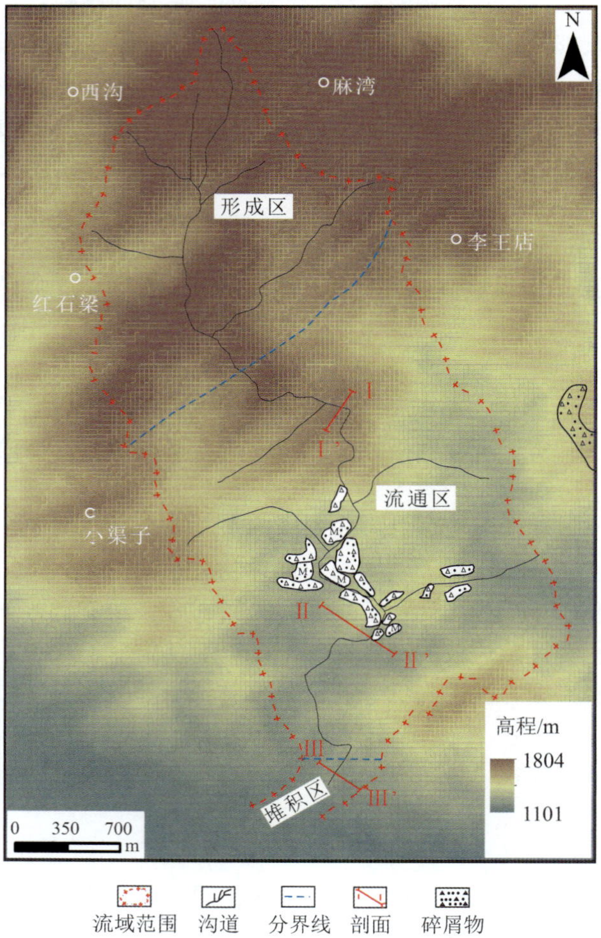

图 6-28　郑官沟泥石流流域平面图

1. 形成区

郑官沟形成区位于高程 1773 ~ 1315 m，沟谷支沟发育，地形呈树杈状、羽状，沟谷狭窄，断面呈“V”型，沟宽 5 ~ 30 m，沟床纵坡降 250‰ ~ 300‰，沟岸斜坡多为陡坡或陡崖，坡度多在 30°以上，

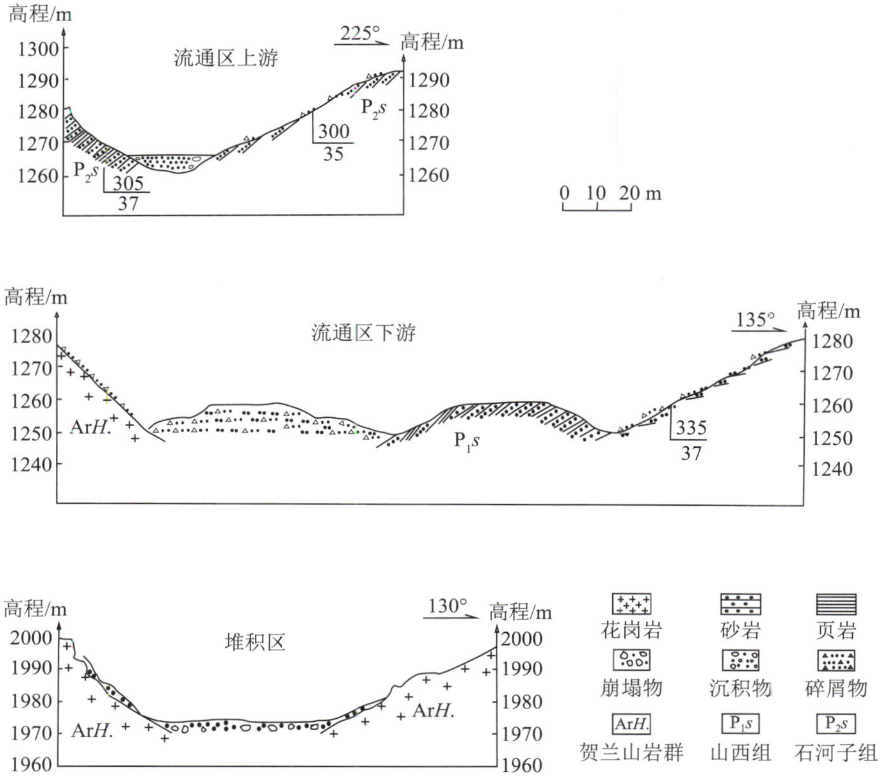

图 6-29 郑官沟泥石流工程地质剖面图

植被稀少，基岩裸露，岩层物理风化强烈，呈片状堆积于沟岸斜坡和沟道内，局部发育小规模的崩塌。

2. 流通区

流通区位于高程 1315 m 至沟口 1176 m 处，为泥石流搬运和流动地段，沟谷断面由“V”型逐渐向“U”型过渡，沟床宽度 20～40 m，沟床纵坡降 100‰～200‰，沟岸两侧斜坡较形成区略缓，多为 20°～30°，沟谷急弯、卡口少，沟道较为顺直，使泥石流在该地段具有极强的冲刷能力，将沟床内的土石携走（照片 6-24）。由于泥石流发生时沟床两侧的冲刷和侵蚀强烈，局部有小规模崩塌。在流通区下游地段，沟岸两侧斜坡和沟道内堆积有大量采煤产生的松散废渣，主要以页岩为主，夹有少量砂岩块石。这些物质大量堆积在流通区沟道内，成为泥石流固体物质的主要补给来源（照片 6-25）。

a. 陡峻斜坡上的残坡积物　　b. 顺直沟床

照片 6-24 郑官沟泥石流流通区上游地貌

照片 6-25　郑官沟泥石流流通区下游采煤产生的废渣堆

3. 堆积区

堆积区位于沟口以下，由于该区段地势平缓，纵坡降小于 80‰，泥石流物质出山口后向两侧呈扇状淤积。扇形地完整性约 60%，扇长约 300 m，扇宽约 200 m，扩散角为 60°，一次冲淤变幅约 0.2 m。泥石流堆积物以卵砾石为主，磨圆度和分选较差，砾石粒径由上向下逐渐变细（照片 6-26）。

a. 沟口

b. 堆积区

照片 6-26　郑官沟泥石流沟口堆积区地貌

郑官沟内出露的地层为石炭系—二叠系太原组和二叠系山西组灰白、灰黄色石英砂岩夹灰黑色页岩、煤层，以及二叠系石盒子组灰黄、黄绿色砂岩和紫红色砂岩、泥岩互层。沟口处可见太古宇贺兰山岩群混合花岗岩，花岗岩局部见崩塌现象。

郑官沟区域上属于汝箕沟-马莲滩向斜东翼，在流域内仅在沟口处发育一逆冲断层，为过沟断层，断层上盘为古元古界贺兰山岩群，下盘为石炭系—二叠系太原组、下二叠统山西组、上二叠统石盒子组碎屑岩。断面向南东倾，断面产状为 160°∠50°，发育宽度约 20 m 的断层破碎带。流域内地层主要以单斜构造为主，产状 265°∠28°。岩层风化强烈，较为破碎，节理和裂隙发育。

二、数值模拟方法

DAN3D 是一种基于 Windows 的程序，在连续介质模型基础上将滑体等效为具有流变性质的流体，选用不同的流变模型，通过设定滑坡的滑动路径参数，从而达到模拟滑坡的运动速度、时间、路程以及堆积体特征的效果。可以对高速流动的滑坡、泥石流和崩塌进行动态模拟，估算滑坡运动行为的数值模拟工具。

（一）计算方法

光滑粒子流体动力学方法 SPH（Smoothed Particle Hydrodynamics）是近 20 年来逐步发展起来的一种无网格方法，该方法的基本思想是将连续的流体（或固体）用相互作用的质点组来描述，各个质点上承载各种物理量，包括质量、速度等，通过求解质点组的动力学方程和跟踪每个质点的运动轨道，求得整个系统的力学行为。这类似于物理学中的粒子云模拟，从原理上说，只要质点的数目足够多，就能精确地描述力学过程。虽然在 SPH 方法中，解的精度也依赖于质点的排列，但它对点阵排列的要求远远低于网格的要求。由于质点之间不存在网格关系，因此它可避免极度大变形时网格扭曲而造成的精度破坏等问题，并且也能较为方便地处理不同介质的交界面。SPH 的优点还在于它是一种纯拉格朗、(Lagrange）方法，能避免欧拉（Euler）描述中欧拉网格与材料的界面问题，因此特别适合于求解高速碰撞等动态大变形问题。

DAN-3D 软件的运用中，将泥石流总体积分多个粒子，每个粒子都有一个有限的体积，材料的密度被认为是一致的，泥石流的铲刮作用可能会使体积增加。流体单元柱体的厚度和该区域的体积是正比的，并且是相邻颗粒深度相加所得，所以流动体单元柱体的深度可用插值总和计算得到，即公式（6-25）和公式（6-26）。SPH 简单示意图见图 6-30。

$$h_i = \sum_{j=1}^{N} V_j W_{ij} \tag{6-25}$$

流体厚度梯度公式：

$$\nabla h_i = \sum_{j=1}^{N} V_j \nabla W_{ij} \tag{6-26}$$

式中：V——每个颗粒的体积（m^3）；

W——差值内核；

i 和 j——颗粒编号。

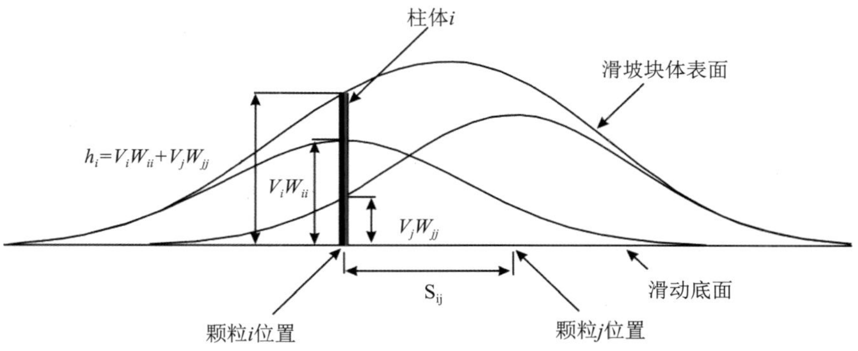

图 6-30　SPH 自由插值法概化示意图

（据 McDougall，2004）

i、j 两颗粒之间的直线距离为：

$$s_{ij} = (x_{ij}^2 + y_{ij}^2 + z_{ij}^2)^{\frac{1}{2}} \tag{6-27}$$

由公式（6-25）和公式（6-26）可得，x 和 y 分量方程为：

$$\left(\frac{\partial h}{\partial x}\right)_i = \sum_{j=1}^{n} V_j \left|\frac{\partial w}{\partial s}\right|_{ij} \frac{x_{ij}}{\sqrt{x_{ij}^2 + y_{ij}^2}} \tag{6-28}$$

$$\left(\frac{\partial h}{\partial y}\right)_i = \sum_{j=1}^{n} V_j \left|\frac{\partial w}{\partial s}\right|_{ij} \frac{y_{ij}}{\sqrt{x_{ij}^2 + y_{ij}^2}} \tag{6-29}$$

根据 Monaghan（1992）建议，目前的模型采用高斯插值内核：

$$W_{ij} = \frac{1}{\pi l^2}\exp\left[-\left(\frac{s_{ij}}{l}\right)^2 \right] \tag{6-30}$$

l 为粒子平滑长度（所有粒子的 l 相等）(m)，这是一个衡量内核宽度的值，即确定每个粒子的影响半径（Benz，1990）。

$$l = \frac{B}{\sqrt{\frac{\sum_{i=1}^{N} \frac{h_i}{V_i}}{N}}} \tag{6-31}$$

式中：N——总粒子的数量（个）；

B——光滑系数，无量纲。

总之，SPH 方法对于给定的每个颗粒体积和给定时间条件下，厚度和厚度梯度可以通过参考柱体区域计算出，并满足连续性，根据动态方程在下个时步继续计算。可用于高速远程滑坡-碎屑流运动过程中堆积特征的动态分析。

（二）控制方程

该模拟方法基于结合流体深度的圣维南方程拉格朗日解，适用于表面层流，湍流，一般土体流动及碎屑流等。根据右手准则，在笛卡尔坐标系中（x，y，z），进行单元分析，z 为滑动基床法线方向。在流动体基础上取材料单元进行应力状态分析，如图 6-31 所示。

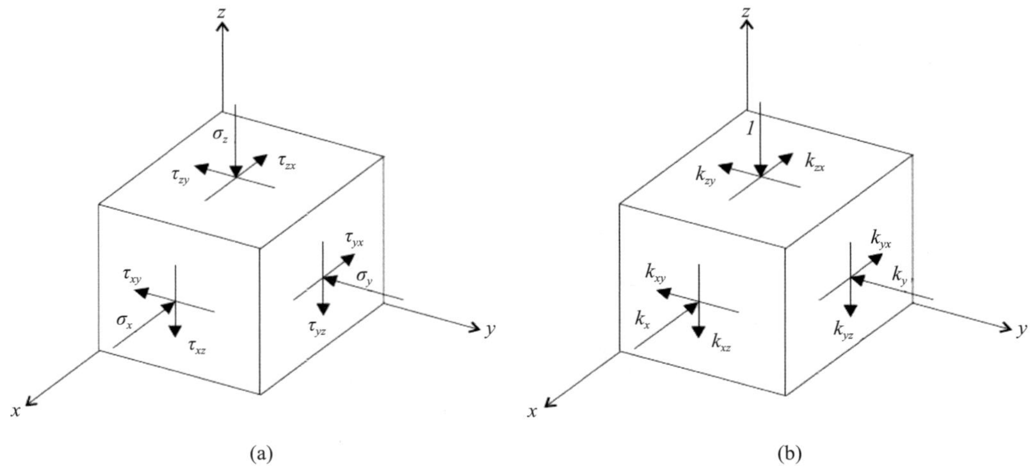

图 6-31　单元应力分析图

（据 Hungr，2009）

1. 质量守恒连续方程

$$\frac{\partial \rho}{\partial t} + \nabla \cdot \rho V = 0 \tag{6-32}$$

2. 动量守恒单元方程

$$\frac{\partial (\rho v)}{\partial t} + \nabla \cdot \rho V \otimes V = -\nabla \cdot T + \rho g \tag{6-33}$$

式中：ρ——滑体密度（kg/m^3）；

T——剪应力张量；

t——时间（s）；

g——重力加速度矢量（m/s^2）；

∇——矢量拉普拉斯算符；

V——速度矢量（m/s）；

$\otimes$——张量积；

$\bullet$——点积。

X 方向：

$$\rho h \frac{\partial v_x}{\partial t} = \rho h g_x + k_x \sigma_z \left(-\frac{\partial h}{\partial x}\right) + k_{yx} \sigma_z \left(-\frac{\partial h}{\partial y}\right) - \tau_{zx} \tag{6-34}$$

Y 方向：

$$\rho h \frac{\partial v_y}{\partial t} = \rho h g_y + k_y \sigma_z \left(-\frac{\partial h}{\partial y}\right) + k_{xy} \sigma_z \left(-\frac{\partial h}{\partial x}\right) - \tau_{zy} \tag{6-35}$$

基底侵蚀关系：

$$\frac{\partial h}{\partial t} + h\left(\frac{\partial v_x}{\partial x} + \frac{\partial v_y}{\partial y}\right) = \frac{\partial b}{\partial t} \tag{6-36}$$

式中：ρ——等效流体密度（kg/m^3）；

h——流体深度（m）；

v_x 和 v_y 分别为流体 x、y 方向的速度（m/s）；

b——流动体对基底的铲刮深度（m）；

τ_{zx} 和 τ_{zy}——流体基底剪切力（N）；

g——重力加速度（m/s^2）；

k_x、k_y、k_{xy} 和 k_{yx}——切应力系数；

σ_z——等效流体对流动基床的正应力（Pa）。

公式（6-34）和公式（6-35）中等号右边第一项为滑体重力提供，第二和第三项为滑体土压力，第四项为基底剪切力，第五项为基底铲刮阻力。

（三）边界条件

在 DAN3D 软件光滑粒子流运算方法中的边界条件主要分为力学边界条件和运动边界条件。

1. 力学边界条件

滑体运动路径上的剪切摩阻力是滑坡运动研究中的重点内容，在滑坡下滑运动堆积过程的分析中，具有一定质量的滑体动力由重力、侧向压力和剪切阻力共同组成。滑体表面为自由应力表面，仅受大气压的影响。在运动路径上基底正应力主要是由不同地形角度情况下的滑体重力分量提供，而基底的剪切应力可根据不同的剪切流变模型进行计算得到，其中影响剪应力的因素有很多，例如：孔隙水压力、黏滞系数、运动速度、湍流系数等等都影响着滑体的基底剪切阻力，进而影响着滑体的运动距离和影响范围。受力方程的表达式为：

$$ma = W + P_x + P_y + \tau \tag{6-37}$$

式中：m——滑体质量（kg）；

a——滑体加速度（m/s^2）；

P_x、P_y——滑体 x 和 y 方向上侧向土压力（N）；

τ——滑体运动过程中的剪切阻力（N）。

在 DAN 软件分析中，流态化滑坡在运动过程中的基底阻力模型有：牛顿层流模型（Laminar）、湍流模型（Turbulent）、塑性模型（Plastic）、宾汉姆模型（Bingham）、摩擦模型（Frictional）、Voellmy 模型。这些模型都根据不同的路径条件和滑体下滑特征进行选择，其中在高速远程流态化滑坡的研究中，摩擦模型（Frictional）、Voellmy 模型和宾汉姆模型（Bingham）是最为常用的三种模型。

2. 运动边界条件

在计算中假定材料在自由表面不进入或离开滑坡体，铲刮材料的密度和滑体密度一致。滑体材料在运动路径上属于自由表面状态，忽略了滑体对运动路径上的侵蚀作用，也忽略了自由表面可能发生的物质抛射。考虑到滑坡碎屑流在运动过程中的铲刮作用，DAN 软件在分析中采用数学方法考虑滑体的铲刮侵蚀运动边界条件，铲刮作用不明显条件也可不予考虑。通过时间和侵蚀率计算滑坡运动过程中的铲刮作用和体积变化。

$$\frac{\partial(b+h)}{\partial t}+v_x\frac{\partial(b+h)}{\partial x}+v_y\frac{\partial(b+h)}{\partial y}-v_z=0 \tag{6-38}$$

$$\frac{\partial b}{\partial t}+v_x\frac{\partial b}{\partial x}+v_y\frac{\partial b}{\partial y}-v_z=-E_t \tag{6-39}$$

式中：b——铲刮深度（m）；

h——滑体厚度（m）；

v_x、v_y——滑体 x 和 y 方向上的运动速度（m/s）；

t——运动时间（s）；

E_t——铲刮率。

三、模型建立及参数选取

（一）模拟工况介绍

本书根据郑官沟泥石流形成区的不同，将其分为三种工况，每种工况又根据当地降雨条件不同分为一般工况（孔压系数 0.3）和极端工况（孔压系数 0.8）（表 6-25）。

表 6-25　郑官沟泥石流计算工况表

工况		孔压系数
Ⅰ	一般工况Ⅰ-1	0.3
	极端工况Ⅰ-2	0.8
Ⅱ	一般工况Ⅱ-1	0.3
	极端工况Ⅱ-2	0.8
Ⅲ	一般工况Ⅲ-1	0.3
	极端工况Ⅲ-2	0.8

（二）泥石流模型建立

研究区地形网格文件主要为泥石流运动路径文件和坡体网格，用来模拟泥石流沿运动路径的运动过程，根据泥石流的运动情况，在其运动路径设置铲刮区和堆积区。针对不同区域的特征采用对应的流变模型。在泥石流成灾模式研究中，根据数字高程模型，建立坡体数据网格文件（图 6-32），随后将网格数据输入到软件中进行模拟分析。工况Ⅰ的初始体积为 $1.98\times10^6\ m^3$，形成区面积约 0.4 km^2，剪出口高程约 1450 m，后缘高程约 1650 m，高差 200 m；工况Ⅱ的初始体积为 $7.86\times10^5 m^3$，形成区面积约 0.14 km^2，剪出口高程 1420 m，后缘高程约 1600 m，高差 180 m；工况Ⅲ为工况Ⅰ和工况Ⅱ同时发生的极端工况，其初始体积为 $2.77\times10^6\ m^3$，形成区面积约 0.54 km^2（表 6-26）。

（三）基底阻力模型选取

泥石流作为一种复杂的运动材料，在运动过程中经常呈现复杂的运动状态，在 DAN3D 的数值模拟中，可以选用不同的基底剪切模型，还原反演泥石流的运动特征。因此，运动模型的选取通常跟泥

a.郑官沟泥石流发生前3D地形　　b.工况Ⅰ 3D地形

c.工况Ⅱ 3D地形　　d.工况Ⅲ 3D地形

图 6-32　研究区 DEM 三维数字高程模型

石流的运动状态、运动路径和水的作用有着紧密联系，通常也可以通过试验分析进行运动模型的选取，目前主要有摩擦模型、Voellmy 模型和 Binghamton 模型进行模拟计算（Boultbee，2005；Evans et al.，2001；Sosio，2008）。

表 6-26　泥石流模型计算参数表

工况	平均厚度/m	初始体积/m^3	形成区面积/km^2	后缘高程/m	剪出口高程/m	高差/m
Ⅰ	7.3	1.98×10^6	0.4	1650	1450	200
Ⅱ	5.7	7.86×10^5	0.14	1600	1420	180
Ⅲ	—	2.77×10^6	0.54	—	—	—

摩擦模型通常用于开阔地形，地形起伏较平缓，速度影响较小的运动阶段，更适用于泥石流形成区土体固体剪切运动的模拟，例如土质、岩质滑坡等。Voellmy 流变模型更适合运用于沟道中的湍流流体运动，模型针对沟渠地形，泥石流的滑体，基底阻力与速度大小呈正比关系，更适用于泥石流铲刮区域剪切，例如泥石流，雪崩等。

1. 摩擦模型（Frictional model）

此模型通常被选用于泥石流的初始启动阶段，且考虑了孔隙水压力的重要影响作用，模型公式为：

$$\tau = \sigma(1 - r_u)\tan\varphi \tag{6-40}$$

式中：τ——滑体运动基底剪切阻力（N）；

r_u——孔隙水压力系数；

φ——动力摩擦角（°）；

σ——滑动路径上正压力（N）。

2. Voellmy 模型

此模型通常被选用于泥石流的流通和堆积阶段，且考虑了运动过程中的湍流项和速度效应，剪切阻力和运动速度呈正比，模型公式为：

$$\tau = \sigma_f + \gamma \frac{v_2}{\xi} \tag{6-41}$$

式中：σ_f——滑体运动摩擦基底剪切阻力（N），参数和摩擦模型一致；

γ——滑体重度（kN/m^3）；

v——滑体运动速度（m/s）；

ξ——湍流系数。

（四）基底阻力模型选取

在 DAN3D 的数值模拟参数设置中，主要包括 SPH 计算方法的控制参数和滑坡运动材料的模型参数。

1. 控制参数

SPH 模拟方法控制参数主要包括颗粒数量（N）、粒子光滑系数（B）、速度平滑系数（C）、刚度系数（D）。连续体模拟是通过对控制方程进行离散化进行的，在滑动质量的每个重要位置，需要足够多的计算单元（粒子）来捕捉其运动行为，因此计算分析中增加粒子数（N），以提高 SPH 方法的计算精度；粒子平滑长度（B）影响粒子插值流深度的平滑度，并且可以调整，直至初始深度插值看起来平滑为止；速度平滑系数（C）决定相邻粒子的速度对中心粒子的影响程度，速度平滑系数的选取控制了粒子扩散度，消除了运动过程中的大变形，增加运动过程中的稳定性；无量纲刚度系数（D）控制主动和被动型粒子内应力状态之间的应变率。针对郑官沟泥石流运动过程的分析，计算控制参数的选取如表 6-27 所示。

表 6-27　郑官沟泥石流模拟控制参数

模拟对象	N	B	C	D
郑官沟泥石流	2000	2	0.02	200

2. 模型参数

为使泥石流的运动堆积模拟得到更精确的结果，通常采用试验测试方法进行参数选取，包括模型中滑体密度、内摩擦角、黏聚力和动摩擦角度等；其他模型参数可基于半经验的试错法进行确定。通常情况下，摩擦型中孔隙水压力系数（r_u）参考范围为 0.1~0.9，Voellmy 模型中动摩擦系数（f）为 0.05~0.1（Hunger et al.，1996；McDougall et al.，2005），本研究区的泥石流容重 20 $kN \cdot m^{-3}$，内摩擦角 13°，湍流系数 1800（郑昭炀等，2017）（表 6-28）。

表 6-28　郑官沟泥石流模型计算参数表

运动分区	基底阻力模型	容重/($kN \cdot m^{-3}$)	摩擦角/(°)	摩擦系数	湍流系数/m	内摩擦角/(°)	最大铲刮深度/m
形成区	Frictional	20	6	—	—	13	—
流通区	Voellmy	20	—	0.1	1800	13	3
堆积区	Voellmy	20	—	0.3	1800	13	—

四、计算结果分析

郑官沟泥石流的模拟分析中，分别计算了 6 种运动堆积过程。形成区为固体剪切，液化作用明显，选用摩擦模型；流通区和堆积区选用 Voellmy 模型。

（一）工况Ⅰ运动堆积结果分析

1. 一般工况Ⅰ-1

图 6-33 显示了 DAN3D 软件中采用孔压系数 0.3 对郑官沟泥石流运动堆积过程的模拟结果，体现了运动过程中不同时段的堆积等值线图，运动时间为 150s，红色轮廓线表示了泥石流堆积范围，工况Ⅰ-1 的运动堆积动态过程如下：

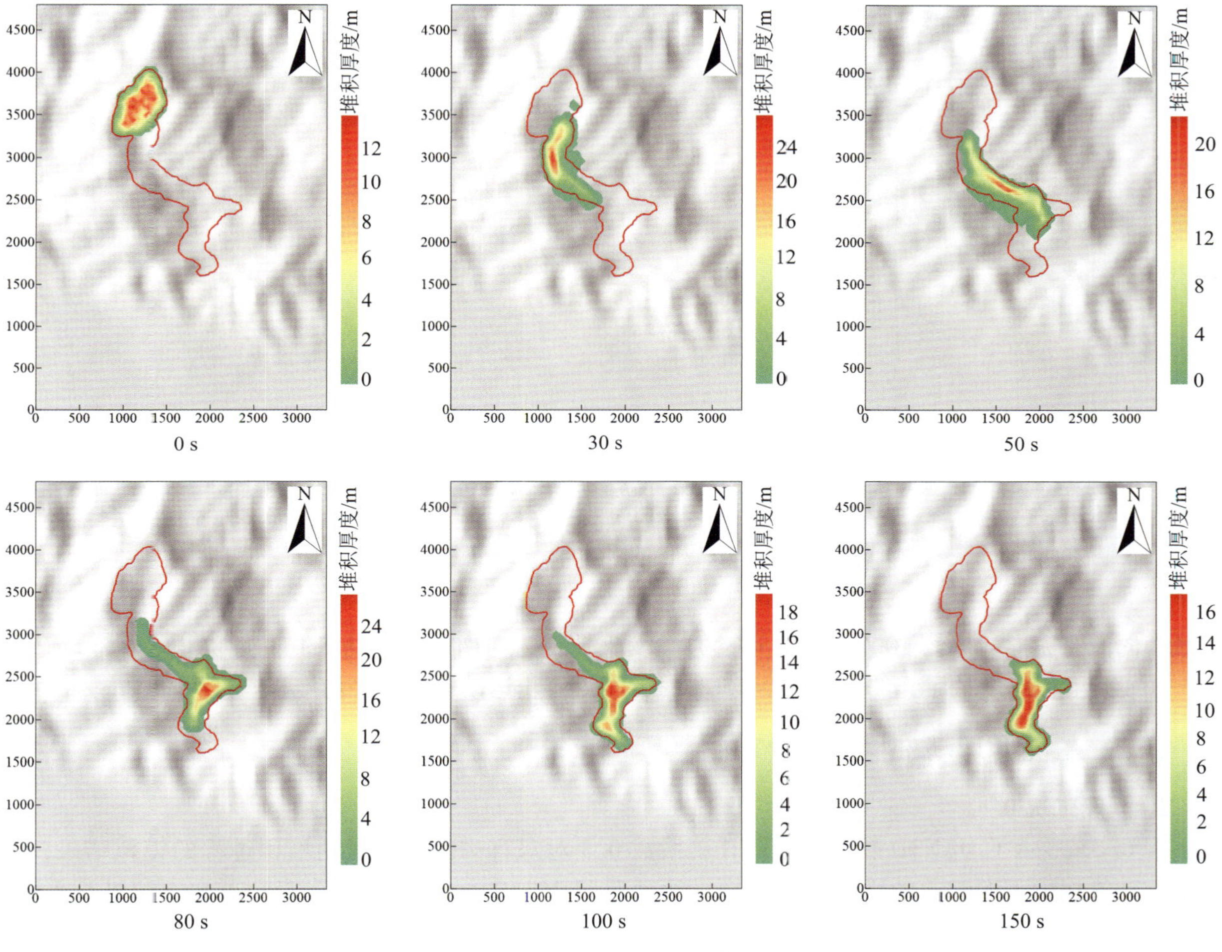

图 6-33　Ⅰ-1 运动堆积等值线图

工况Ⅰ-1 模拟结果显示，形成区内 1.98×10^{6} m^{3} 物源在高程约 1450 m 沿坡向启动，在沟道流动，沿坡面向南东方向运动约 1000 m 后，运动方向发生转变，向南西运动约 500 m 后停止。在运动过程中 80s 时堆积厚度最厚，约为 24 m，150 s 时泥石流停止运动，最终平均堆积厚度为 9.7 m。

2. 极端工况Ⅰ-2

图 6-34 显示了 DAN3D 软件中采用孔压系数 0.8 对郑官沟泥石流运动堆积过程的模拟结果，体现了运动过程中不同时段的堆积等值线图，运动时间为 150 s，红色轮廓线表示了泥石流堆积范围，工况Ⅰ-2 的运动堆积动态过程如下：

工况Ⅰ-2 模拟结果显示，形成区内 1.98×10^{6} m^{3} 物源在高程约 1450 m 沿坡向启动，在沟道流动，

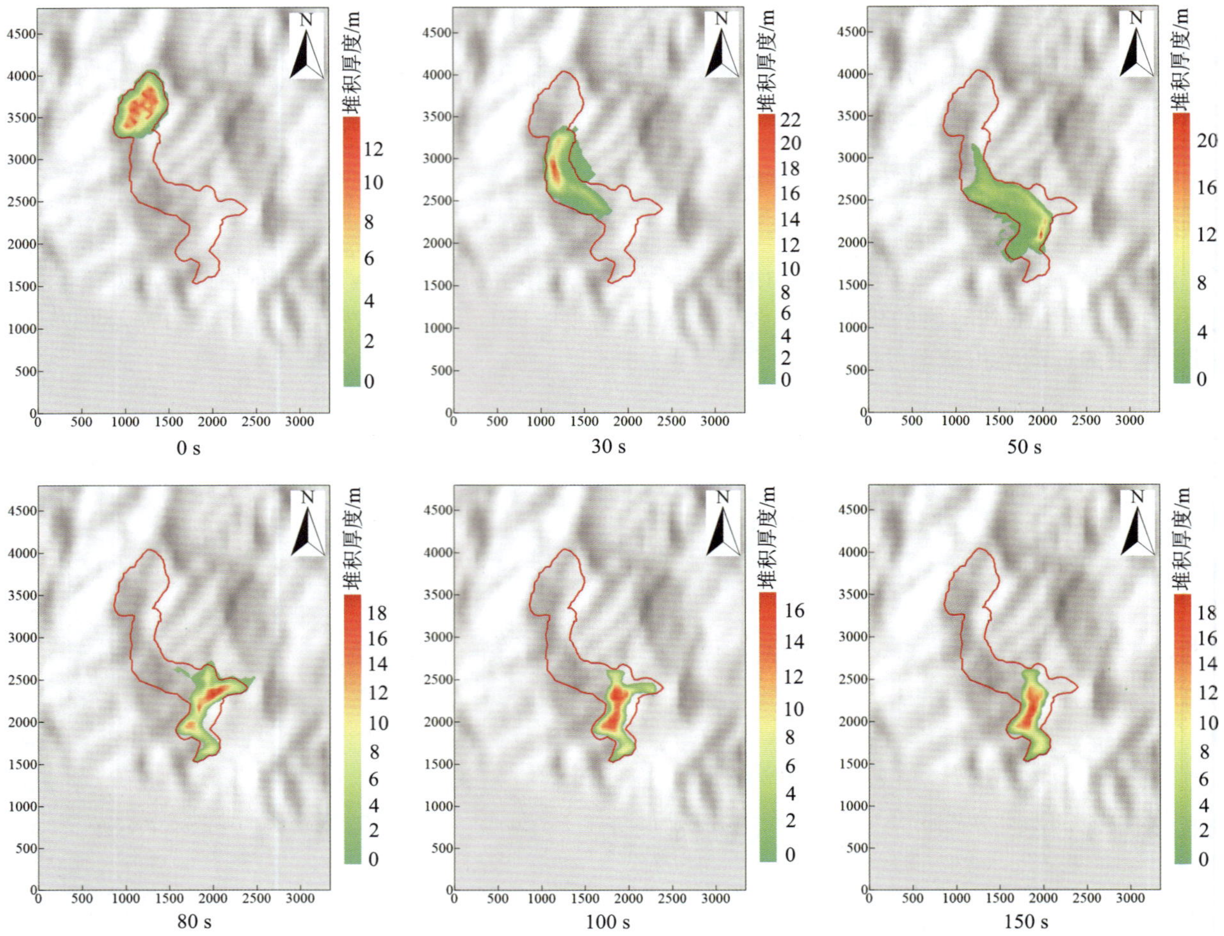

图 6-34　Ⅰ-2 运动堆积等值线图

沿坡面向南东方向运动约 1000 m 后，运动方向发生转变，向南西运动约 550 m 后停止。在运动过程中，30 s 时堆积厚度最厚，约为 22 m，150 s 时泥石流停止运动，最终平均堆积厚度为 9.4 m。

（二）工况Ⅱ运动堆积结果分析

1. 一般工况Ⅱ-1

图 6-35 显示了 DAN3D 软件中采用孔压系数 0.3 对郑官沟泥石流运动堆积过程的模拟结果，体现了运动过程中不同时段的堆积等值线图，运动时间为 150 s，红色轮廓线表示了泥石流堆积范围，工况Ⅱ-1 的运动堆积动态过程如下：

工况Ⅱ-1 模拟结果显示，形成区内 $7.86\times10^5 m^3$ 物源在高程约 1420 m 沿坡向启动，在沟道流动，沿沟道向南西方向运动约 400 m 后，运动方向发生 90°转变，向南东运动约 500 m，方向再次发生转变，向南西运动约 500 m 后停止。150 s 时泥石流停止运动，最终平均堆积厚度为 5.9 m。

2. 极端工况Ⅱ-2

图 6-36 显示了 DAN3D 软件中采用孔压系数 0.8 对郑官沟泥石流运动堆积过程的模拟结果，体现了运动过程中不同时段的堆积等值线图，运动时间为 150 s，红色轮廓线表示了泥石流堆积范围，工况Ⅱ-2 的运动堆积动态过程如下：

工况Ⅱ-2 模拟结果显示，形成区内 $7.86\times10^5 m^3$ 物源在高程约 1420 m 沿坡向启动，在沟道流动，沿沟道向南西方向运动约 400 m 后，运动方向发生 90°转变，向南东运动约 500 m，方向再次发生转变，向南西运动约 560 m 后停止。150 s 时泥石流停止运动，最终平均堆积厚度为 5.1 m。

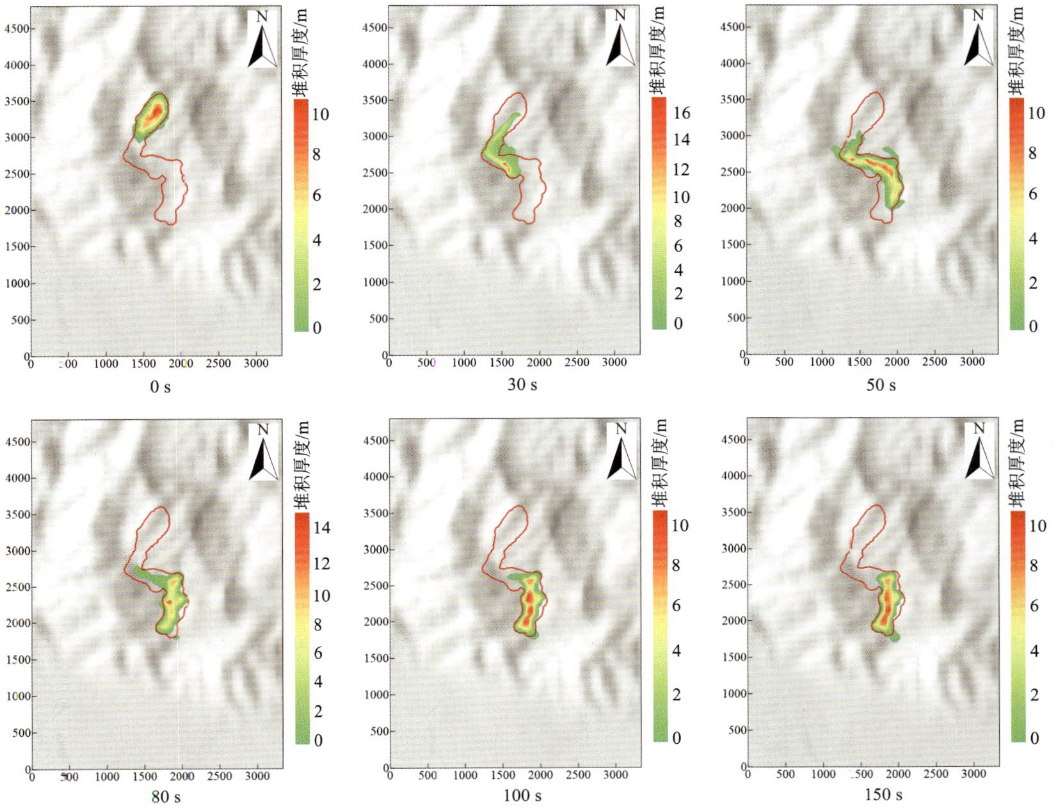

图 6-35　Ⅱ-1 运动堆积等值线图

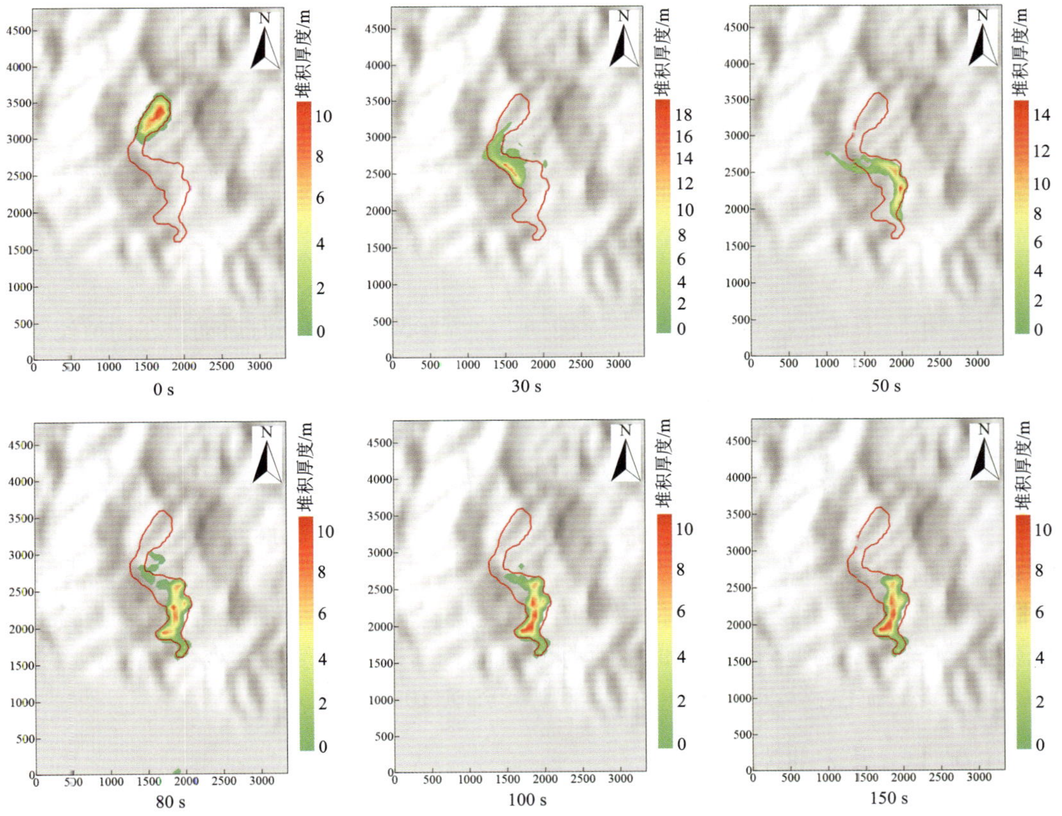

图 6-36　Ⅱ-2 运动堆积等值线图

（三）工况Ⅲ运动堆积结果分析

1. 一般工况Ⅲ-1

图 6-37 显示了 DAN3D 软件中采用孔压系数 0.3 对郑官沟泥石流运动堆积过程的模拟结果，体现了运动过程中不同时段的堆积等值线图，运动时间为 150 s，红色轮廓线表示了泥石流堆积范围，工况Ⅲ-1 的运动堆积动态过程如下：

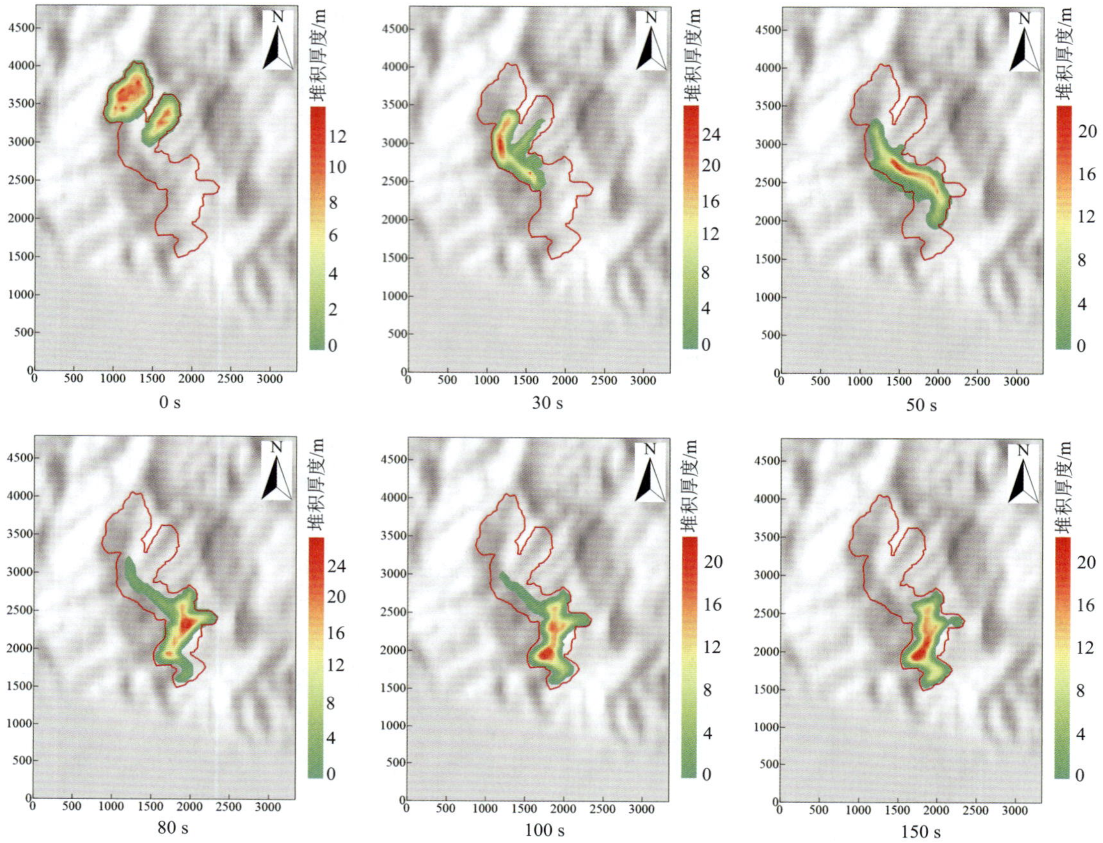

图 6-37　Ⅲ-1 运动堆积等值线图

工况Ⅲ-1 模拟结果显示，形成区内 2.77×10^6 m^3 物源在两个坡面同时启动，在沟道流动，50 s 时两股泥石流完全汇聚，沿沟道向南东方向运动约 500 m 后，运动方向发生转变，向南西运动约 570 m 后停止。150 s 时泥石流停止运动，最终平均堆积厚度为 11.1 m。

2. 极端工况Ⅲ-2

图 6-38 显示了 DAN3D 软件中采用孔压系数 0.8 对郑官沟泥石流运动堆积过程的模拟结果，体现了运动过程中不同时段的堆积等值线图，运动时间为 150 s，红色轮廓线表示了泥石流堆积范围，工况Ⅲ-2 的运动堆积动态过程如下：

工况Ⅲ-2 模拟结果显示，形成区内 2.77×10^6 m^3 物源在两个坡面同时启动，在沟道流动，30 s 时两股泥石流完全汇聚，沿沟道向南东方向运动约 500 m 后，运动方向发生转变，向南西运动约 1000 m 后停止。150 s 时泥石流停止运动，最终平均堆积厚度约为 10 m。

（四）工况Ⅰ、Ⅱ、Ⅲ对比分析

1. 三种工况运动堆积结果对比

1）对比Ⅰ-1、Ⅰ-2 与Ⅱ-1 以及Ⅱ-2、Ⅲ-1 与Ⅲ-2 可得，具有相同初始体积的泥石流在极端

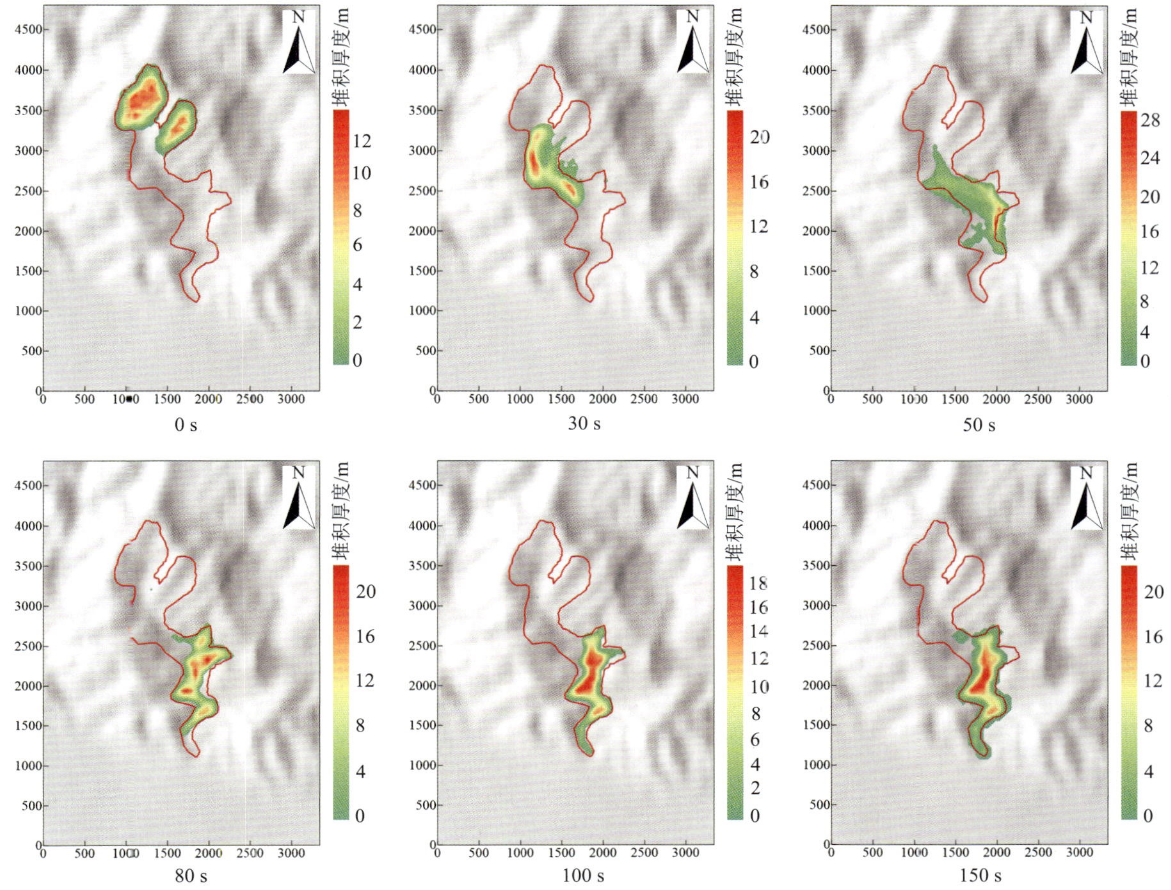

图 6-38　Ⅲ-2 运动堆积等值线图

工况下运动距离较一般工况下更远，Ⅲ-2 工况下泥石流运动距离最远至沟口堆积，为最不利工况。一般工况下泥石流最终堆积的平均厚度比极端工况下要厚，因为极端工况下，泥石流流动性较好，流动过程分散得更开，堆积厚度分布得更均匀（图 6-39，表 6-29）。

2）对比Ⅰ-1、Ⅱ-1 与Ⅲ-1 以及Ⅰ-2、Ⅱ-2 与Ⅲ-2，由表 6-30 可得，具有相同工况不同体积（工况Ⅰ的初始体积为 1.98×10^6 m^3，工况Ⅱ的初始体积为 7.86×10^5 m^3，工况Ⅲ的初始体积为 2.77×10^6 m^3）的泥石流，体积较大的堆积厚度较厚，从图 6-39 中可以直观地看出体积越大，最终的堆积形态范围越大。

表 6-29　郑官沟泥石流堆积厚度

工况	初始体积/m^3	初始平均厚度/m	最终堆积平均厚度/m
Ⅰ-1	1.98×10^6	7.3	9.7
Ⅰ-2			9.4
Ⅱ-1	7.86×10^5	5.7	5.9
Ⅱ-2			5.1
Ⅲ-1	2.77×10^6	6.7	11.1
Ⅲ-2			10.5

3）在大转弯后地形进入宽缓地带，此处地势平坦，坡度较缓，在三种工况下大部分的泥石流都在此堆积，只有在Ⅲ-2 这种最极端的工况下才有少部分流出沟道在沟口堆积。

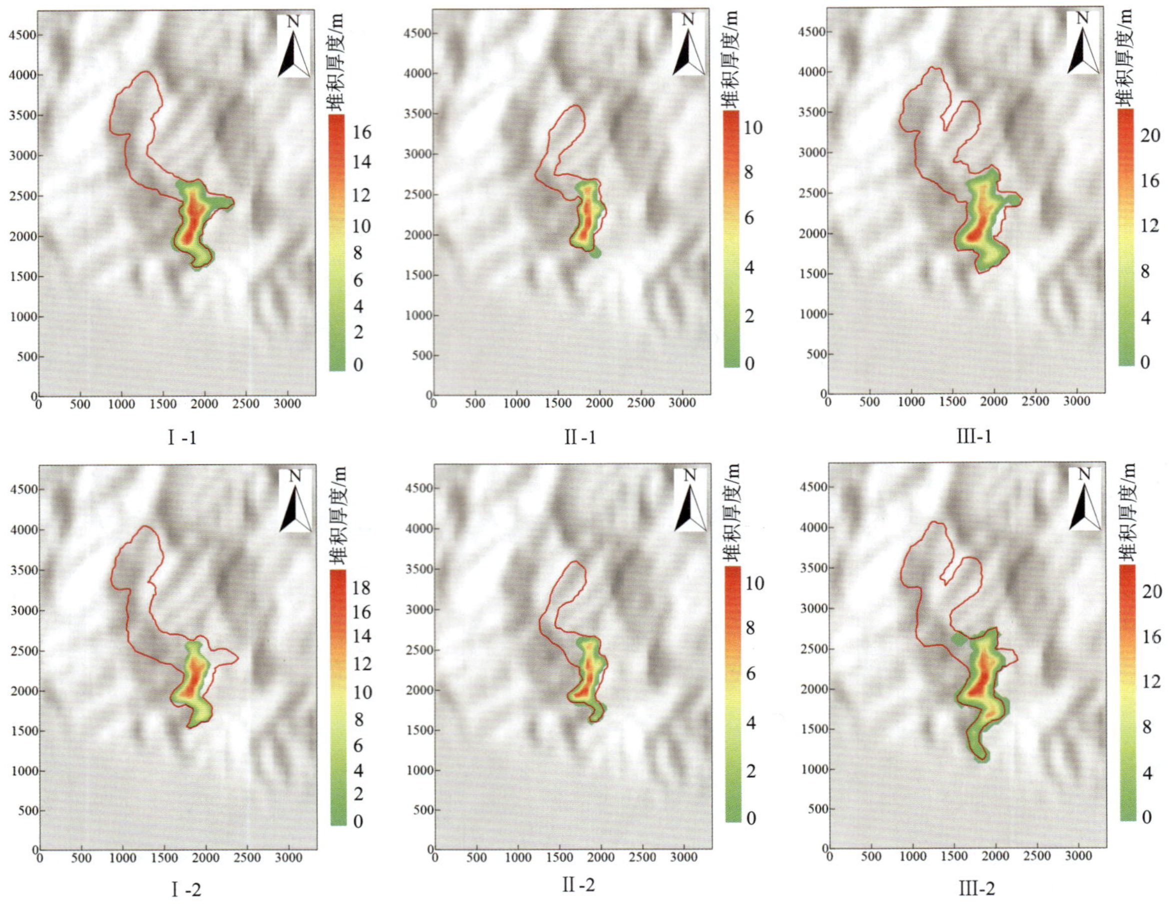

图 6-39　不同工况最终堆积等值线图

2. 三种工况的最大速度对比

图 6-40 显示，泥石流运动的速度都具有先增大后减小的趋势，工况Ⅰ的最大速度发生在形成区启动后约 1100 m 的位置，工况Ⅱ的最大速度发生在形成区启动后约 600 m 的位置，工况Ⅲ的最大速度发生在形成区启动后约 1100 m 的位置。在极端情况下，由于孔压系数增大，有效应力减小，导致的砂土液化，因此极端工况比一般工况运动的更远。

3. 三种工况铲刮对比

图 6-41 显示，一般工况比极端工况的铲刮深度更深，铲刮的体积也更大（表 6-30），在泥石流流动过程中，极端工况的铲刮宽度大于一般工况，铲刮宽度最宽处位于距离形成区约 1000 m 处，此处也是泥石流运动方向由南东向南西改变的地点。

表 6-30　郑官沟泥石流铲刮体积

工况	初始体积/m^3	最终体积/m^3	铲刮体积/m^3
Ⅰ-1	1.98×10^6	2.18×10^6	2.0×10^5
Ⅰ-2		2.13×10^6	1.5×10^5
Ⅱ-1	7.86×10^5	8.59×10^5	7.3×10^4
Ⅱ-2		8.56×10^5	7.0×10^4
Ⅲ-1	2.77×10^6	3.06×10^6	2.9×10^5
Ⅲ-2		3.01×10^6	2.4×10^5

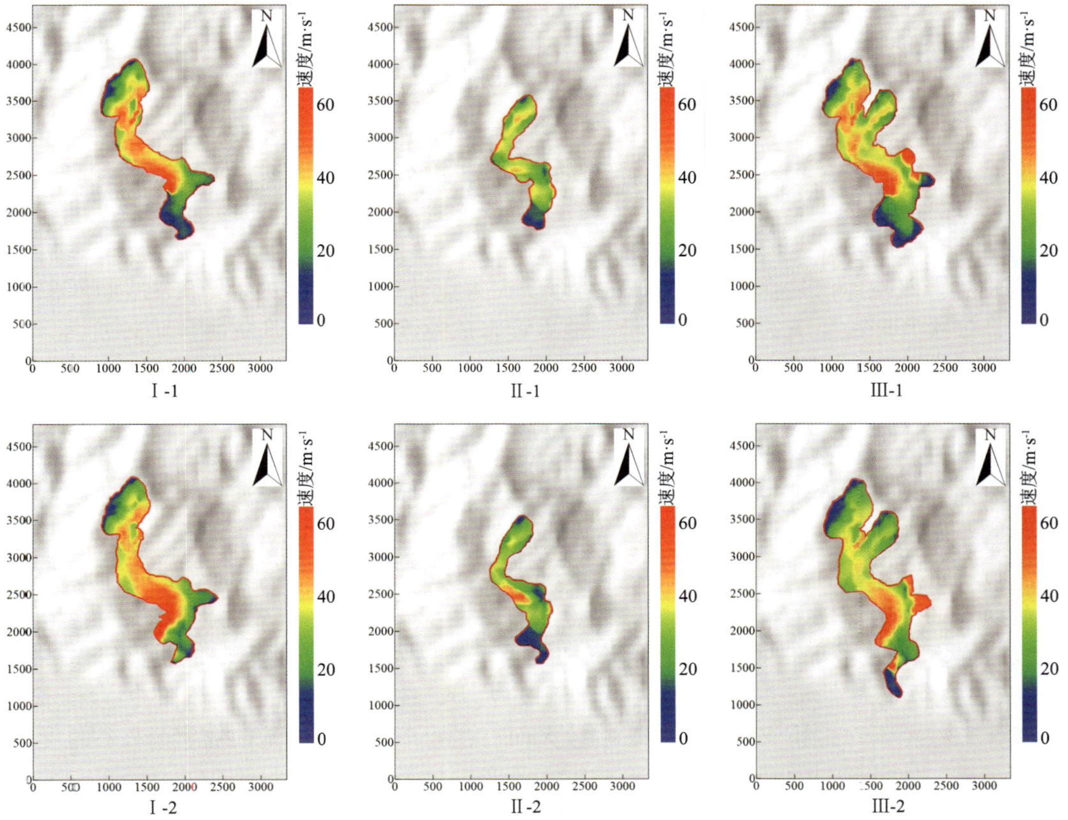

图 6-40　不同工况最大速度等值线图

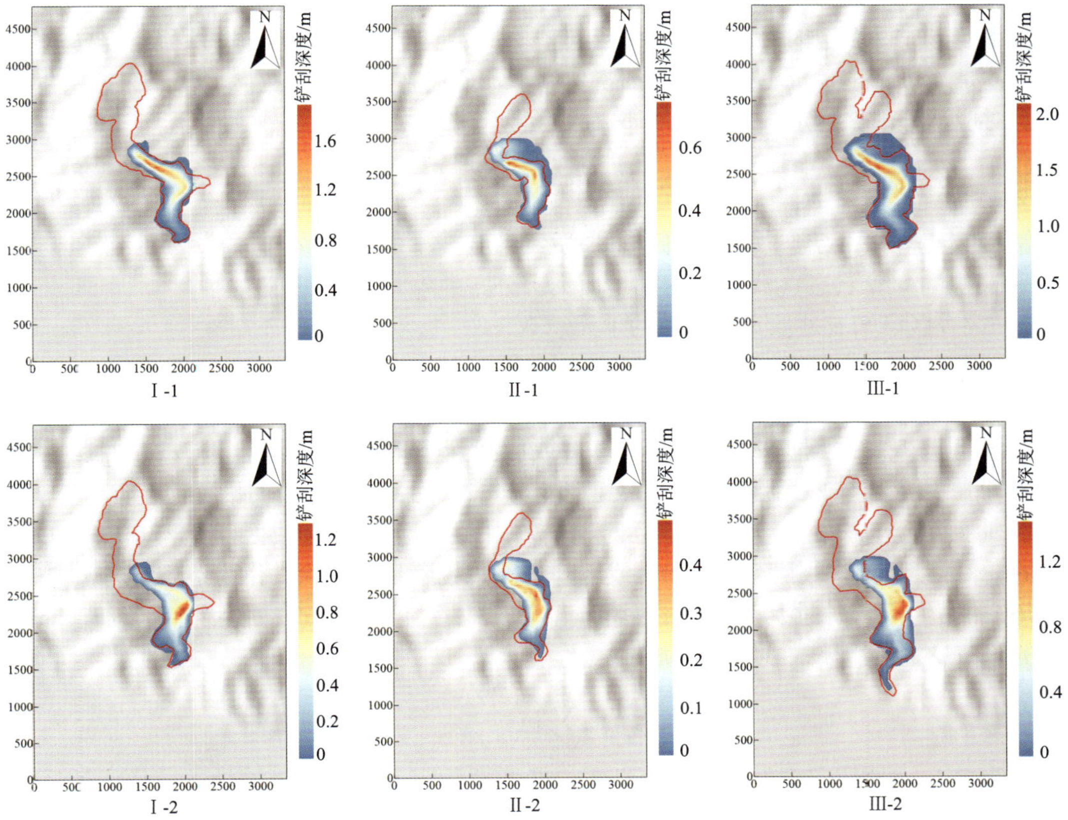

图 6-41　不同工况铲刮深度等值线图

第七章　地质灾害风险评价

宁夏地质灾害风险评价是在对全区1016处地质灾害点特征、分布、易发性、威胁对象等研究分析的基础上，依次开展地质灾害易发性评价、地质灾害危险性评价及地质灾害风险评价。

第一节　地质灾害易发性评价

宁夏地质灾害易发性评价是在全面收集、整理宁夏地质环境条件、地质灾害调查评价、监测研究成果等资料的基础上，利用信息量模型方法等对崩塌、滑坡等斜坡类灾害、泥石流灾害的地质灾害易发性分别进行评价，之后对评价结果按照“就高不就低”的原则综合叠加分析，将宁夏全境划分为地质灾害高易发区、中易发区、低易发区、非易发区。

地质灾害易发程度是指在一定的地质环境和人类工程活动影响条件下，地质灾害发生的难易程度。地质灾害受多种因素影响，各种因素所起作用的大小、性质是不同的。不同的因素构成各种不同的地质环境，有些因素对地质灾害发生的影响较大而有些较小。因此，地质灾害易发程度是一个综合各种因子的结果。信息预测的观点认为，地质灾害的产生与否，与预测过程中所获取的信息的数量和质量有关，是可以用信息量来衡量的。

一、信息量模型方法

地质灾害的形成受多种因素影响，信息量模型反映了一定地质环境下最易致灾因素及其细分区间的组合；具体是通过特定评价单元内某种因素作用下地质灾害发生频率与区域地质灾害发生频率相比较实现的。对应某种因素特定状态下的地质灾害信息量公式可表示为：

$$I_{Aj\to B} = \ln \frac{N_j/N}{S_j/S}(j = 1，2，3，\cdots，n) \quad (7-1)$$

式中：$I_{Aj\to B}$——因素A、j状态（或区间）下地质灾害B发生的信息量；

N_j——因素A、j状态（或区间）下地质灾害分布的单元数；

N——调查区已知有地质灾害分布的单元总数；

S_j——因素A、j状态（或区间）分布的单元数；

S——调查区单元总数。

当$I_{Aj\to B}>0$时，反映了对应因素A、j状态（或区间）下地质灾害发生倾向的信息量较大，地质灾害发生的可能性较大，或者说利于地质灾害发生；当$I_{Aj\to B}<0$时，表明因素A、j状态（或区间）条件下，不利于地质灾害发生；当$I_{Aj\to B}=0$时，表明因素A、j状态（或区间）不提供有关地质灾害发生与否的任何信息，即因素A、j状态（或区间）可以剔除掉，排除其作为地质灾害预测因子。

由于每个评价单元受众多因素的综合影响，各因素又存在若干状态，各状态因素组合条件下地质灾害发生的总信息量可用公式（7-2）确定：

$$I = \sum_{i=1}^{n} \ln \frac{N_i/N}{S_i/S} \quad (7-2)$$

式中：I——特定单元地质灾害发生的总信息量，指示地质灾害发生的可能性，可作为地质灾害易发性指数；

N_i——特定因素、i状态（或区间）条件下的地质灾害面积或地质灾害点数；

S_i——特定因素、i 状态（或区间）的分布面积；

N——调查区地质灾害总面积或总地质灾害点数；

S——调查区总面积。

二、评价单元的确定

根据宁夏孕灾地质环境背景和地质灾害发育特征，评价选取坡度、坡型、坡向、地貌类型、工程地质岩组、地质构造、植被、河网 8 个影响因子作为评价因子，评价单元采用 1：25 万比例尺精度 DEM 作为栅格大小划分基础，将宁夏划分成 25 m×25 m 的评价网格单元，共计划分了 83136191 网格单元，进行信息熵计算和样品训练。

三、评价因子的选取

根据宁夏地质灾害的发育分布规律及地质环境条件，选取地质灾害现状和影响地质灾害发生、发展的因素作为影响因子。除地质灾害点密度外，选择地形地貌、岩土体、地质构造、植被、水系、坡度、坡向、坡型 8 个影响因子，作为地质灾害易发性分区的评价指标，现对每个影响因子做简要介绍。

1. 地形地貌

根据地质灾害发育特征和分布特点，将宁夏的地貌划分为山地、丘陵、台地、沙漠、盆地五类进行信息量分析计算。

2. 岩土体

根据地质灾害发育特征和分布特点，将岩土体类别分为坚硬的岩体、较坚硬的岩体、软硬相间的岩体、较软弱的岩体、软弱的岩体、砾质土、砂质土、黏质土、黄土九类进行信息量分析计算。

3. 地质构造

地质灾害发育分布与地质构造存在一定的关联性。地质构造发育地段，岩体结构相对较破碎。根据断裂与地质灾害发育分布的实际情况，划分为距断裂 1 km、距断裂 2 km、距断裂 5 km、距断裂 5 km 以上 4 类进行信息量分析计算。

4. 植被

植被指数对各种地质灾害的发育和分布状况具有较大的影响，植被通过其水文效应和力学锚固效应影响岩土体的整体性和稳定性，进而影响各种地质灾害的产生和发展。在植被指数率较好的地区，地质灾害的发育程度低于植被指数率较低的地区。宁夏植被覆盖指数值按照阈值 0、0.3、0.6、1 划分为 4 类进行信息量分析计算。

5. 水系

流域对地质灾害的控制作用是比较明显的。根据宁夏数字高程图形（DEM）分析提取工作区内的河网、水系，将流域划分为 5 级流域。

6. 坡度

坡度是控制地质灾害发育程度和地质灾害发育类型的一个重要因素。坡度明显改变斜坡的应力分布状态，随着坡度的增大，坡面附近应力带范围随之扩大，坡脚应力集中并随之增高。斜坡坡度对于黄土边坡的稳定性影响很大，坡度越大，安全系数越小。由数字高程图形（DEM）可得到宁夏山区的地形坡度数据（25 m×25 m），地形坡度范围为 0~74.34°。根据地形坡度，按照阈值 1°、5°、10°、20°划分为 5 类进行信息量分析计算。

7. 坡向

一般把朝南方向的坡作为标准阳坡，朝北方向的坡作为标准阴坡。由于朝向不同，山坡的小气候和水热等条件有着规律性的差异。阳坡比阴坡受日照时间长，太阳辐射强烈，气温与土温较高，温度日差较大。阴阳坡面水热条件的差异会导致斜坡土体含水量、风化程度、坡度等要素的不同，对滑坡的发生起到一定的影响作用。通过数字高程图形（DEM）数据获取坡向，结合宁夏地质灾害分布特点，将坡向划分为0°、45°、90°、135°、180°、225°、270°、315°八类。

8. 坡型

斜坡坡面形态对坡体的稳定性有明显影响。通过数字高程图形（DEM）数据，将斜坡坡面形态划分为凸型、直线型、凹型。负向类斜坡（凹型）由于受到沿斜坡走向方向应力支撑，应力集中程度减缓，稳定性明显增高。正向型斜坡（直线型和凸型）应力集中程度明显提高，稳定程度明显降低，更容易产生滑坡和崩塌灾害。

四、地质灾害易发性评价方法

地质灾害易发性评价

宁夏地质灾害易发性评价选择地形地貌、岩土体、地质构造、植被、水系、坡度、坡向、坡型8个影响因子，结合地质灾害发育情况，采用信息量模型方法进行计算评价，各评价因子信息量值见表7-1，评价结果见图7-1至图7-8。

利用ArcGIS的空间分析功能对8个评价影响因子图层进行空间叠加分析，根据统计学中的自然断点法（natural break）将易发性区划重新分类，得出宁夏地质灾害易发性评价结果。

表7-1　地质灾害易发性评价因子信息量值表

影响因子	状态及分类	灾害比/%	面积比/%	信息量
地貌	台地	1.30	17.90	-2.6244
	沙漠	0.04	1.40	-3.6566
	山地	16.19	19.10	-0.1656
	盆地	7.57	24.20	-1.1623
	丘陵	74.59	37.05	0.6997
岩土体	砾质土	5.30	18.21	-1.2345
	较坚硬岩体	6.85	10.17	-0.3953
	软硬相间岩体	8.33	6.69	0.2188
	黄河	0.18	0.37	-0.7275
	坚硬岩体	4.29	7.26	-0.5261
	砂黏土	15.43	17.25	-0.1118
	软弱的岩体	4.94	7.31	-0.3926
	黄土	47.26	25.82	0.6044
	较软弱的岩体	7.43	6.90	0.0730
构造	0~1000	9.48	7.35	0.2548
	1000~2000	8.40	7.23	0.1506
	2000~5000	12.18	20.73	-0.5316
	>5000	14.44	64.69	-1.4998
植被	(-1，0)	0.47	0.80	-0.5380
	(0，0.3)	33.78	62.53	-0.6158
	(0.3，0.6)	59.99	31.32	0.6498
	(0.6，1)	5.77	5.35	0.0760
水系	—	60.42	63.86	-0.0554
	—	21.16	17.61	0.1835
	—	12.47	8.72	0.3577
	—	3.64	4.48	-0.2075
	—	2.31	5.32	-0.8361

续表

影响因子	状态及分类	灾害比/%	面积比/%	信息量
坡度	0~1	3.60	23.53	-1.8759
	1~5	12.76	26.85	-0.7440
	5~10	16.40	13.18	0.2189
	10~20	41.20	20.53	0.6966
	20~74.34	26.03	15.91	0.4922
坡向	0~45	9.81	19.60	-0.6927
	45~90	12.73	14.76	-0.1485
	90~135	12.76	12.27	0.0392
	135~180	13.09	9.50	0.3201
	180~225	14.96	10.41	0.3626
	225~270	15.39	11.70	0.2744
	270~315	12.87	11.69	0.0963
	315~360	8.40	10.06	-0.1808
坡型	凹型（<-0.5）	23.47	14.39	0.4890
	直线型（-0.5~0.5）	55.77	69.42	-0.2190
	凸型（>0.5）	20.76	16.19	0.2490

注：当信息量 $I_{Aj\to B}>0$ 时，反映了对应因素 A、j 状态（或区间）下地质灾害发生倾向的信息量较大，利于地质灾害发生；当信息量 $I_{Aj\to B}<0$ 时，表明因素 A、j 状态（或区间）条件下，不利于地质灾害发生。

五、地质灾害易发性评价结果

依据《地质灾害危险性评估规范》（GB/T 40112—2021），按“就高不就低”原则，并结合专家判定，得出易发评价分区结果。宁夏回族自治区易发性分区共划分为地质灾害高易发、中易发、低易区、非易发区 4 种级区，其中地质灾害高易发区 7 个、中易发区 7 个，低易发区 5 个、非易发区 6 个（表 7-2，图 7-9）。

表 7-2　宁夏地质灾害易发程度分区简表

名称	面积/km²	占全县面积比例/%	分区代号	分布面积/km²	分区名称
高易发区	11463.84	22.06	A1	384.88	石嘴山市汝箕沟-大水沟-王泉沟地质灾害高易发区
			A2	217.60	沙坡头区南部香山地区地质灾害高易发区
			A3	1001.81	盐池县南部麻黄山地区地质灾害高易发区
			A4	1819.93	沙坡头区兴仁镇-海原县关桥乡至九彩乡-同心县西部地区地质灾害高易发区
			A5	4738.90	红寺堡区南部-同心县中东部地区-原州区东部-彭阳县地质灾害高易发区
			A6	3124.61	海原县树台乡-西吉县-隆德县地质灾害高易发区
			A7	176.12	原州区开城镇-泾源县大湾乡至泾河源镇一线地质灾害高易发区

续表

名称	面积/km^2	占全县面积比例/%	分区代号	分布面积/km^2	分区名称
中易发区	17371.42	33.43	B1	1499.86	贺兰山地区地质灾害中易发区
			B2	1386.79	兴庆区月牙湖乡-灵武市临河镇、马家滩镇-盐池县高沙窝镇、王乐井乡地质灾害中易发区
			B3	611.54	盐池县麻黄山地区-同心县下马关镇地质灾害中易发区
			B4	819.51	中宁县北部山区地质灾害中易发区
			B5	889.97	青铜峡市峡口镇-中宁县白马乡、鸣沙镇-利通区南部地质灾害中易发区
			B6	2354.57	红寺堡南部-同心县地质灾害中易发区
			B7	9809.17	中卫市香山地区-海原县-西吉县-原州区-泾源县地质灾害中易发区
低易发区	14581.15	28.06	C1	1659.17	贺兰山东麓至青铜峡市峡口镇一线地质灾害低易发区
			C2	9134.24	石嘴山市黄河东部-灵武市东部-盐池县-红寺堡区-同心县东北部地质灾害低易发区
			C3	918.47	中卫市北部迎水桥地质灾害低易发区
			C4	2263.50	中卫市南山台子至清水河一带地质灾害低易发区
			C5	605.77	中卫市香山地区南部及中宁县喊叫水乡一带地质灾害低易发区
非易发区	8547.85	16.45	D1	6228.30	银川平原地质灾害非易发区
			D2	613.13	灵武市北部-盐池县东部地质灾害非易发区
			D3	968.66	卫宁平原地质灾害非易发区
			D4	164.10	中卫市兴仁镇-中宁县喊叫水乡盆地地质灾害非易发区
			D5	418.32	清水河平原一线地质灾害非易发区
			D6	155.34	红寺堡-韦州平原地质灾害非易发区

（一）地质灾害高易发区（A）

1. 石嘴山市汝箕沟-大水沟-王泉沟地质灾害高易发区（A1）

分布于贺兰山地区石嘴山段汝箕沟至王泉沟一带，面积约 384.88 km^2。受地形地貌、地质构造、植被等因素的控制与影响，该区域在地貌上位于贺兰山区，地势西高东低。贺兰山区沟谷发育，蜿蜒交错，汇水面积较大，相对高差在 200~1000 m 之间，山区基岩风化程度较强烈、沟床和岸坡松散物质较多，具备泥石流发生的地形、物源条件。该区域是宁夏北部的降雨中心，多以暴雨形式出现，是泥石流发生的主要激发条件。该区域主要发育泥石流和崩塌地质灾害，威胁景区、农田及公路等。

2. 沙坡头区南部香山地区地质灾害高易发区（A2）

分布于中卫市香山地区兴仁和蒿川一带的黄土丘陵区，面积约 217.6 km^2，该地区为湿陷性黄土分布地区，广泛出露第四系上更新统马兰组黄土，黄土层具大孔隙，垂直节理发育，具湿陷性，易崩塌，丘陵区黄土厚度 5~150 m，沟谷内厚度 10~50 m。该地区受降雨侵蚀，地形地貌多破碎，易发生崩塌、滑坡地质灾害。该区域内未发现有威胁对象的地质灾害隐患点。

3. 盐池县南部麻黄山地区地质灾害高易发区（A3）

分布于盐池县南部麻黄山地区，面积约 1001.81 km^2。该区地势较北部更高，相对高差为 80~

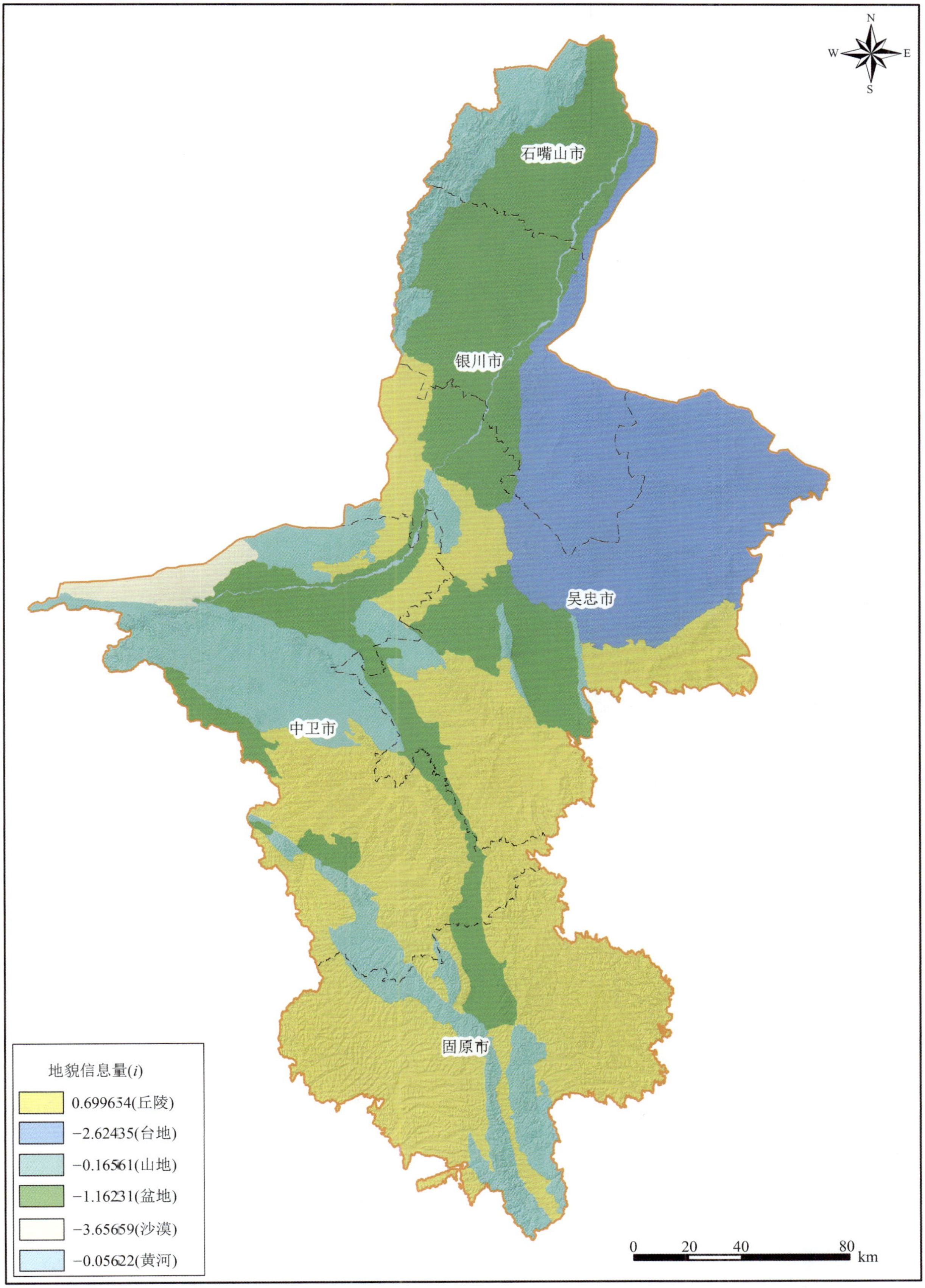

图 7-1　宁夏地质灾害易发性评价因子权重示意图（地貌）

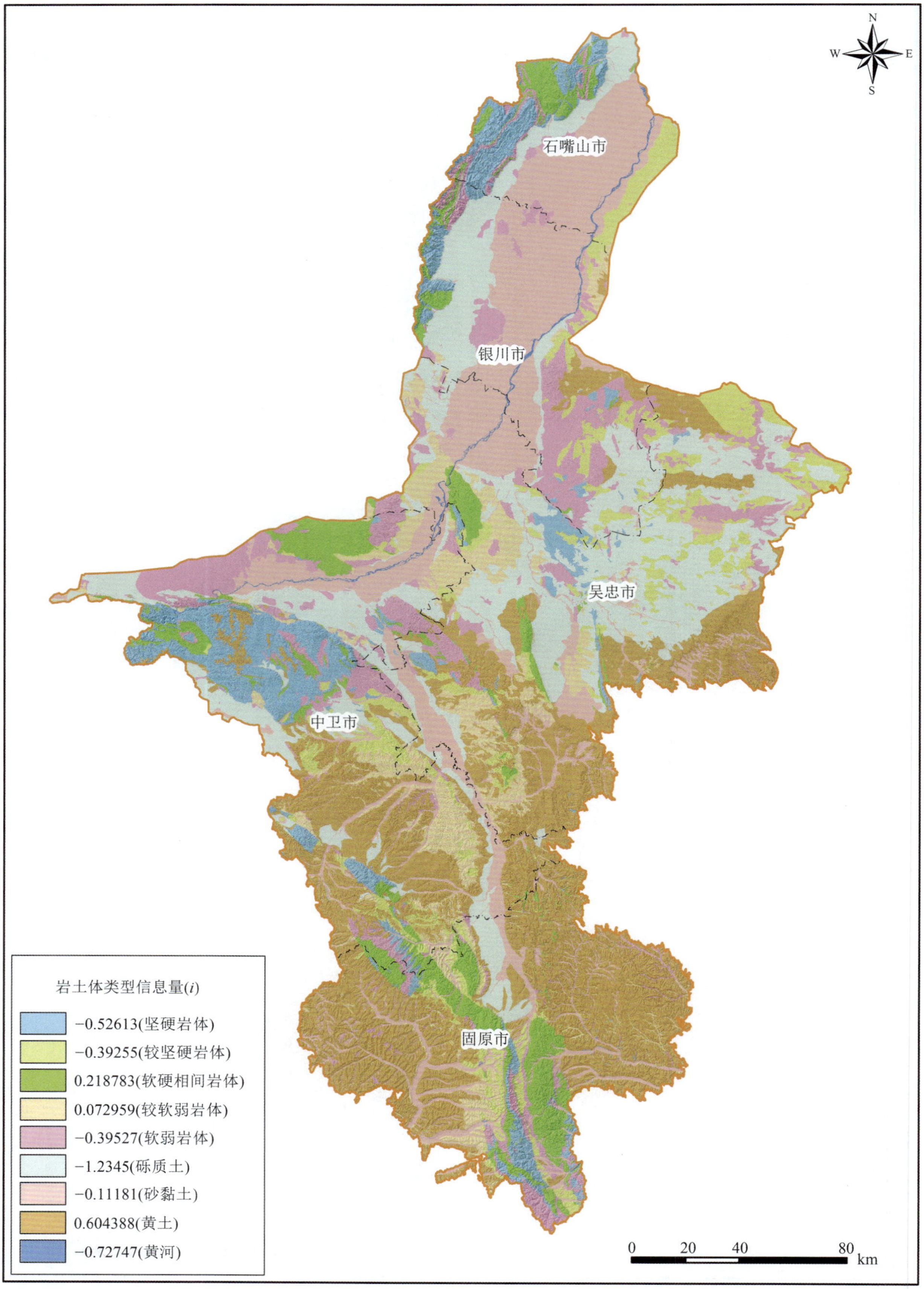

图 7-2　宁夏地质灾害易发性评价因子权重示意图（岩土体）

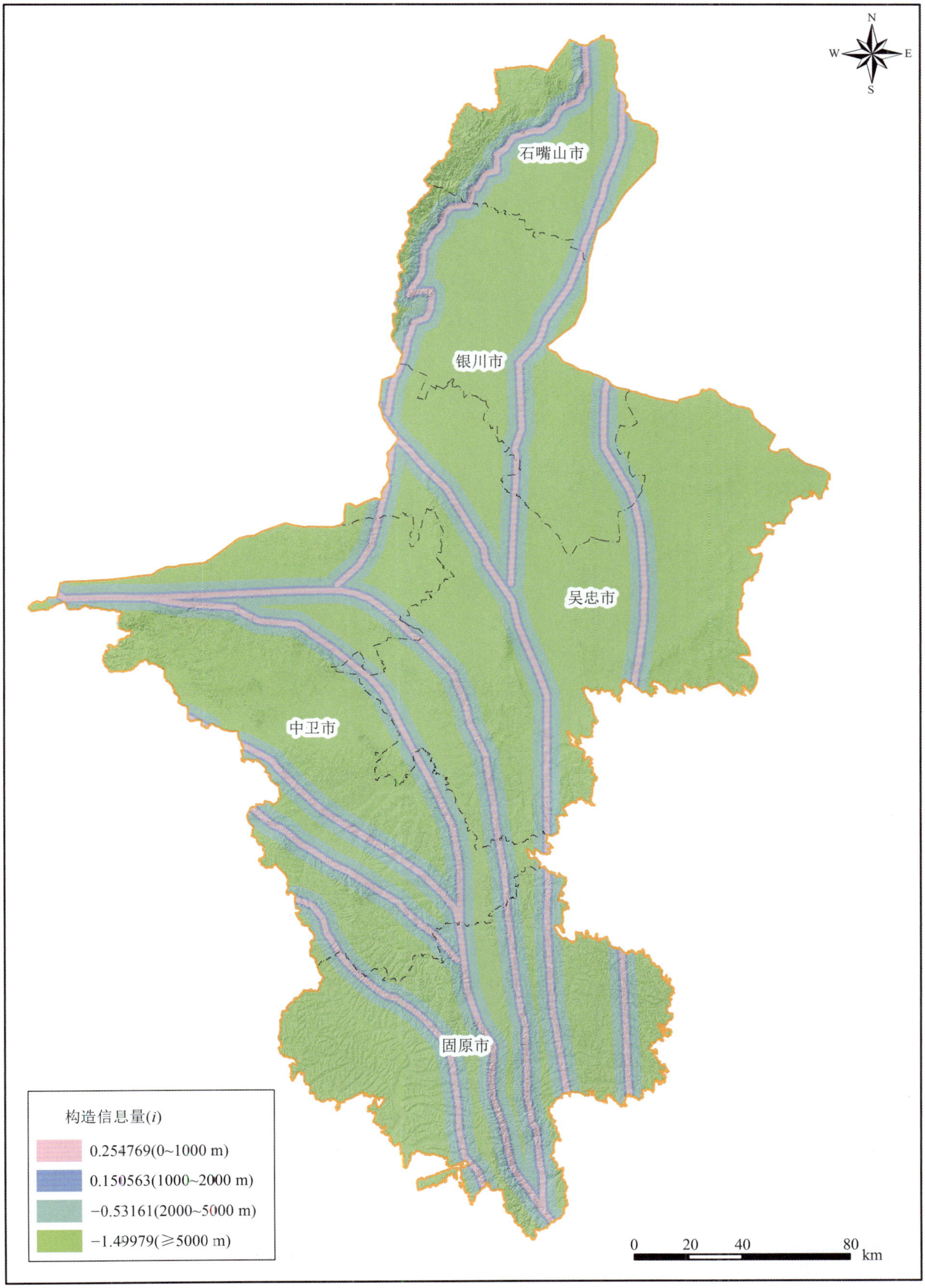

图 7-3 宁夏地质灾害易发性评价因子权重示意图（构造）

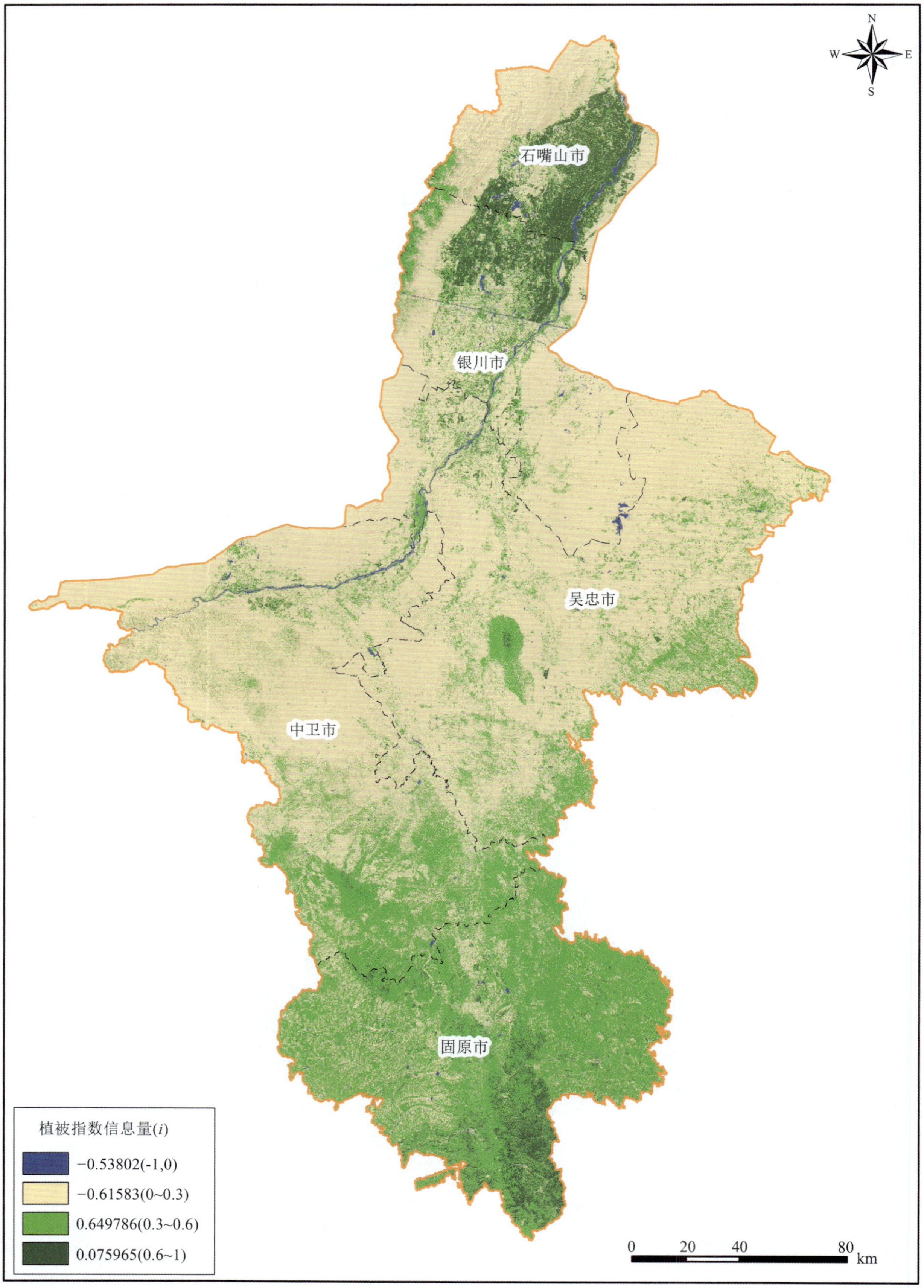

图 7-4　宁夏地质灾害易发性评价因子权重示意图（植被）

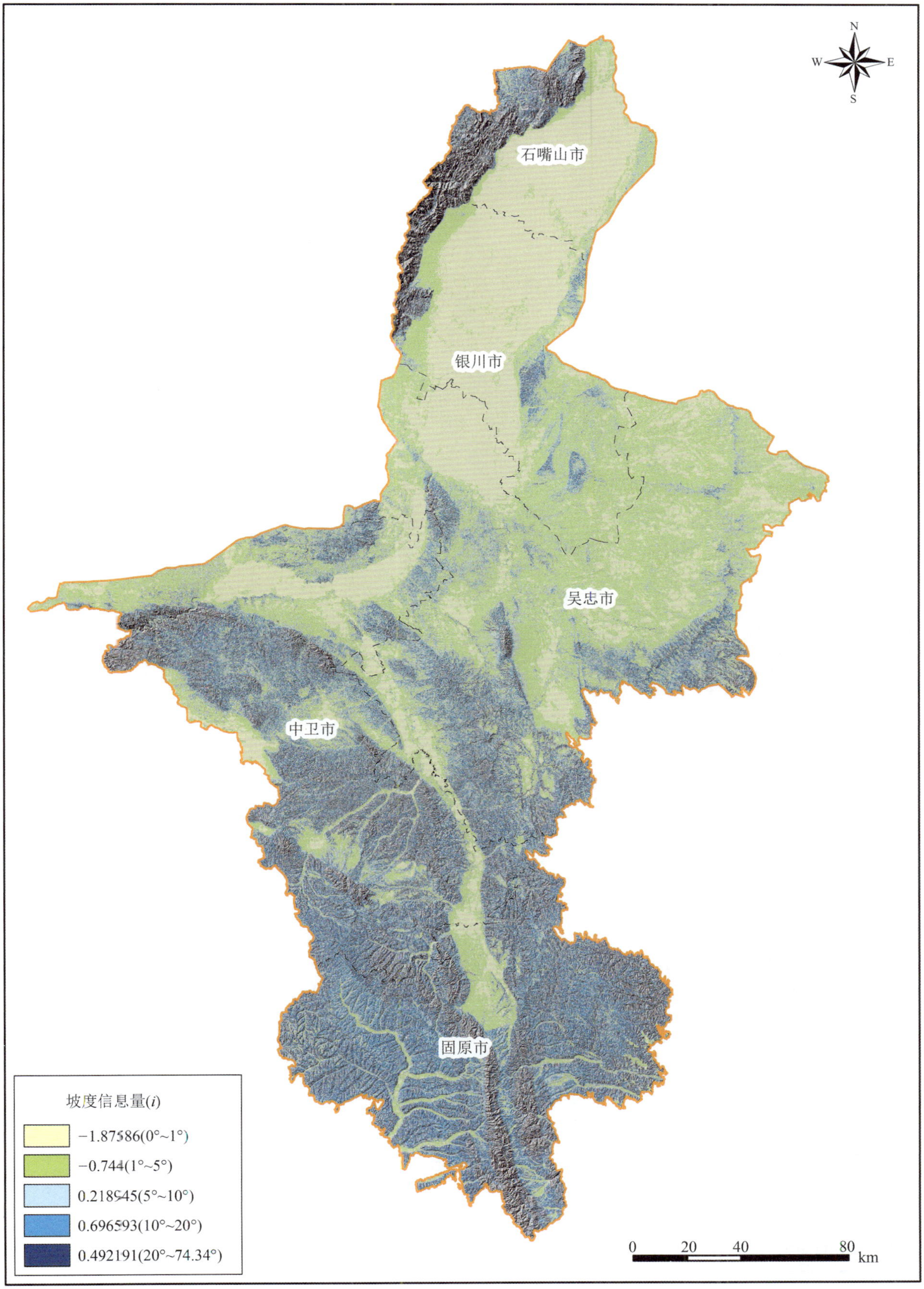

图 7-5　宁夏地质灾害易发性评价因子权重示意图（坡度）

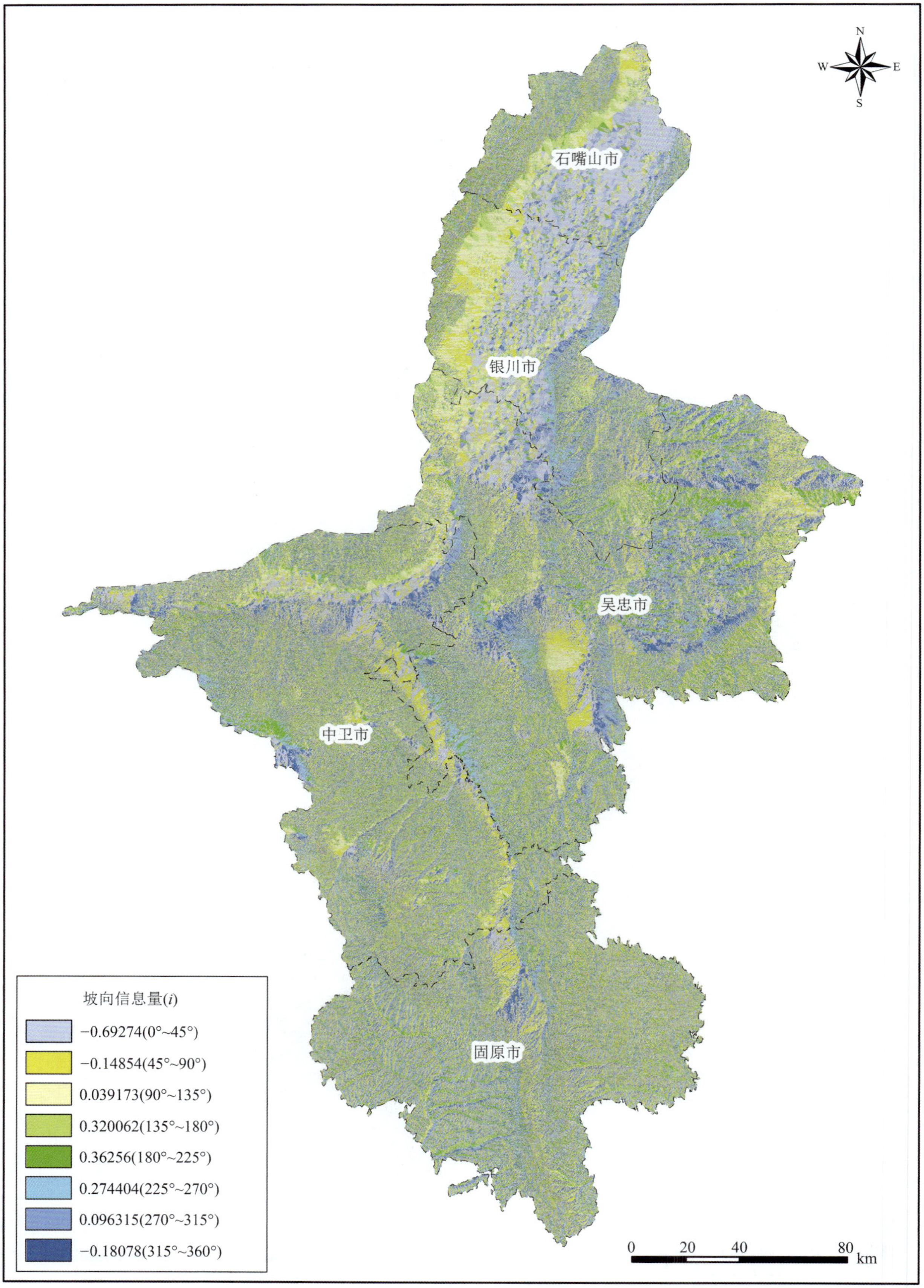

图 7-6　宁夏地质灾害易发性评价因子权重示意图（坡向）

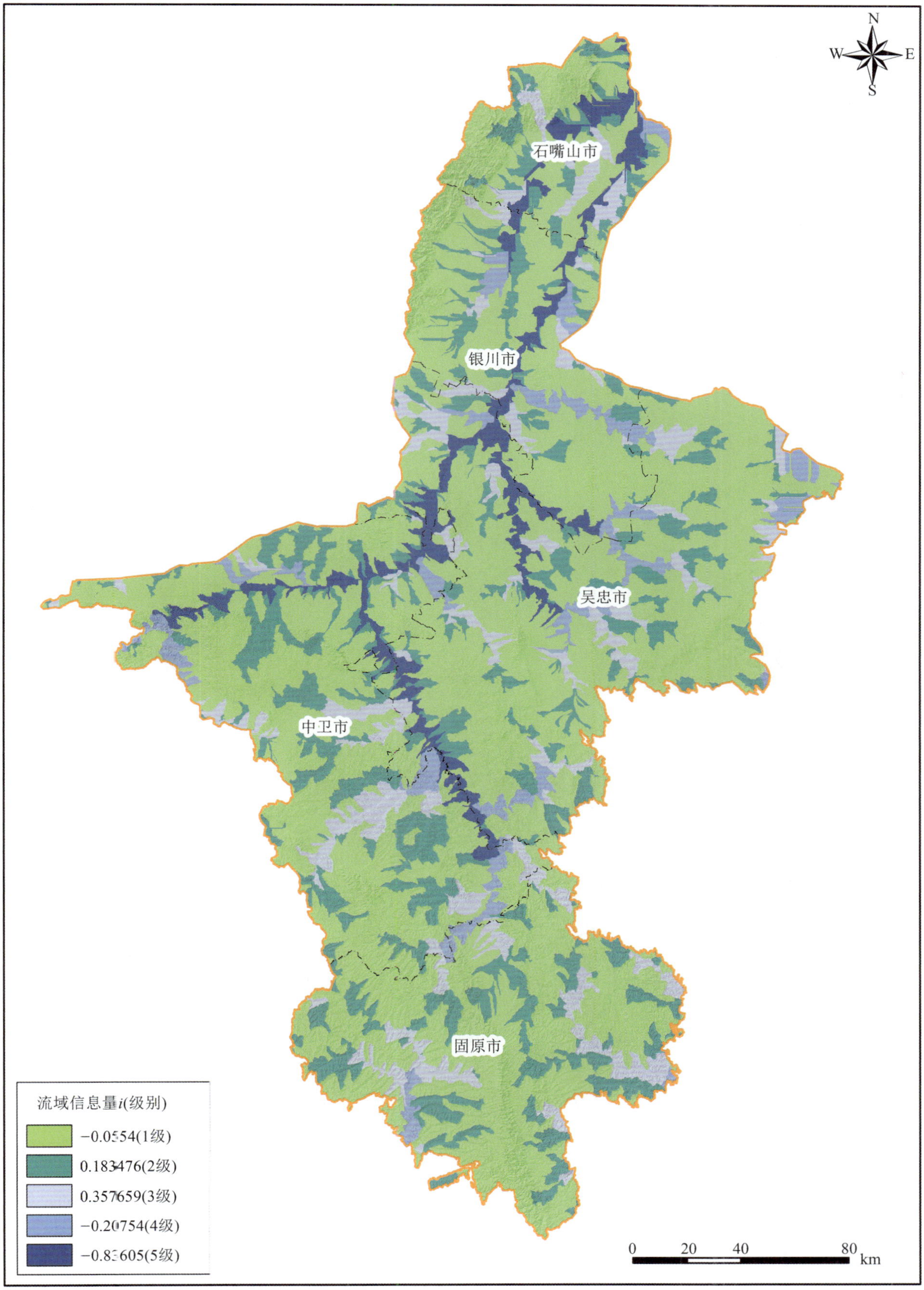

图 7-7　宁夏地质灾害易发性评价因子权重示意图（水系）

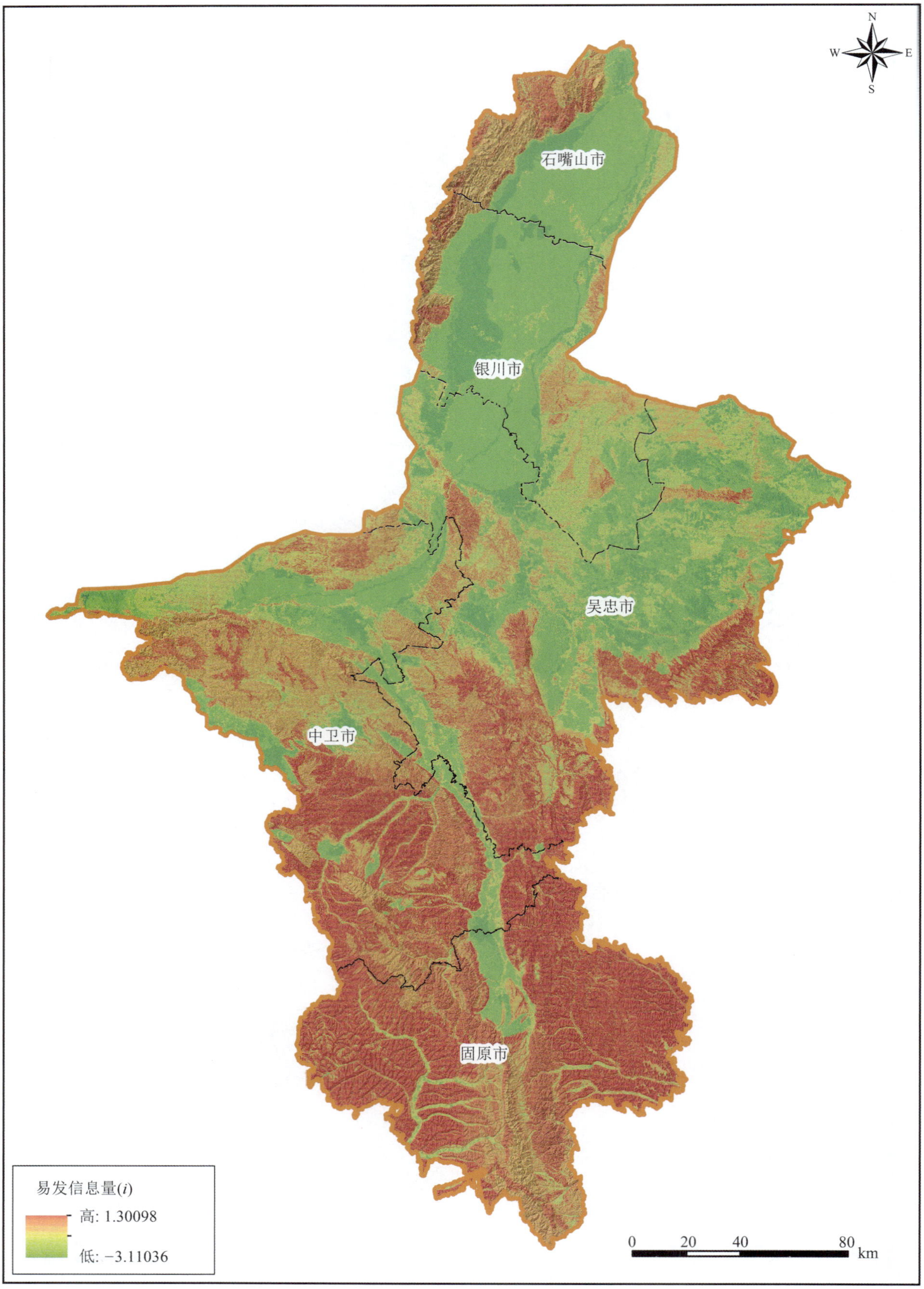

图 7-8　宁夏地质灾害易发性评价结果图

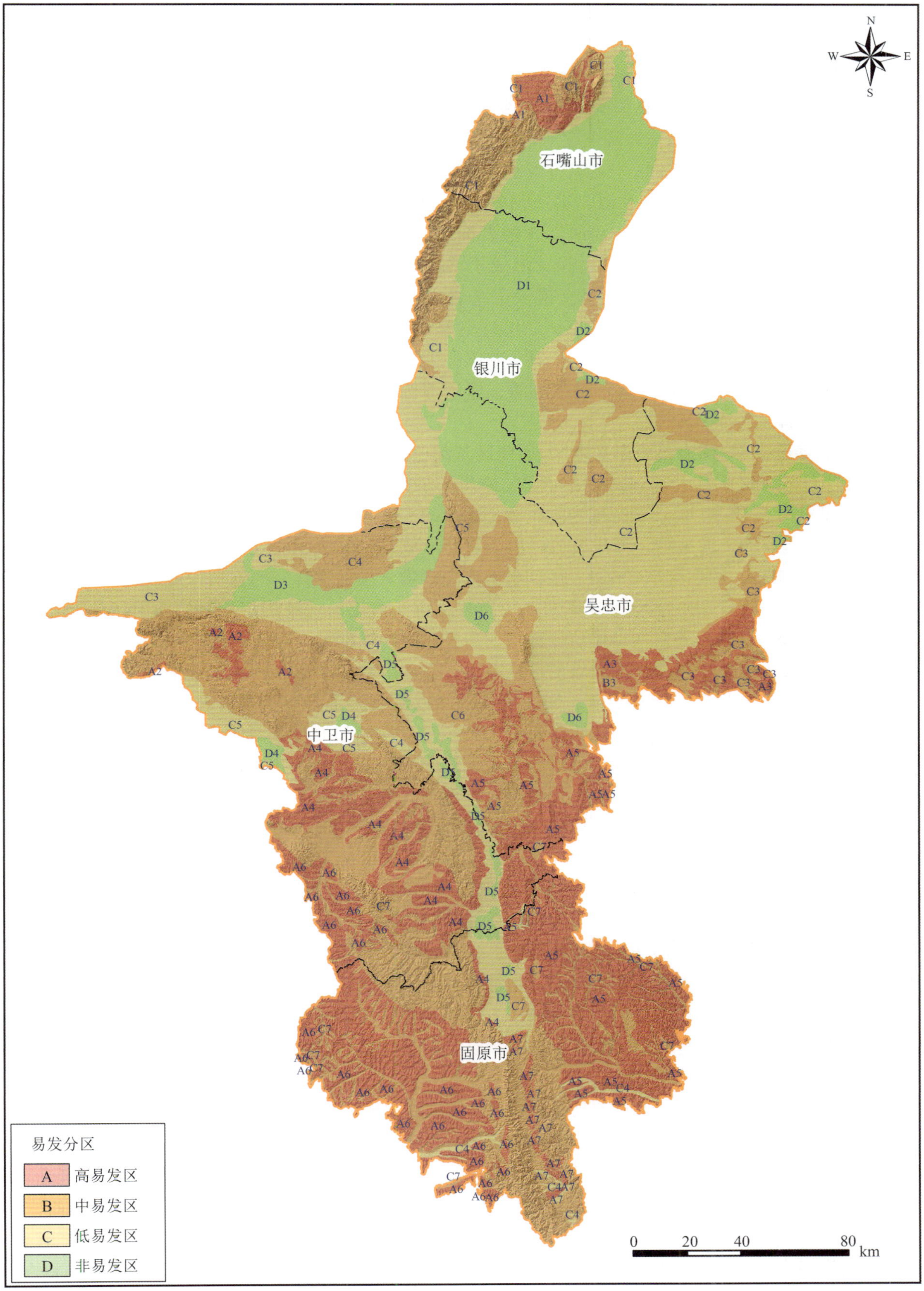

图 7-9 宁夏地质灾害易发性区划图

150 m，黄土堆积厚度多小于30 m，侵蚀强烈，表现为阴坡厚于阳坡。黄土梁呈长条状展布，梁顶较平缓，往往北坡和西北坡较缓，坡度10°~30°；南坡和东南坡较陡，坡度20°~60°。冲沟的横断面近似“V”型，将地表破碎切割，多发育滑坡、崩塌地质灾害。

4. 沙坡头区兴仁镇–海原县关桥乡–九彩乡–同心县西部地区地质灾害高易发区（A4）

分布于沙坡头区兴仁镇至海原县关桥乡–九彩乡至同心县西部地区，面积约1819. 93 km^2。该地区包括陇东黄土高原东北隅–宁夏南部梁峁沟壑区，由古近系—新近系及白垩系红色碎屑岩构成基底，覆于其上的黄土经过清水河、祖历河等河流及其各支流的侵蚀切割和构造运动影响形成。中–晚更新世为区内黄土沉积的主要时期，随着晚更新世–全新世黄土高原的整体隆升，大量的沟谷和水系随之发育，侵蚀切割作用增强，形成了梁峁起伏、沟壑纵横的地貌景观。该地区土质疏松，剥蚀严重，第四系黄土及黄土类土覆盖于基岩之上，厚度小于100 m。该区域内北部兴仁镇、关桥乡一带地形切割较弱，海拔1700 m，相对高差50~100 m，以梁为主，梁峁并存，梁峁顶浑圆，沟谷呈“U”型；中南部的李俊、九彩、红羊一带地形切割强烈，海拔1800~1900 m，相对高差100~150 m，以梁为主，梁峁并存，梁顶平缓，峁顶浑圆，大致呈串珠状分布，沟谷多呈“V”型，往往下切出基岩。

5. 红寺堡区南部–同心县中东部地区–原州区东部–彭阳县地质灾害高易发区（A5）

分布于红寺堡区南部–同心县中东部地区–原州区东部–彭阳县一带，为宁夏中南部清水河以东大片区域，面积约4738. 9 km^2。该区域为陇东黄土高原的一部分，属于黄土丘陵区。区内沟谷发育，多呈“V”型，沟谷的上游地带，沟浅坡缓，沟头三面环梁，中间为低平洼地，形成掌、坪、杖地貌；沟谷中下游切割深，沟底多切入基岩。该区水土流失严重，沟谷发育，沟谷切深最大达130 m，切穿基岩深达30 m，往往下切出古近系、新近系。首先，由于黄土沿古地形沉积时，与下伏地层之间的软弱面稳定性较差，强烈地震活动使这一区域的岩土体力学强度大大降低，孔隙、裂隙增多，致使崩塌、滑坡灾害多发；其次与斜坡前缘坡的坡度有关，受地下水的潜蚀、地表水侧蚀、人类开挖边坡等因素影响，在边坡地带常有伴有滑坡、崩塌发生。区域地质灾害分布主要表现为：红寺堡区新庄集乡、同心县预旺镇、王团镇、马高庄镇、田老庄乡多发育崩塌和泥石流地质灾害，同心县张家塬乡、原州区炭山乡、官厅镇北部、彭阳县河川乡多发育崩塌地质灾害，彭阳县古城镇、白阳镇以南地区多发育滑坡地质灾害，彭阳县东部及北部地区多发育崩塌、滑坡地质灾害。

6. 海原县树台乡–西吉县–隆德县地质灾害高易发区（A6）

分布于海原县西部地区树台乡、关庄乡一带，西吉县大部分地区以及隆德县中西部地区，面积约3124. 61 km^2。该区域地貌类型主要为黄土丘陵区，该区域黄土堆积厚度一般在数十米至百余米，结构疏松，受间歇性抬升运动的影响，沟谷深切，地表水系发育，侵蚀强烈，地形破碎，为滑坡、崩塌、泥石流的形成提供了地形地貌条件。同时，该区域断裂构造较为发育，地震频发，断裂的性质、破碎带宽度、节理裂隙的发育程度及其组合特征等都是影响崩塌、滑坡、泥石流灾害的重要因素。另外该区域内人类工程活动较强烈，一些坡体下方往往有居民居住，坡脚开挖窑洞破坏原应力分布，导致土体垂直节理、裂隙发育，部分坡体呈临空状态，雨季降水沿坡顶、坡面裂隙下渗，形成崩塌地质灾害。

7. 原州区开城镇–泾源县大湾乡至泾河源镇一线地质灾害高易发区（A7）

分布于原州区开城镇以南至泾源县泾河源镇一线地区，面积约176. 12 km^2。该区域呈南北向长条状分布，由下白垩统马东山组泥灰岩、页岩，乃家河组页岩、泥岩，古近系寺口子组砾岩、砂岩与泥岩互层组成。古近系岩层倾向北西，倾角5°~10°，在沟谷切割作用下形成由东向西排列的长缓丘陵地形。一般在沟谷形成早期，以垂直侵蚀作用为主，沟谷两侧崩塌、滑塌频发，但是，由于早期沟谷内人烟稀少，也无重要工程和基础设施，一般不致灾；当河流进入以侧蚀为主的阶段，风化、卸载作用强烈，处于河流侵蚀岸的斜坡易发生滑坡、崩塌等地质灾害；在河流发育成型阶段，自然条件下坡体总体较稳定，在风化和卸载作用下，多形成剥落和局部不稳定，而且这类成型河谷区地形平坦开阔，人口、重要工程和基础设施密集，人类不合理工程活动强烈，诱发地质灾害的可能性大。

（二）地质灾害中易发区（B）

1. 贺兰山地区地质灾害中易发区（B1）

分布于贺兰山地区，面积约 1499.86 km^2。该区域主要为贺兰山构造中低山区，山体主要由前古生界、古生界变质岩、碎屑岩、碳酸盐岩建造组成，大致呈北北东向展布，海拔 1250~3556 m。大部分地区岩层破碎，沟大谷深，山势陡峻，地形坡度大，一般为 30°~60°，部分地段为陡崖，相对高差较大，在 700~1000 m 之间。山地梁脊坳谷相间排列，沟谷为“V”型谷，一些较大的沟谷切深百余米，大致呈近东西向展布。该区域为地质灾害形成区和流通区，由于位于自然保护区核心区，人类工程活动基本停止，无致灾对象，但由于该地区岩层较破碎，易成为泥石流的物源区域。

2. 兴庆区月牙湖乡–灵武市临河镇、马家滩镇–盐池县高沙窝镇、王乐井乡地质灾害中易发区（B2）

分散状分布于兴庆区月牙湖乡东部地区、灵武市临河镇–宁东镇北部地区、灵武市马家滩镇中部地区、盐池县高沙窝镇北部、盐池县王乐井乡中部地区，面积约 1386.79 km^2。该区域主要受地形、地貌条件的控制，多发育泥石流地质灾害。该区域地形相对高差大、山坡坡度陡、沟谷深切，泥石流沟的上游形成区低山环抱，多呈漏斗状、树枝状地形，山低坡缓，岩体破碎，流通区狭窄，沟床纵坡降不大。下游堆积区宽敞或为山前洪积扇，有利于松散物堆积。加之该区域处于Ⅶ度地震烈度区，属于强烈上升区，新构造运动强烈，岩体为软硬相间的碎屑岩，岩石节理、裂隙发育，风化剥蚀作用强烈，沟谷中的松散碎屑物堆积较多，这都为泥石流的发育提供丰富的松散物质来源。

3. 盐池县麻黄山地区–同心县下马关镇地质灾害中易发区（B3）

分布于盐池县麻黄山地区–同心县下马关镇一线地区，面积约 611.54 km^2。该区域为黄土丘陵区，地质灾害中易发区为地形切割不强烈的区域，地形较为平缓。

4. 中宁县北部山区地质灾害中易发区（B4）

分布于中宁县北部余丁乡、石空镇低山分布区域，面积约 819.51 km^2。该区域海拔 1300~1500 m，相对高差 50~200 m，大部分为近东西向分布的梁脊坳谷地形，沟谷、山脊彼此近平行排列，差异风化明显，多由抗风化能力较强的石英砂岩以单斜形式覆于梁顶，构成窄而直的尖棱状山脊。沟谷发育，多为宽浅的“U”型或箱型沟谷，一些较大的沟谷切深 30~80 m，一般深度小于 60 m，自山区向黄河河谷方向展布。该区域多为泥石流的形成区和流通区，泥石流物源主要以崩积物及沟道堆积物的侵蚀、搬运为主；而在坡度相对较小的地段，坡积物厚度较大，在降雨条件下，坡面碎屑易被带入沟内，成为物源形成泥石流。

5. 青铜峡市峡口镇–中宁县白马乡、鸣沙镇–利通区南部地质灾害中易发区（B5）

分布于青青铜峡市峡口镇–中宁县白马乡、鸣沙镇–利通区南部地区，面积约 889.97 km^2。该区域分布于牛首山西麓青铜峡市峡口镇、中宁县白马–鸣沙一线以东地区，受地形地貌、地层岩性的影响，该区域地貌类型为丘陵和山地分布区域，地层岩性由古近系–新近系富含易溶盐的红色泥质岩类构成基底，覆盖薄层第四系砂砾卵石、碎石、块石夹黄土状粉砂土。区域地质构造较发育，岩石较为破碎，易成为泥石流的物源。

6. 红寺堡南部–同心县地质灾害中易发区（B6）

分布于红寺堡南部大河乡–罗山西麓–同心县地区，面积约 2354.57 km^2。该区域内的地质灾害类型以泥石流和崩塌为主，主要威胁农田、道路、居民住房等。

7. 中卫市香山地区–海原县–西吉县–原州区–泾源县地质灾害中易发区（B7）

该区域分布面积广，分布于宁夏中西部大片区域，主要为中卫市香山地区–海原县–西吉县–原州区-泾源县一带，面积约 9809.17 km²。该区域地貌类型以山地和黄土丘陵区为主，地质灾害易发生在山地地形破碎带以及黄土丘陵各沟谷中。

（三）地质灾害低易发区（C）

1. 贺兰山东麓至青铜峡市峡口镇一线地质灾害低易发区（C1）

分布于贺兰山东麓石嘴山段至青铜峡段以及青铜峡市南部峡口镇一带，面积约 1659.17 km²。该区域地形地貌相对比较平缓，地质构造较为复杂，一旦受降雨等诱发因素影响，存在发生地质灾害的可能性。

2. 石嘴山市黄河东部-灵武市东部-盐池县-红寺堡区-同心县东北部地质灾害低易发区（C2）

分布于石嘴山市黄河东部-灵武市东部-盐池县-红寺堡区-同心县东北部地区，面积约 9134.24 km²。该区域地形地貌多以缓坡丘陵为主，地质构造较为复杂，存在发生地质灾害的可能性。

3. 中卫市北部迎水桥地质灾害低易发区（C3）

分布于中卫市北部迎水桥一带，面积约 918.47 km²。该区域地形地貌相对比较平缓，多为沙地和山区。该区域地质灾害以泥石流为主，主要威胁农田、道路等。

4. 中卫市南山台子至清水河一带地质灾害低易发区（C4）

分布于中卫市南山台子至清水河-彭阳县茹河、红河河谷-西吉县、隆德县葫芦河河谷一带，面积约 2263.5 km²。该区域地形地貌多为河谷地带或缓坡丘陵区，但人类工程活动较强烈，存在削坡建房修路等，加之地质构造较为复杂，一旦受降雨等诱发因素影响，存在发生地质灾害的可能性。

5. 中卫市香山地区南部及中宁县喊叫水乡一带地质灾害低易发区（C5）

分布于中卫市香山地区南部盆地及中宁县喊叫水乡一带，面积约 605.77 km²。该区域地形地貌相对比较平缓，地质构造较为复杂，受降雨、地震等诱发因素影响，存在发生地质灾害的可能性。

（四）地质灾害非易发区（D）

宁夏地质灾害非易发区主要包括：

1）银川平原地质灾害非易发区（D1）；

2）灵武市北部-盐池县东部地质灾害非易发区（D2）；

3）卫宁平原地质灾害非易发区（D3）；

4）中卫市兴仁镇-中宁县喊叫水乡盆地地质灾害非易发区（D4）；

5）清水河平原一线地质灾害非易发区（D5）；

6）红寺堡-韦州平原地质灾害非易发区（D6）。

第二节　地质灾害危险性评价

一、地质灾害危险性诱发因子

依据《地质灾害风险调查评价技术要求（1：50000）》（DD 2019—08）之规定，本次工作在易发性评价的基础上，考虑实际降雨、地震、人类工程活动三类诱发因子对地质灾害的影响，以保持与宁夏各市（县、区）划结果一致为原则，在易发图基础上进行诱发要素叠加分析。

1. 降雨

宁夏属于干旱半干旱地区，本次收集的宁夏多年平均降雨量，本次根据自然断点法将区内降雨分为八类：100～200 mm、200～250 mm、250～300 mm、300～400 mm、400～450 mm、450～500 mm、500～600 mm、600～800 mm。信息量计算见图 7-10。

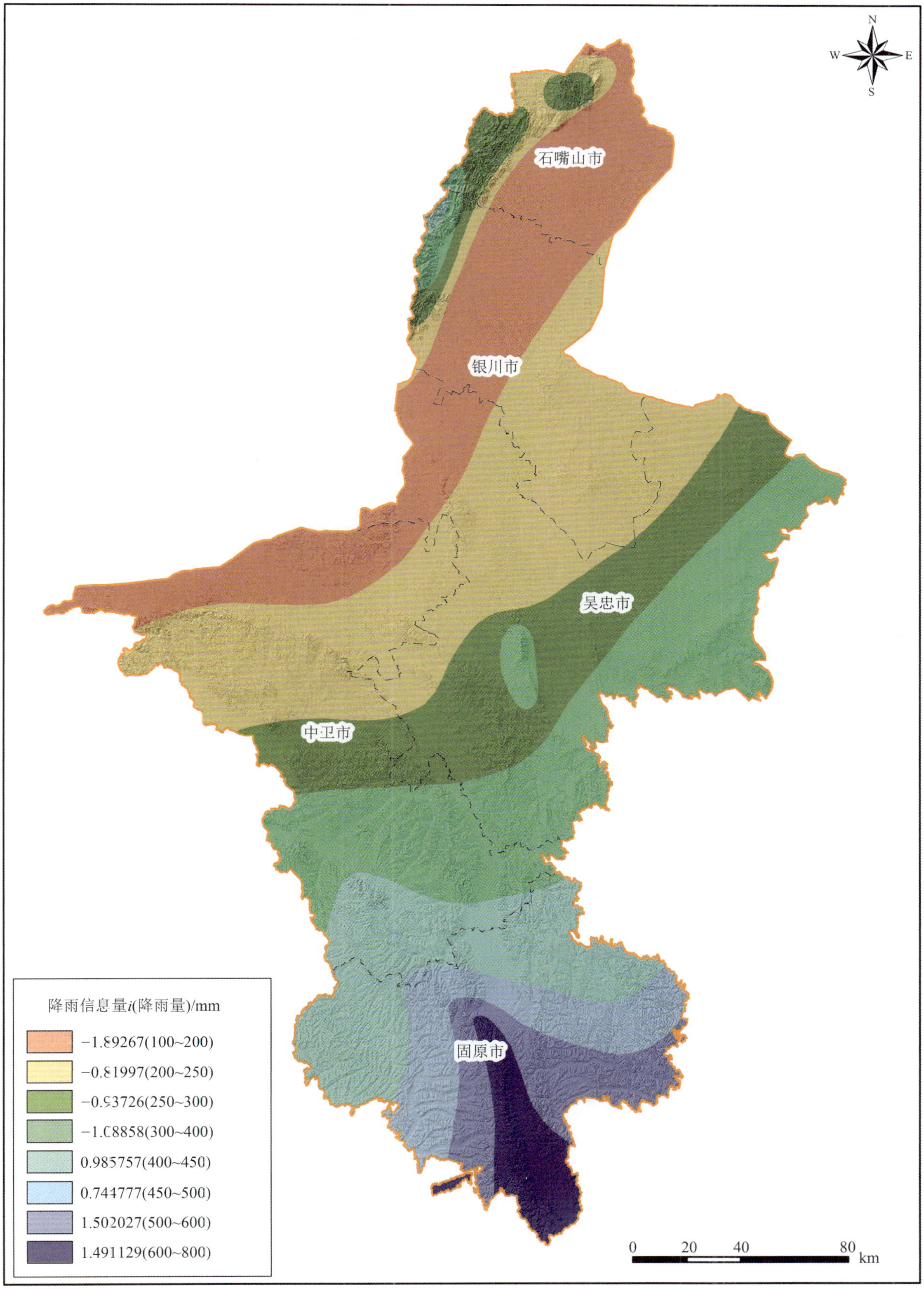
N
W
E
S
石嘴山市
银川市
吴忠市
中卫市
固原市
降雨信息量i(降雨量)/mm
−1.89267(100~200)
−0.81997(200~250)
−0.93726(250~300)
−1.08858(300~400)
0.985757(400~450)
0.744777(450~500)
1.502027(500~600)
1.491129(600~800)
0
20
40
80
km

图 7-10　降雨分区图

2. 地震

根据宁夏最新地震动峰值加速图，进行该区地震因子分类。分类信息量计算见图 7-11。

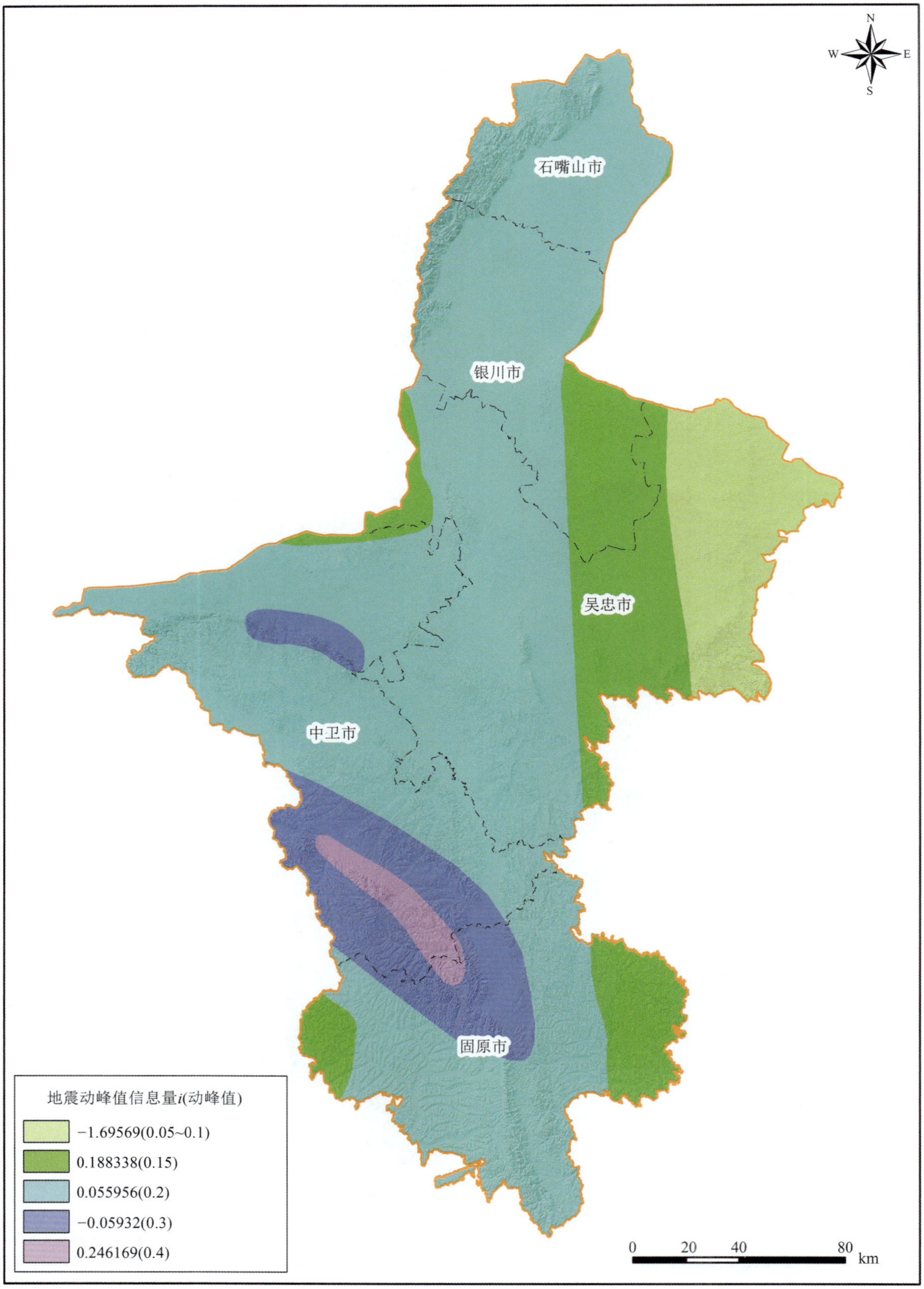

图 7-11　地震信息量图

3. 人类工程活动

人类工程活动主要分为交通和地表建筑物、构筑物，分类结果见图 7-12。

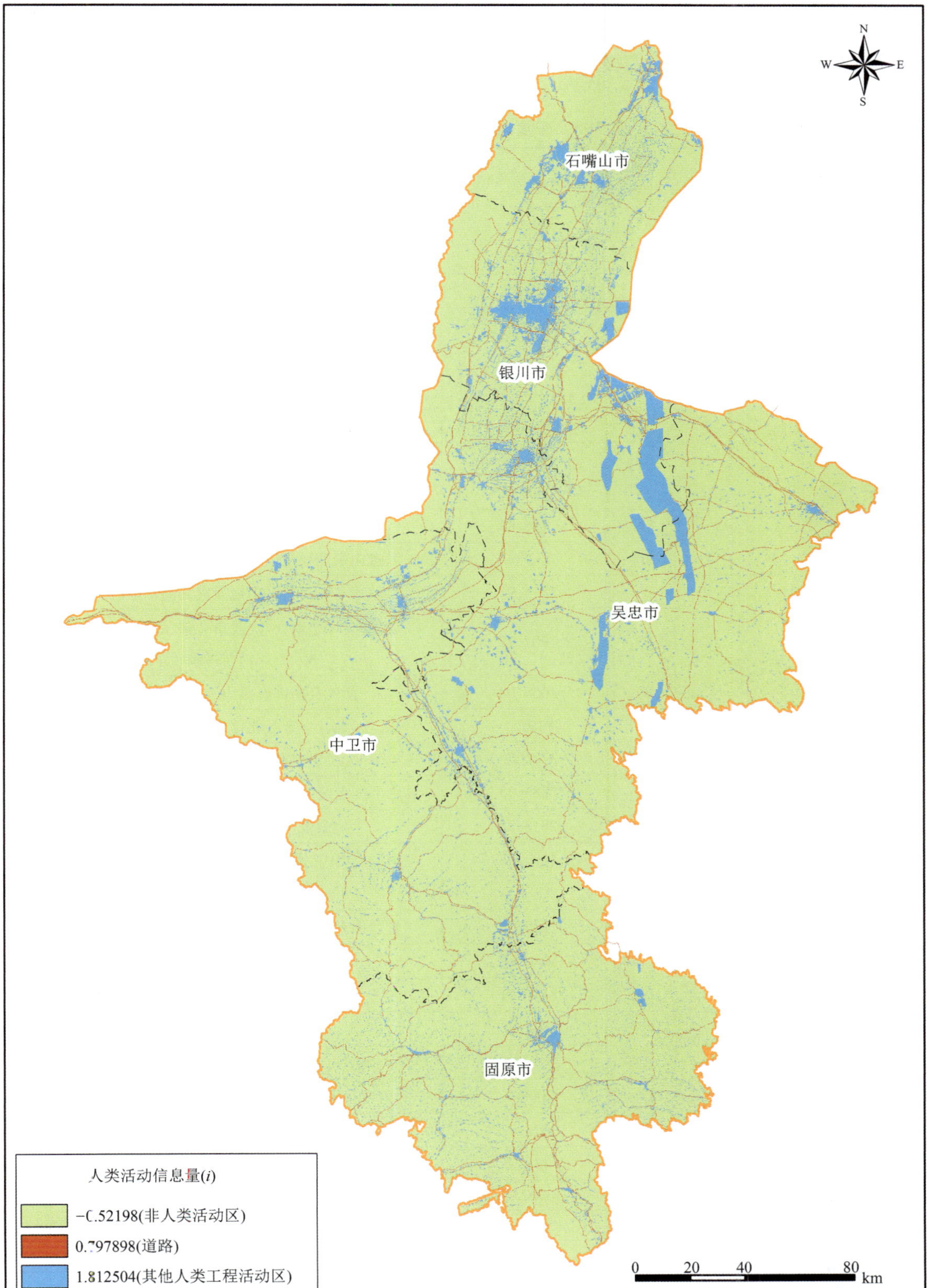

图 7-12　人类活动分布图

二、地质灾害危险性评价分区

在叠加地质灾害易发性评价以及降雨、地震、人类工程活动诱发因子的分析上，宁夏共划分为地质灾害极高危险、高危险、中危险、低危险四级（图 7-13），最终划分出极高危险区、高危险区、中危险区和低危险区，其中地质灾害极高危险区 11 个，高危险区 9 个，中危险区 8 个，低危险区 6 个（图 7-14，表 7-3）。

表 7-3　宁夏地质灾害危险性分区简表

名称	面积/km^2	占全区面积比例/%	分区代号	分布面积/km^2	分区名称
极高危险区	9849.08	18.95	A1	69.57	大武口区白芨沟地质灾害极高危险区
			A2	204.54	中卫市香山地区地质灾害极高危险区
			A3	479.85	盐池县南部麻黄山地区地质灾害极高危险区
			A4	1666.01	同心县中东部地区地质灾害极高危险区
			A5	1263.39	同心县南部-原州区东部-彭阳县西部地质灾害极高危险区
			A6	1914.28	彭阳县东部、南部地区地质灾害极高危险区
			A7	586.27	中宁县南部-海原县北部地区地质灾害极高危险区
			A8	686.35	海原县南部关庄乡至九彩乡一带地质灾害极高危险区
			A9	2599.4	西吉县至隆德县西部地区地质灾害极高危险区
			A10	196.8	清水河西侧一线地质灾害极高危险区
			A11	182.62	六盘山东麓原州区至泾源县一带地质灾害极高危险区
高危险区	18793.44	36.17	B1	1815.91	贺兰山地质灾害高危险区
			B2	1907.77	兴庆区月牙湖乡-灵武市北部、马家滩镇-盐池县王乐井乡、高沙窝镇一带高危险区
			B3	1056.08	盐池县南部麻黄山地区地质灾害高危险区
			B4	819.51	中宁县北部地质灾害高危险区
			B5	885.97	吴忠市利通区南部地质灾害高危险区
			B6	2888.33	吴忠市红寺堡区-同心县-罗山东麓地区地质灾害高危险区
			B7	2818.25	中卫市香山地区地质灾害高危险区
			B8	4287.53	中宁县南部-海原县地质灾害高危险区
			B9	2314.1	六盘山地区地质灾害高危险区
中危险区	14724.28	28.34	C1	1615.22	贺兰山东麓至中宁县渠口农场一线地质灾害中危险区
			C2	441.94	黄河东岸陶灵盐台地地质灾害中危险区
			C3	8170.21	宁夏东部陶灵盐台地-红寺堡地区地质灾害中危险区
			C4	919.99	沙坡头区北部地质灾害中危险区
			C5	759.22	中卫市香山南侧至兴仁一线地质灾害中危险区
			C6	2008.7	中宁县永康镇至清水河沿线一带地质灾害中危险区
			C7	678.7	隆德县渝河-葫芦河流域地质灾害中危险区
			C8	130.3	彭阳县茹河、红河地质灾害中危险区
低危险区	8597.46	16.54	D1	6262.4	银川平原地质灾害低危险区
			D2	579.03	盐池县北部、中东部地区地质灾害低危险区
			D3	1008.66	卫宁平原地质灾害低危险区
			D4	173.71	中卫市兴仁镇-喊叫水盆地地质灾害低危险区
			D5	418.32	清水河平原一线地质灾害低危险区
			D6	155.34	红寺堡-韦州平原地质灾害低危险区

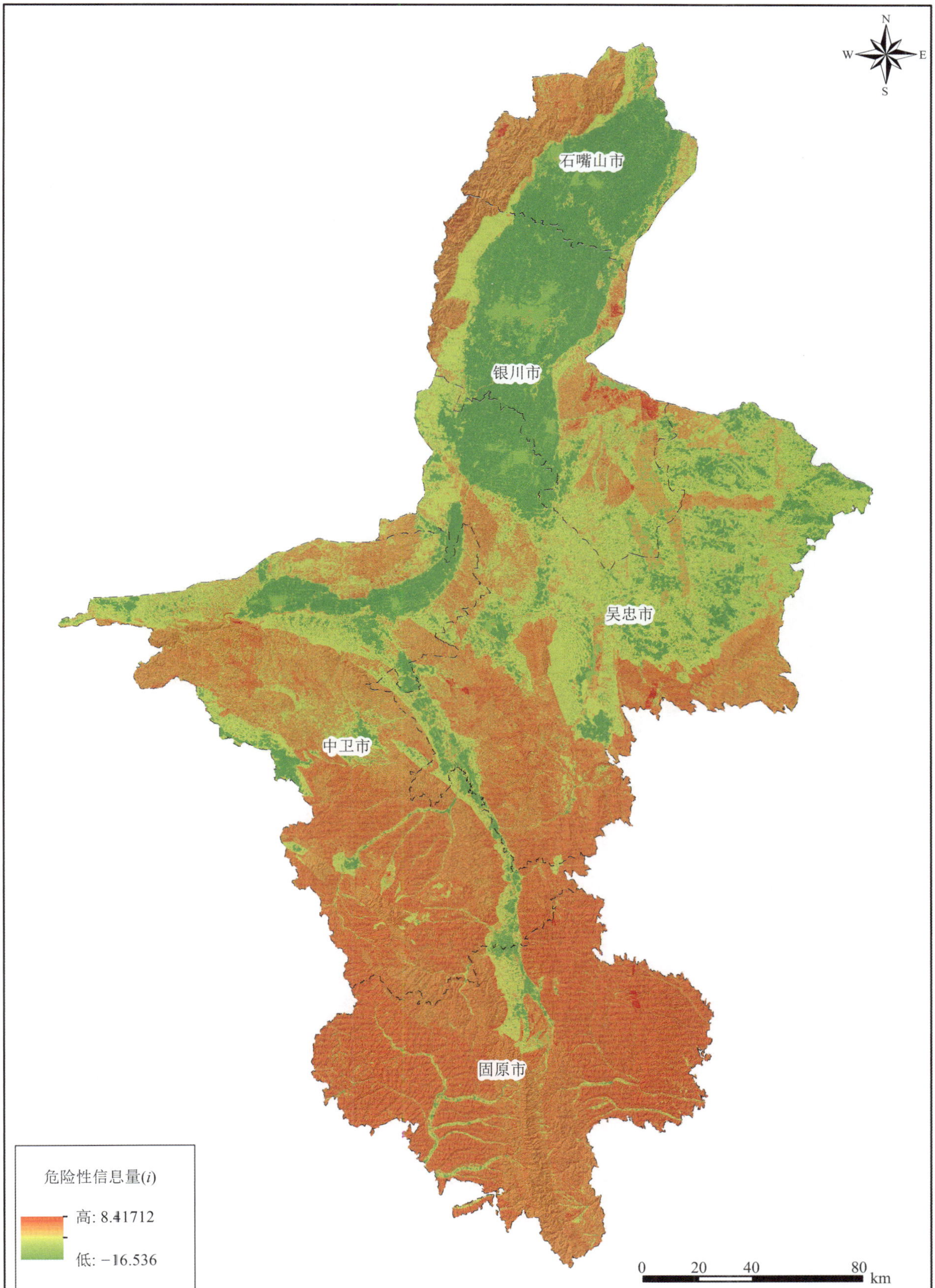

图 7-13　宁夏地质灾害危险性评价结果示意图

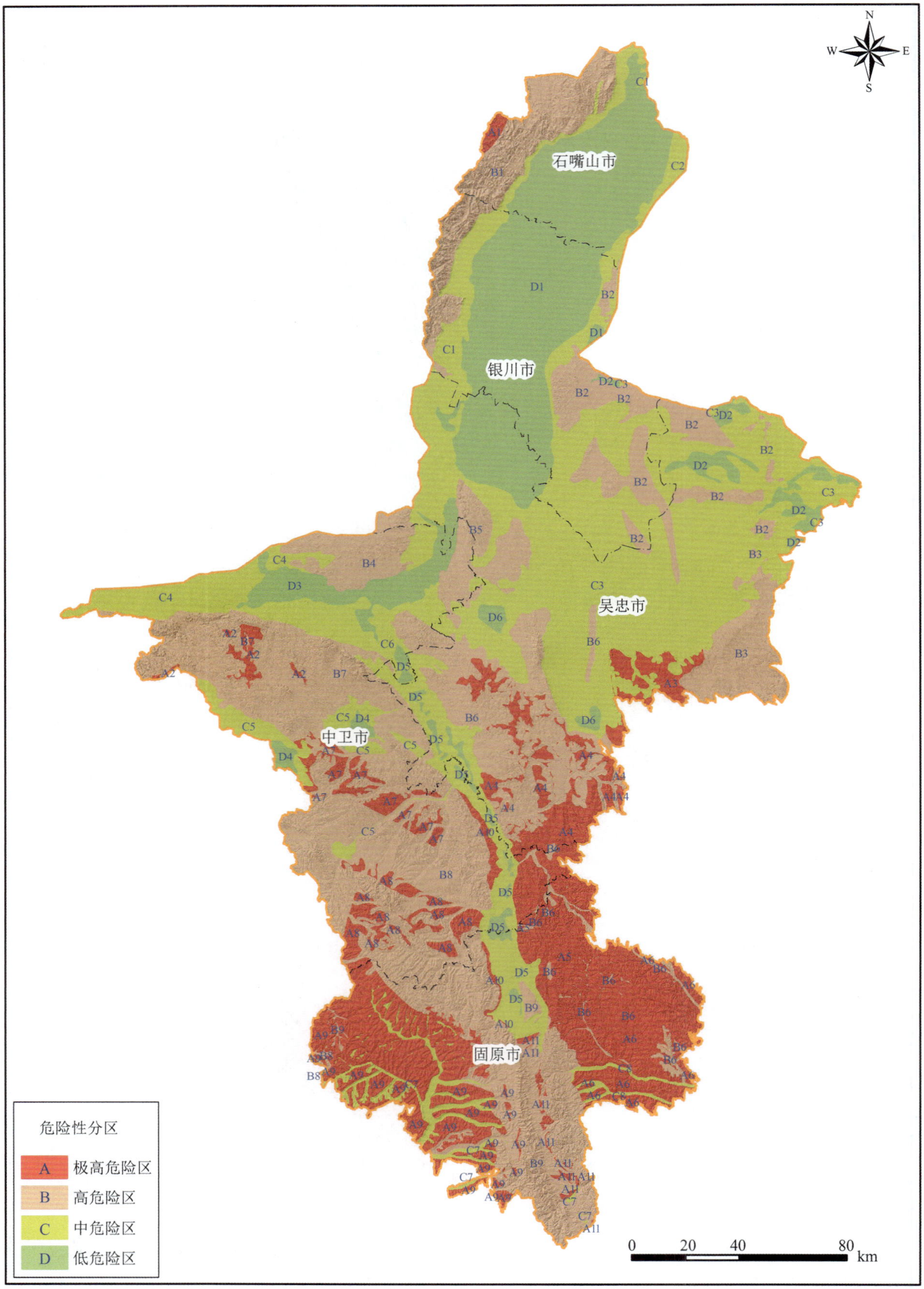

图 7-14 宁夏地质灾害危险性分区图

（一）地质灾害极高危险区（A）

1. 大武口区白芨沟地质灾害极高危险区（A1）

主要分布在石嘴山市大武口区白芨沟一带，总面积约为 69.57 km^2。

2. 中卫市香山地区地质灾害极高危险区（A2）

主要分布在中卫市香山地区黄土丘陵区一带，总面积约为 204.54 km^2。

3. 盐池县南部麻黄山地区地质灾害极高危险区（A3）

主要分布在盐池县南部麻黄山地区，总面积约为 479.85 km^2。

4. 同心县中东部地区地质灾害极高危险区（A4）

主要分布在同心县中东部地区，总面积约为 1666.01 km^2。

5. 同心县南部-原州区东部-彭阳县西部地质灾害极高危险区（A5）

主要分布在同心县南部-原州区东部-彭阳县西部地区，总面积约为 1263.39 km^2。

6. 彭阳县东部、南部地区地质灾害极高危险区（A6）

主要分布在彭阳县东部、南部地区，总面积约为 1914.28 km^2。

7. 中宁县南部-海原县北部地区地质灾害极高危险区（A7）

主要分布在中宁县南部-海原县北部地区，总面积约为 586.27 km^2。

8. 海原县南部关庄乡至九彩乡一带地质灾害极高危险区（A8）

主要分布在海原县南部关庄乡至九彩乡一带，总面积约为 686.35 km^2。

9. 西吉县至隆德县西部地区地质灾害极高危险区（A9）

主要分布在海原县南部关庄乡至九彩乡一带，总面积约为 2599.4 km^2。

10. 清水河西侧一线地质灾害极高危险区（A10）

主要分布在清水河西侧一线，总面积约为 196.8 km^2。

11. 六盘山东麓原州区至泾源县一带地质灾害极高危险区（A11）

主要分布在六盘山东麓原州区至泾源县一带，总面积约为 182.62 km^2。

（二）地质灾害高危险区（B）

1. 贺兰山地质灾害高危险区（B1）

主要分布贺兰山地区，总面积约为 1815.91 km^2。区内共发育 47 处地质灾害，灾害点密度 0.025 处/km^2。

2. 兴庆区月牙湖乡-灵武市北部、马家滩镇-盐池县王乐井乡、高沙窝镇一带高危险区（B2）

主要分布在兴庆区月牙湖乡-灵武市北部、马家滩镇-盐池县王乐井乡、高沙窝镇一带，总面积约为 1907.77 km^2。

3. 盐池县南部麻黄山地区地质灾害高危险区（B3）

主要分布在盐池县南部麻黄山地区，总面积约为 1056.08 km^2。

4. 中宁县北部地质灾害高危险区（B4）

主要分布在中宁县北部卫宁北山地区，总面积约为 819.51 km^2。

5. 吴忠市利通区南部地质灾害高危险区（B5）

主要分布在吴忠市利通区南部牛首山东麓一带，总面积约为 885.97 km^2。

6. 吴忠市红寺堡区-同心县-罗山东麓地区地质灾害高危险区（B6）

主要分布在吴忠市红寺堡区-同心县-罗山东麓地区，总面积约为 2888.33 km^2。

7. 中卫市香山地区地质灾害高危险区（B7）

主要分布在中卫市香山地区，总面积约为 2818.25 km^2。

8. 中宁县南部-海原县地质灾害高危险区（B8）

主要分布在中宁县南部-海原县黄黄土丘陵区，总面积约为 4287.53 km^2。

9. 六盘山地区地质灾害高危险区（B9）

主要分布在六盘山地区至清水河一带，总面积约为 2314.1 km^2。

第三节　地质灾害风险评价

地质灾害风险评价是将危险性和易损性评价结果叠加运算，采用矩阵分析方法，确定地质灾害风险评价区划结果。

一、地质灾害易损性评价

地质灾害的威胁对象主要包括：长城、高速公路、国道、省道、县道、高铁、铁路、城市、村庄、风景名胜、机场用地、建制镇、农用设施等。通过野外调查、遥感影像和土地确权数据，划定影响区内的威胁对象。利用 ArcGIS 的矢量计算得到建筑面积、风景区面积以及不同等级公路长度，并对宁夏境内威胁对象进行易损性赋值。依据《地质灾害风险调查评价技术要求（1：50000）》，宁夏地质灾害风险普查区承灾体易损性赋值见表 7-4。

通过易损性赋值，对宁夏区内地质灾害影响范围内的承灾体易损性进行评价（图 7-15），将宁夏承灾体易损性分为极高易损、高易损、中易损和低易损四类（图 7-16）。

表 7-4　宁夏承灾体易损性赋值表

承灾体类型	分级	赋值
受威胁人口	>100 人	1
	30~100 人	0.8
	10~30 人	0.5
	<10	0.3
受威胁房屋	农村房屋	0.5
	城镇房屋	0.3
	县城房屋	0.2
受威胁交通设施	高铁	0.9
	铁路	0.6
	高速公路	0.8
	国道	0.8
	省道	0.5
	一般道路	0.3
其他	风景名胜	0.8
	长城	0.9
	采矿	0.2
	农用设施	0.2

二、地质灾害风险评价

依据《地质灾害风险调查评价技术要求（1：50000）》，参照表 7-5，将宁夏划分为地质灾害极高风险、高风险、中风险及低风险（不易发区直接认定为低风险区），评价结果见图 7-17，其中地质灾害极高风险区 12 个，高风险区 13 个，中风险区 15 个，低风险区 9 个（图 7-18，表 7-6）。

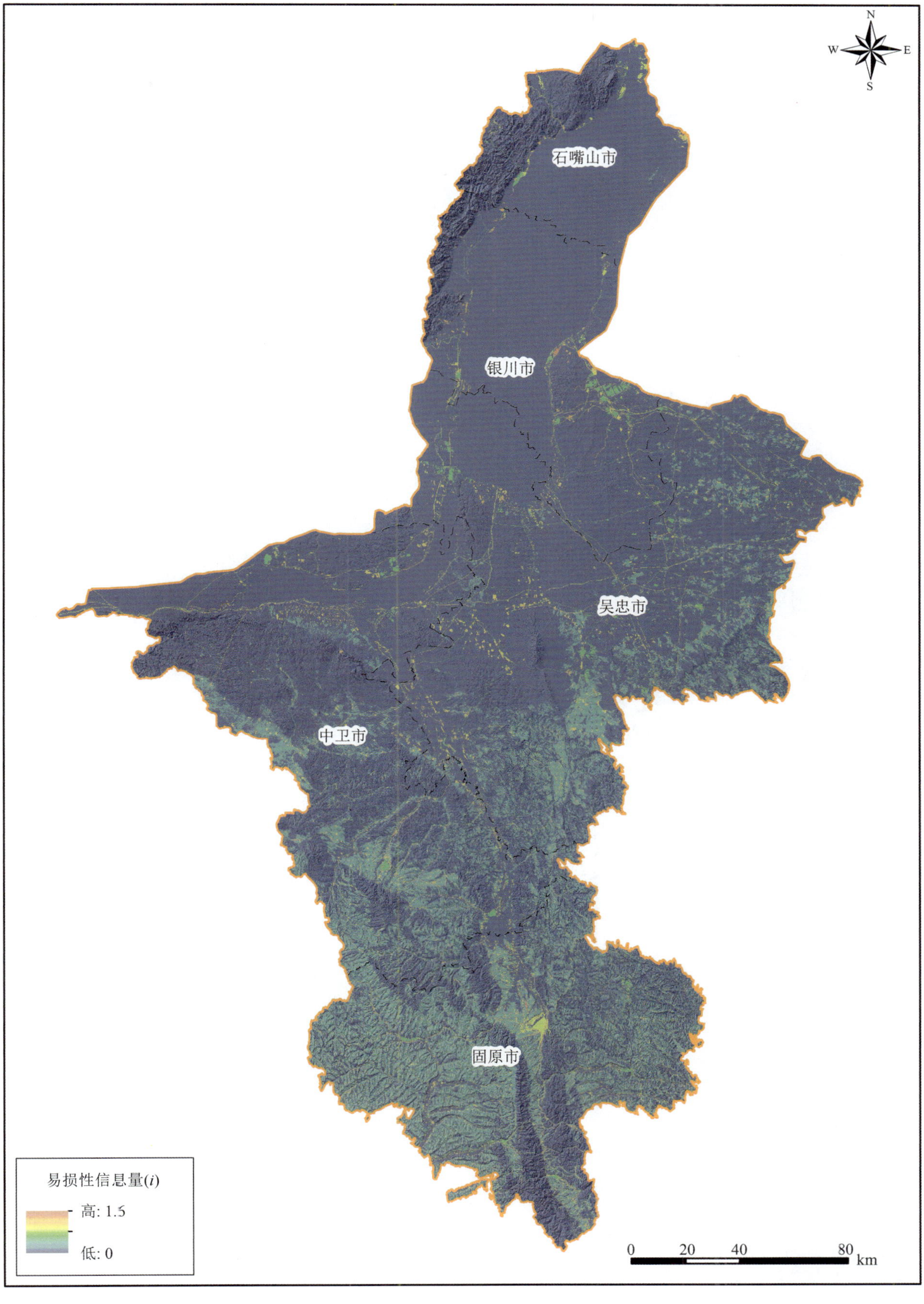

图 7-15 宁夏地质灾害易损性结果图

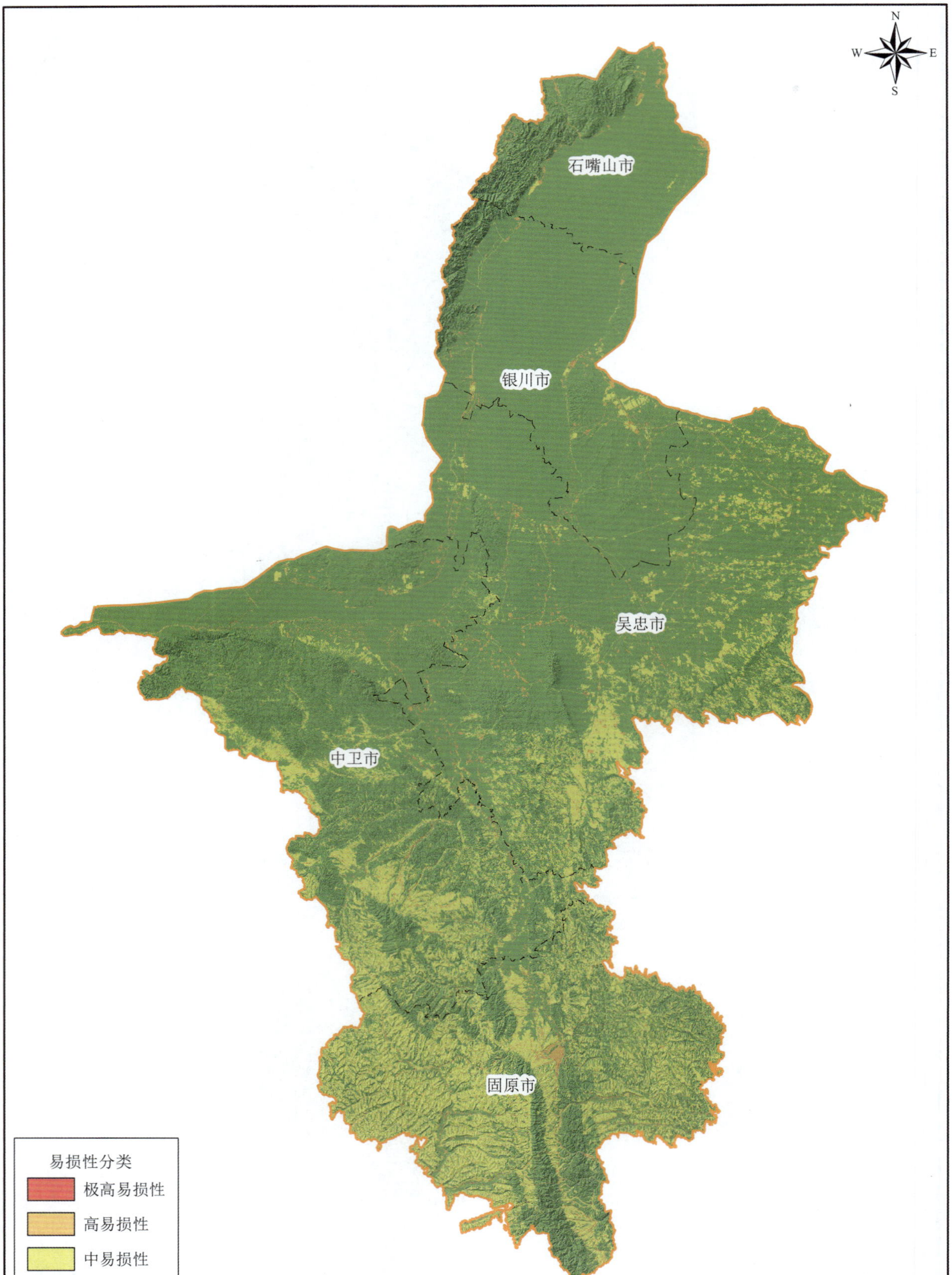

图 7-16　宁夏地质灾害易损性分区图

图 7-17　宁夏地质灾害风险评价结果图

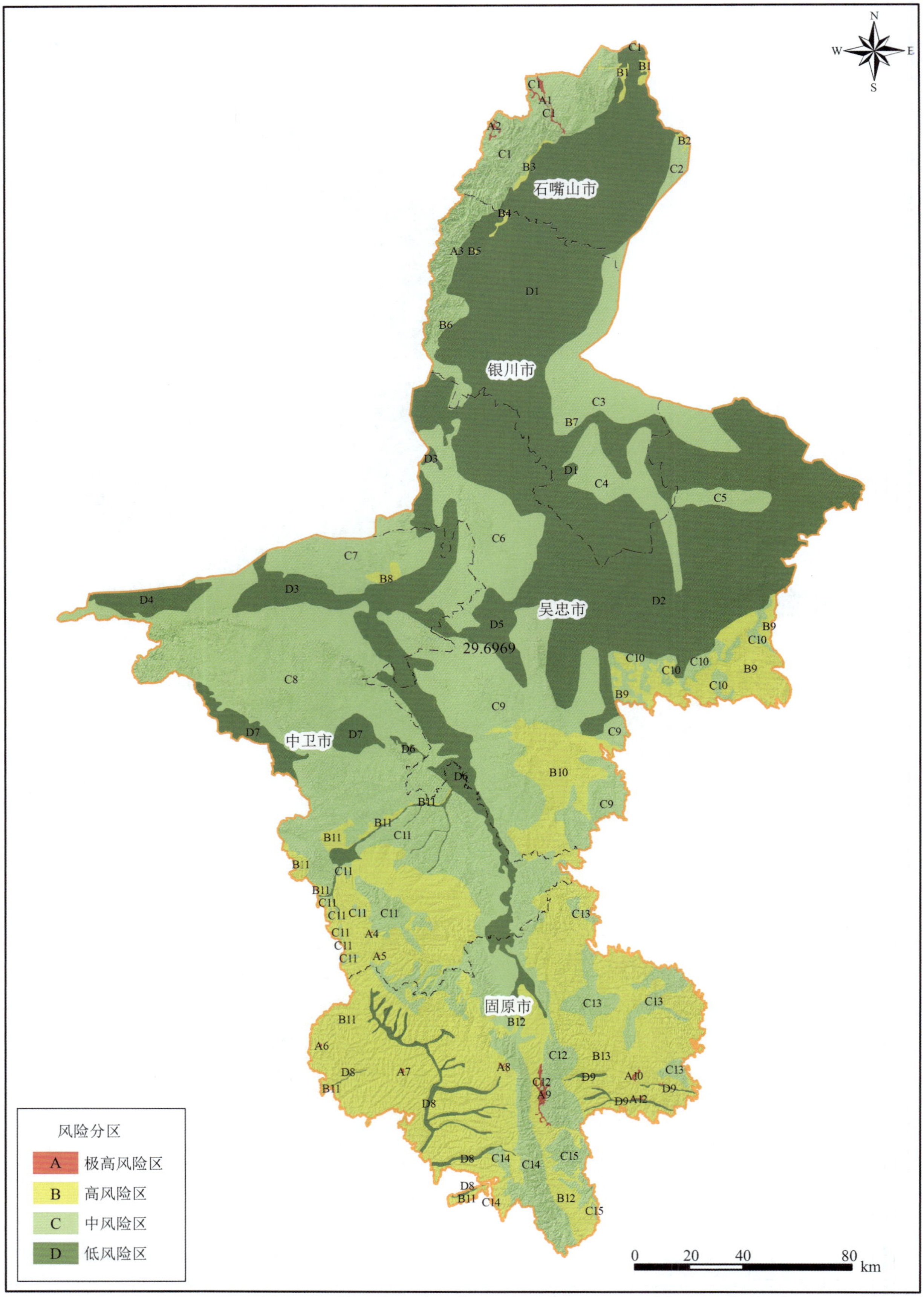

图 7-18　宁夏地质灾害风险性区划图

表 7-5　地质灾害风险等级划分表

易损性	危险性			
	极高	高	中	低
极高	极高	极高	高	中
高	极高	高	中	中
中	高	高	中	低
低	高	中	低	低

表 7-6　宁夏地质灾害风险性分区表

名称	面积/km²	占全区面积比例/%	分区代号	分布面积/km²	分区名称
极高风险区	83.63	0.16	A1	24.21	石嘴山市汝箕沟地质灾害极高风险区
			A2	9.60	石嘴山市白芨沟地质灾害极高风险区
			A3	0.42	贺兰山拜寺口沟地质灾害极高风险区
			A4	0.85	海原县红羊乡地质灾害极高风险区
			A5	0.65	海原县红羊乡地质灾害极高风险区
			A6	0.85	西吉县马建乡地质灾害极高风险区
			A7	1.62	西吉县西滩乡地质灾害极高风险区
			A8	2.82	原州区开城镇地质灾害极高风险区
			A9	35.26	原州区开城镇-泾源县六盘山镇一带地质灾害极高风险区
			A10	4.20	彭阳县白阳镇地质灾害极高风险区
			A11	0.96	彭阳县红河镇地质灾害极高风险区
			A12	2.19	彭阳县城阳乡地质灾害极高风险区
高风险区	11366.43	21.87	B1	60.37	石嘴山市北部地区地质灾害高风险区
			B2	16.51	石嘴山市红崖子地区地质灾害高风险区
			B3	27.33	贺兰山山前平罗段地质灾害高风险区
			B4	15.51	贺兰山插旗口沟地质灾害高风险区
			B5	2.52	贺兰山苏峪口、贺兰沟地质灾害高风险区
			B6	3.20	灵武市石坡梁地质灾害高风险区
			B7	5.19	中宁县石空镇地质灾害高风险区
			B8	52.70	盐池县麻黄山地区地质灾害高风险区
			B9	1008.70	罗山地区地质灾害高风险区
			B10	1088.16	海原县红羊乡地质灾害级高风险区
			B11	5561.49	海原县红羊乡-西吉县-隆德县风岭乡、彭堡乡地质灾害高风险区
			B12	673.45	原州区开城镇-泾源县新民乡一线地质灾害高风险区
			B13	2851.30	原州区-彭阳县-泾源县一带地质灾害高风险区
中风险区	21640.55	41.65	C1	2037.60	贺兰山地区地质灾害中风险区
			C2	123.13	黄河东岸石嘴山段地质灾害中风险区
			C3	1378.29	兴庆区月牙湖乡-临河镇-宁东能源化工基地地质灾害中风险区
			C4	735.25	宁东枣泉煤矿至鸳鸯湖矿区
			C5	244.20	盐池县王乐井乡地质灾害中风险区
			C6	1665.67	牛首山一带地质灾害中风险区
			C7	1028.58	中宁县北部卫宁北山地区地贡灾害中风险区

续表

名称	面积/km^2	占全区面积比例/%	分区代号	分布面积/km^2	分区名称
中风险区	21640.55	41.65	C8	5757.61	中卫市香山地区地质灾害中风险区
			C9	3339.58	同心县马高庄乡至张家塬乡一带地质灾害中风险区
			C10	431.86	盐池县麻黄山地区地质灾害中风险区
			C11	2372.16	南华山至西华山一带地质灾害中风险区
			C12	873.00	原州区炭山乡至彭阳县新集乡一带地质灾害中风险区
			C13	611.69	彭阳县北部交岔乡至小岔乡地质灾害中风险区
			C14	787.08	六盘山地区地质灾害中风险区
			C15	254.85	泾源县黄花乡一带地质灾害中风险区
低风险区	18873.65	36.32	D1	7160.46	银川平原地质灾害低风险区
			D2	7433.70	宁东及盐池县地质灾害低风险区
			D3	1277.84	卫宁平原地质灾害低风险区
			D4	342.48	中卫市迎水桥地区地质灾害低风险区
			D5	395.22	红寺堡区地质灾害低风险区
			D6	1365.69	清水河平原区地质灾害低风险区
			D7	518.06	香山南麓至中宁县喊叫水盆地地质灾害低风险区
			D8	317.35	葫芦河流域地质灾害低风险区
			D9	62.85	彭阳县茹河、红河流域地质灾害低风险区

第八章　地质灾害风险管控建议

为确定地质灾害防治重点，明确地质灾害防治工作任务，充分考虑经济社会发展规划，结合地质灾害可能造成的人员伤亡及经济损失等因素，根据地质灾害风险性评价结果，将宁夏全境划分为重点防治区、次重点防治区和一般防治区三个级别，根据分区结果分别建议采取不同的管控措施。

第一节　防治分区原则及方法

1）依据地质风险性分区结果，充分考虑当地经济与社会发展规划，结合地质灾害可能造成的人员伤亡及经济损失等因素进行综合分析，划分地质灾害防治区。

2）坚持以人为本的原则，围绕人口分布密度、人类活动场所、人类活动强度及城乡建设规划等进行防治分区。

3）定性评价分区为主，统筹兼顾，重点突出的原则。

第二节　防治分区结果

根据宁夏地质灾害风险性评价结果将宁夏划分为重点防治区、次重点防治区和一般防治区。其中，重点防治区主要为风险性评价等级为极高风险性及高风险性，次重点防治区为风险性评价等级为中风险性区，一般防治区为风险性等级为低风险性区，具体见表 8-1 与图 8-1。

表 8-1　宁夏地质灾害防治分区表

名称	面积/km^2	占全区面积比例/%	分区代号	分布面积/km^2	分区名称
重点防治区	11450.08	22.03	Ⅰ1	60.36	石嘴山市北部道路沟及山前地带重点防治区
			Ⅰ2	16.51	石嘴山市红崖子工业园区地质灾害重点防治区
			Ⅰ3	24.21	石嘴山市汝箕沟地质灾害重点防治区
			Ⅰ4	9.6	石嘴山市白芨沟地质灾害重点防治区
			Ⅰ5	27.34	贺兰山山前平罗段地质灾害重点防治区
			Ⅰ6	18.45	贺兰山苏峪口、贺兰沟、插旗口沟地质灾害重点防治区
			Ⅰ7	3.2	贺兰山山前榆树沟地质灾害重点防治区
			Ⅰ8	5.19	灵武市石坡梁地质灾害重点防治区
			Ⅰ9	52.7	中宁县石空镇北部地质灾害重点防治区
			Ⅰ10	1008.71	盐池县麻黄山地区地质灾害重点防治区
			Ⅰ11	1088.16	同心县下马关镇至张家塬乡一带地质灾害重点防治区
			Ⅰ12	2858.65	原州区-彭阳县-泾源县一带地质灾害重点防治区
			Ⅰ13	691.96	原州区开城镇-泾源县新民乡一线地质灾害重点防治区
			Ⅰ14	5585.04	海原县红羊乡-西吉县-隆德县风岭乡、彭堡乡地质灾害重点防治区

续表

名称	面积/km²	占全区面积比例/%	分区代号	分布面积/km²	分区名称
次重点防治区	21640.53	41.65	Ⅱ1	2037.61	贺兰山山区地质灾害次重点防治区
			Ⅱ2	123.13	黄河东岸石嘴山段地质灾害次重点防治区
			Ⅱ3	1378.29	兴庆区月牙湖乡-临河镇-宁东能源化工基地地质灾害次重点防治区
			Ⅱ4	979.45	宁东枣泉煤矿至鸳鸯湖矿区-盐池县王乐井乡地质灾害次重点防治区
			Ⅱ5	431.86	盐池县麻黄山地区地质灾害次重点防治区
			Ⅱ6	1028.58	中宁县北部卫宁北山地区地质灾害次重点防治区
			Ⅱ7	1665.67	牛首山一带地质灾害次重点防治区
			Ⅱ8	5757.61	中卫市香山地区地质灾害次重点防治区
			Ⅱ9	3338.95	罗山一带地质灾害次重点防治区
			Ⅱ10	2372.16	海原县曹洼乡至九彩乡-原州区黄铎堡镇一带地质灾害次重点防治区
			Ⅱ11	1740.15	原州区-彭阳县-泾源县一带地质灾害次重点防治区
			Ⅱ12	787.07	原州区开城镇-泾源县新民乡一线地质灾害次重点防治区
一般防治区	18873.65	36.32	Ⅲ1	7175.79	银川平原地质灾害一般防治区
			Ⅲ2	7419.35	宁东及盐池台地地质灾害一般防治区
			Ⅲ3	342.48	中卫市迎水桥镇一带地质灾害一般防治区
			Ⅲ4	1269.58	卫宁平原地质灾害一般防治区
			Ⅲ5	394.25	红寺堡平原区地质灾害一般防治区
			Ⅲ6	1343.98	清水河平原地质灾害一般防治区
			Ⅲ7	548.02	香山南麓及中宁县喊叫水盆地地质灾害一般防治区
			Ⅲ8	317.36	葫芦河流域地质灾害一般防治区
			Ⅲ9	62.84	彭阳县茹河、红河流域地质灾害一般防治区

重点防治区面积约11450.08 km²，占宁夏面积的22.03%，地质灾害较发育，根据地质灾害隐患险情等级大小确定防治措施。对于险情等级较大的，且地质风险较高的，应采取搬迁避让措施；对于险情较大，但无法搬迁的，宜采用工程治理或专业监测措施；对于地质险情威胁人员少且风险相对较低，宜采用群测群防措施。

次重点防治区面积约21640.53 km²，占宁夏面积的41.65%，防治措施以工程治理或群测群防为主。

一般防治区面积约18873.65 km²，占宁夏面积的36.32%，为宁夏除重点防治区和次重点防治区以外地区，区内地质灾害发育程度较低。

第三节　地质灾害风险管控措施建议

一、重点防治区风险管控措施

对宁夏地质灾害风险等级为极高和高的重点防治区，主要以工程治理、群测群防及监测预警为主。明确每个风险点的监测、预防责任人，划定危险区，对风险点进行定期和不定期的风险巡查，发

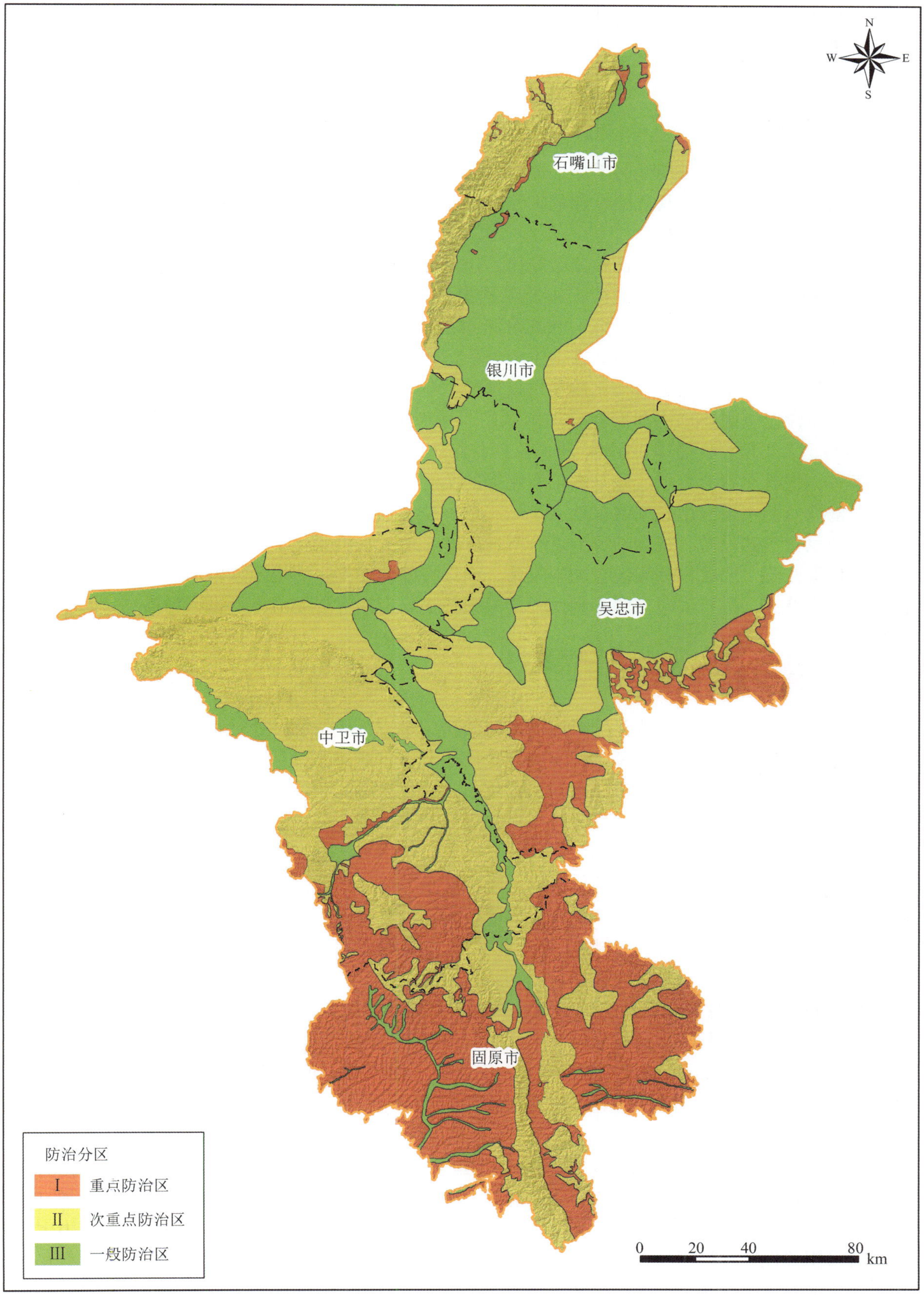

图 8-1　宁夏地质灾害防治分区图

现变化及时上报，如有异常及时避让，并调整其风险级别，设置危险区警示标志，确定预警信号和撤离路线。汛期加强防范意识，与气象部门联合根据雨量发布地质灾害气象风险预警，做好地质灾害科普宣传和应急避险演练工作。

（一）监测预警

地质灾害防治是一项长期性的工作，地质灾害专业监测也是一项长期性的任务。在监测过程中，地质灾害的发展是动态的，其危险性和危害性随着地质灾害本身的发展变化或各种诱发因素的影响可能呈趋增势或趋减势两种趋势。

针对宁夏的地质灾害隐患特征和分布规律，建议对具有一定规模、危害程度大、具有典型研究意义的灾害点进行专业监测，纳入地质灾害监测预报预警系统，建立专业监测站网，构建数据共享平台，开展地质灾害监测预警模型研究，在充分考虑地质灾害发生的各种内在因素和诱发因素的基础上，研究各种因素变化规律和地质灾害发生的关系，建立各种地质环境背景下影响因素与地质灾害的耦合模型，最终实现地质灾害自动化监测预报预警。

针对泥石流监测主要选用和安装自动雨量站、地声监测站、泥（水）位监测站、野外图像（视频）监测站、无线预警广播站、GNSS地表位移监测站、土壤含水率监测仪、深部位移计、地下水位监测设备等，进行泥石流变形、地下水位变化等的实时监测。

针对滑坡监测主要选用和安装自动雨量站、地表位移监测站、土壤含水率监测仪、深部位移计。应力计地下水位监测设备、视频站等，进行滑坡变形、地下水位变化、地应力等的实时监测。

针对崩塌监测主要选用和安装自动雨量站、崩塌裂缝伸缩仪、崩塌预警警示装置等，对崩塌危岩体的位移和影响因素进行实时监测，利用三维激光扫描仪定期对崩塌隐患点进行扫描，及时获取崩塌体的变形信息。

（二）工程治理

宁夏地质灾害工程治理主要是针对遭受威胁的村庄、道路或景区，通过相对较少的投入，因地制宜选择合适的工程治理措施。治理工程实施期次按地质灾害隐患点的风险等级和实施难度进行分期，即风险等级极高和风险等级高、受威胁对象数量多、较容易施工的隐患点作为近期治理点，其他的陆续安排在中期或远期实施。根据地质灾害类型和失稳致灾机理，确定地质灾害治理的工程措施。

1. 泥石流地质灾害风险管控措施

宁夏境内沟壑密集，植被覆盖率低，水土流失严重，遇暴雨或强降雨易引发泥石流灾害。为了有效减少泥石流暴发频率，减轻泥石流灾害造成的损失，针对本区泥石流的特点，通过如下措施对形成泥石流的水源进行调节和分流、对形成泥石流的固体物源进行稳固、对泥石流的运动进行控制和消能。

1）蓄引水工程：在泥石流形成区依照地形地质条件修建淤积池或淤积洼池，库蓄地表径流，减少沟道洪水流量。将拦蓄洪水通过引排水渠、涵洞等引出泥石流沟域排泄。

2）固坡工程：在泥石流沟域松散固体物质分布区，如滑坡、崩塌分布密集的沟谷段，修建2~3个梯级谷坊工程，以此调节沟道纵坡降以削减泥石流能量。对以片蚀为主的荒坡，采用农林措施固坡。

3）拦挡工程：在泥石流形成区或流通区的沟道上，利用峡口等自然形成的具有一定库容的地形修建拦砂坝，拦截泥石流携带的固体物质，过滤大颗粒物质，以减少泥石流对下游防护工程的撞击、磨蚀，增加下游工程的安全度。坝体可采用浆砌石坝、混凝土坝等实体坝或格栅坝。对冲击力大的泥石流，宜采用柔性结构格栅坝（如SNS钢绳网坝）。实体坝高不宜超过30 m，格栅坝坝高不宜超过20 m。坝址尽可能向上游布置，距离城市等重要防护目标应大于5 km。拦砂坝总库容应大于五年内泥石流输出固体物质的总和。

4）停淤工程：在泥石流出山口冲积扇等地形较宽缓处，可修建停淤场用于调节泥石流流量，不能用作永久拦砂场。必须适时清淤，以确保有足够的调节库容。停淤场主要用防护堤、导流堤等建筑物来引导泥石流分解停淤。

5）排导工程：沿贺兰山东麓洪积扇前缘修建宽缓平直的排洪沟，以利于贺兰山洪水安全输送到下游河道，不至于对洪积扇下游的居民区造成威胁。

6）绕避：泥石流冲击强，破坏力大，知险见让、避重就轻是泥石流防治的主要方法，工程建设可通过平面避绕或渡槽、高桥、隧洞等方式避免泥石流危害。

7）生物措施：通过在泥石流物源区植树种草，对沟域内为泥石流的产生提供大量固体物质的荒坡进行人工改造，以控制其面蚀作用和水土流失强度，减少泥石流的固体物质来源。同时也起到调节或削减地表径流，阻滞在沟道中形成大的洪峰，从而抑制泥石流的产生和发展。

2. 崩塌及滑坡地质灾害风险管控措施

1）防水措施：宁夏主要山体表部覆盖大量的风化残坡积层，结构松散，利于雨水快速入渗，降水在地表汇集后，很快渗入地下，在基岩之上形成潜水，常常使地下水位抬升，岩土体含水量增大，强度降低，引发斜坡变形与失稳。因此，斜坡治理应该遵循防水措施为先的原则。

2）坡面防护：主要包括清理危岩体、喷浆、构筑柔性防护网等坡面防护措施。山体上覆盖大量的风化残坡积层，结构松散，易在雨水冲刷、侵蚀作用下发生失稳形成崩塌、滑坡地质灾害，同时，坡面发育被节理、裂隙等切割形成的岩石破碎体，易形成坠石、滚石，对重要交通干线、矿区、居民区构成威胁。清理危岩体，可减少坠石、滚石威胁；采用喷浆方法对节理裂隙进行填充、粘合，加固坡面，增强斜坡的稳定性；坡面构筑柔性防护网以拦挡坡面危岩体、块石等的坠落与滚动，减少或避免破碎岩体斜坡坠石、滚石的威胁。

3）坡脚支护与拦挡：坡脚支护与支挡是保护坡脚交通干线车辆、行人以及坡下居民区与基础设施安全的有效措施。风化残坡积层结构松散，裸露岩体遭受风化、剥蚀，斜坡易失稳发生崩塌、滑坡灾害，通过构筑挡土墙等支护措施，可增强斜坡的稳定性，减少或避免崩塌、滑坡灾害的发生。对于危岩体遍布坂面的高陡岩质斜坡，可在坡脚开挖落石槽，并构筑拦挡墙，对危岩体可能产生的坠石、滚石进行拦挡。

4）锚索：对于规模较大的危岩体，防水、坡面防护与支护、拦挡等措施难以保证危岩体或滑坡体达到需要的稳定级别，需要通过布设锚索来进行加固、稳定。锚索是通过外端固定于坡面，另一端穿过斜坡破裂面或滑动面锚固在稳定岩体中的预应力钢绞线，直接在破裂面或滑面上产生抗滑阻力，增大抗滑摩擦阻力，使结构面处于压紧状态，以提高斜坡岩体的整体性，从而从根本上改善岩体的力学性能，有效控制岩体位移，促使其稳定，达到整治危岩、危石的目的。

5）生物措施：主要是针对区内地质条件与气候条件，种植适宜的草本植物，以此来保护坡面。斜坡表部生长的草本植物不仅可以加固土体，提高岩土体抗剪强度的能力，同时，在斜坡表面形成网状的坡面防护层，将松散风化残坡积层保护在下部，既降低了雨水对斜坡表部的击打、冲刷作用，又减缓了坡面的水土流失，避免斜坡崩塌、滑坡的形成。

（三）搬迁避让措施

对宁夏已查明的地质灾害风险极高（高）、受地质灾害威胁严重的人口聚集区，和新发现的稳定性较差、风险高、治理难度大的地质灾害隐患点受威胁群众，实施避险移民搬迁。

（四）排危除险及工程维护

对已发现的地质灾害风险高、险情紧迫、治理措施相对简单的地质灾害点，采取投入少、工期短、见效快的工程治理措施，组织排危除险，及时消除隐患危险。对受损或防治能力降低的地质灾害治理工程，及时采取清淤、加固、维修及修缮等措施进行维护，确保防治工程长期安全运行。

二、次重点防治区风险管控措施

对地质灾害风险等级为中等的次重点防治区主要以群测群防为主。明确每个风险点的监测、预防责任人，划定危险区，对风险点进行定期和不定期的风险巡查，发现变化及时上报，如有异常及时避让，并调整其风险级别，设置危险区警示标志，确定预警信号和撤离路线。汛期加强防范意识，与气象部门联合根据雨量发布地质灾害气象风险预警。做好地质灾害科普宣传和应急避险演练工作。

三、一般区风险管控措施

对低风险等级的一般防治区，地质灾害防控对策主要以群测群防为主，对低风险点进行定期和不定期的风险巡查，发现变化及时上报，并调整其风险级别，如有异常及时避让。

主要参考文献及资料

安芷生，孙东怀，陈明扬，等. 2000. 黄土高原红黏土序列与晚第三纪的气候事件[J]. 第四纪研究，(05)：435~446.

蔡国军. 2008. 澜沧江小湾水电站坝基岩体结构面发育机理及其工程地质特征研究[D]. 成都理工大学.

蔡国军，裴钻. 2007. 反倾互层岩质边坡开挖物理模拟试验研究[J]. 水土保持研究，(05)：126~130.

蔡俊超. 2014. 库水抬升作用下岸坡倾倒变形机理与演化发展过程研究[D]. 成都理工大学.

陈发虎，傅伯杰，夏军，等. 2019. 近70年来中国自然地理与生存环境基础研究的重要进展与展望[J]. 中国科学：地球科学，49(11)：1659~1696.

陈孝兵，李渝生，赵小平. 2008. 底摩擦重力试验在倾倒变形岩体稳定性研究中的应用[J]. 地学前缘，(02)：300~304.

陈祖煜，弥宏亮，汪小刚. 2001. 边坡稳定三维分析的极限平衡方法[J]. 岩土工程学报，(05)：525~529.

程东幸，刘大安，丁恩保，等. 2005. 反倾岩质边坡变形特征的三维数值模拟研究——以龙滩水电站工程边坡为例进行三维变形特征分析[J]. 工程地质学报，13(02)：222~226.

程谦恭，胡厚田，胡广韬，等. 2000. 高速岩质滑坡临床弹冲与峰残强降复合启程加速动力学机理[J]. 岩石力学与工程学报，(02)：173~176.

程谦恭，张倬元，崔鹏. 2004. 平卧"支撑拱"锁固滑坡动力学机理与稳定性判据[J]. 岩石力学与工程学报，(17)：2855~2864.

程钰. 2014. 人地关系地域系统演变与优化研究[D]. 山东师范大学.

崔鹏，苏凤环，邹强，等. 2015. 青藏高原山地灾害和气象灾害风险评估与减灾对策[J]. 科学通报，60(32)：3067~3077.

戴兴建，殷跃平，邢爱国. 易贡滑坡-碎屑流-堰塞坝溃坝链生灾害全过程模拟与动态特征分析[J]. 中国地质灾害与防治学报，2019，30(05)：1-8.

丁茜，赵晓东，吴鑫俊，等. 2022. 基于RBF核的多分类SVM滑塌易发性评价模型[J]. 中国安全科学学报，32(3)：194~200.

杜国梁，张永双，吕文明，等. 2016. 基于加权信息量模型的藏东南地区滑坡易发性评价[J]. 灾害学，31(2)：226~234.

杜文杰，盛谦，杨兴洪，等. 2022. 基于两相双质点MPM的滑坡堵江灾害链生全过程分析[J]. 工程科学与技术，54(03)：36~45.

房浩，李媛，杨旭东，等. 2018. 2010—2015年全国地质灾害发育分布特征分析[J]. 中国地质灾害与防治报，29(05)：1~6.

冯策，刘瑞，苟长江. 2013. 基于Logistic回归模型的芦山震后滑坡易发性评价[J]. 成都理工大学学报(自然科学版)，40(3)：282~287.

冯振，殷跃平，李滨，等. 2012. 重庆武隆鸡尾山滑坡视向滑动机制分析[J]. 岩土力学，33(09)：2704~2712.

付晓，范刚，刘飞成，等. 2015. 组合支护结构作用下反倾层状岩质边坡加速度响应振动台试验研究[J]. 地震工程学报，37(03)：823~828.

高杨. 2014. 高速远程滑坡铲刮动力学分析[D]. 长安大学.

高杨. 2018. 人工堆填体滑坡远程滑动机理研究[D]. 中国地质大学(北京).

高杨，李滨，冯振，等. 2017. 全球气候变化与地质灾害响应分析[J]. 地质力学学报，23(01)：65~77.

高浩源，高杨，贺凯，等. 2020. 贵州水城"7. 23"高位远程滑坡冲击铲刮效应分析[J]. 中国岩溶，39(04)：535-546.

葛云峰，唐辉明，熊承仁，等. 2014. 滑动面力学参数对滑坡稳定性影响研究——以重庆武隆鸡尾山滑坡为例[J]. 岩石力学与工程学报，33(S2)：3373~3884.

胡青峰，崔希民，刘文锴，等. 2020. 特厚煤层重复开采覆岩与地表移动变形规律研究[J]. 采矿与岩层控制工程学报，2(02)：31~39.

黄德林，滕伟福，吴益平，等. 2005. 长江三峡巴东库段地质灾害评价与防灾减灾决策系统研究[Z].

黄润秋. 2003. 中国西部地区典型岩质滑坡机理研究[J]. 第四纪研究，(06)：640~647.

黄润秋，黄达. 2008. 卸荷条件下岩石变形特征及本构模型研究[J]. 地球科学进展，(05)：441~447.

黄润秋，吴礼舟. 2007. 非饱和膨胀土边坡稳定性分析[J]. 地学前缘，(06)：129~133.

蒋秀华，马永来，马秀峰，等. 2013. 湟水与大通河干支流辨析[J]. 人民黄河，35(01)：4~6.

兰恒星，彭建兵，祝艳波，等. 2022。黄河流域地质地表过程与重大灾害效应研究与展望[J]. 中国科学：地球科学，52(02)：199~221.

兰恒星，祝艳波，李郎平，等. 2021. 黄河流域地质-地貌-气候多过程相互作用及其孕灾机制研究[J]. 中国科学基金，35(04)：510~519.

兰志勇，赵建军，翟崇，等. 2014. 软弱基座型斜坡变形破坏机制模拟研究[J]. 工程地质学报，22(03)：421~427.

李东明，谢婉丽. 2017. 大西安地区开挖边坡诱发滑坡分析——灞桥区边坡为例[J]. 城市地理，(06)：66~67.

李磊. 2007. 极限平衡法与DDA法在岩石高边坡稳定性分析中的应用研究[D]. 中南大学.

李林均，简文星，张端森，等. 2021. 暴雨作用下含裂缝谭家湾堆积层滑坡渗流特征与稳定性分析[J]. 安全与环境工程，28(01)：135~143.

李腾飞，李晓，王瑞青. 2014. 地下采矿诱发斜坡移动变形分析[J]. 工程地质学报，22(01)：64~70.

李天话，樊晓一，姜元俊. 2018. 岩土体颗粒级配对滑坡碎屑流冲击作用的影响研究[J]. 山地学报，36(02)：289~297.

李同录，习羽，侯晓坤. 2018. 水致黄土深层滑坡灾变机理[J]. 工程地质学报，26(5)：1113~1120.

李祥龙，唐辉明，熊承仁，等. 2012. 基底刮铲效应对岩石碎屑流停积过程的影响[J]. 岩土力学，33(05)：1527~1534+1541.
刘春，张晓宇，许强，等. 2017. 三维离散元模型的滑坡能量守恒模拟研究[J]. 地下空间与工程学报，13(S2)：698~704.
刘云鹏，黄润秋，邓辉. 2011. 反倾板裂岩体边坡振动物理模拟试验研究[J]. 成都理工大学学报(自然科学版)，38(04)：413~421.
马水山，雷俊荣，张保军，等. 2005. 滑坡体水岩作用机制与变形机理研究[J]. 长江科学院院报，19(05)：37~39.
马照亭，梁海华. 2002. Sarma 法在四川云阳鸡扒子滑坡稳定性评价中的应用[J]. 地震地质，33(3)：461~468.
孟桓羽，占洁伟，卢全中，等. 2023. 陕西山阳"8. 12"大型山体滑坡运动特征及数值模拟分析[J]. 工程地质学报，31(6)：1920~1928.
苗朝，沈军辉，杨佳丽，等. 2015. 雅砻江甲西滑坡倾倒弯曲-拉裂形成机制研究[J]. 防灾减灾工程学报，35(03)：411~417.
泮晓华，薛雷，秦四清，等. 2014. 潜在锁固型滑坡的类型、形成条件和预判方法研究[J]. 工程地质学报，22(06)：1159~1167.
彭建兵，王启耀，庄建琦，等. 2020. 黄土高原滑坡灾害形成动力学机制[J]. 地质力学学报，26(5)：714~730.
彭建兵，吴迪，段钊，等. 2016. 典型人类工程活动诱发黄土滑坡灾害特征与致灾机理[J]. 西南交通大学学报，51(05)：971~980.
施凤根. 2014. 基于 PFC3D 的文家沟滑坡高速远程运动学特征研究[D]. 中国地质大学(北京).
宋琨，陈伦怡，刘艺梁，等. 2022. 降雨诱发深层老滑坡复活变形的动态作用机制[J]. 地球科学，47(10)：3665~3676.
孙书勤，黄润秋. 2010. 遂宁城市地质灾害危险性评价[J]. 成都理工大学学报(自然科学版)，37(2)：174~180.
谭万沛，罗晓梅，王成华. 2000. 暴雨泥石流预报程式[J]. 自然灾害学报，9(3)：106-111.
唐辉明，马淑芝，刘佑荣，贾洪彪. 2002. 三峡工程库区巴东县赵树岭滑坡稳定性与防治对策研究[J]. 地球科学，(05)：621~625.
汪小刚，张建红，赵毓芝，等. 1996. 用离心模型研究岩石边坡的倾倒破坏[J]. 岩土工程学报，(05)：18~25.
王海洋，于斌，夏彬伟，等. 2017. 复合坚硬顶板水压裂缝扩展过程研究[J]. 中国安全科学学报，27(04)：98~103.
王家鼎. 1996. 中国黄土山城"依山造居"的几个灾害问题讨论——黄土滑坡分析[J]. 西北大学学报(自然科学版)，(01)：57~61.
王家鼎，惠泱河. 2002. 黄土地区灌溉水诱发滑坡群的研究[J]. 地理科学，(03)：305~310.
王家鼎，肖树芳，张倬元. 2001. 灌溉诱发高速黄土滑坡的运动机理[J]. 工程地质学报，(03)：241~246.
王念秦. 2004. 黄土滑坡发育规律及其防治措施研究[D]. 成都理工大学.
王念秦，郭有金，刘铁铭，等. 2019. 基于支持向量机模型的滑坡危险性评价[J]. 科学技术与工程，19(35)：70~78.
王念秦，姚勇，周自强，等. 2008. 农村乡镇地质灾害易发性综合评价方法研究[J]. 西安科技大学学报，28(4)：657~661.
王念秦，张倬元，王家鼎. 2003. 一种典型黄土滑坡的滑距预测方法[J]. 西北大学学报(自然科学版)，(01)：111~114.
王念秦，朱文博，郭有金. 2021. 基于 PSO-SVM 模型的滑坡易发性评价[J]. 长江科学院院报，38(4)：56~62.
王玉峰，林棋文，李坤，等. 2021. 高速远程滑坡动力学研究进展[J]. 地球科学与环境学报，43(01)：164~181.
吴昊，赵维，年廷凯，等. 2018. 反倾层状岩质边坡倾倒破坏的离心模型试验研究[J]. 水利学报，49(02)：223~231.
吴树仁，王涛，石玲，等. 2010. 2008 汶川大地震极端滑坡事件初步研究[J]. 工程地质学报，18(02)：145~159.
肖克强，李海波，刘亚群，等. 2007. 地震荷载作用下顺层岩体边坡变形特征分析[J]. 岩土力学，28(08)：1557~1564.
邢爱国，殷跃平. 2009. 云南头寨滑坡全程流体动力学机理分析[J]. 同济大学学报(自然科学版)，37(04)：481~485.
徐鼎平，冯夏庭，崔玉军，等. 2012. 含层间错动带岩体的破坏模式及其剪切特性研究方法探讨[J]. 岩土力学，33(01)：129~136.
徐光兴，姚令侃，李朝红，等. 2012. 基于汶川地震强震动记录的边坡永久位移预测模型[J]. 岩土工程学报，34(06)：1131~1136.
徐佩华，陈剑平，黄润秋，等. 2004. 锦屏Ⅰ级水电站解放沟左岸边坡倾倒变形机制的 3D 数值模拟[J]. 煤田地质与勘探，32(04)：40~43.
徐兴华，尚岳全，唐小明. 2014. 滑坡治理稳定状态的耦合权重综合评价方法[J]. 吉林大学学报(地球科学版)，44(6)：1936~1949.
许强，曾裕平. 2009. 具有蠕变特点滑坡的加速度变化特征及临滑预警指标研究[J]. 岩石力学与工程学报，28(06)：1099~1106.
薛强，张茂省，李林. 2015. 基于斜坡单元与信息量法结合的宝塔区黄土滑坡易发性评价[J]. 地质通报，34(11)：2108~2115.
闫由之，刘高，杨星月，等. 2018. 基于连续介质力学离散元方法的洒勒山滑坡过程模拟[J]. 兰州大学学报(自然科学版)，54(06)：744~752.
闫子忠，仲佳鑫，黄玮，等. 2017. 宁夏地质灾害[M]. 银川：宁夏人民出版社.
杨国香，伍法权，董金玉，等. 2012. 地震作用下岩质边坡动力响应特性及变形破坏机制研究[J]. 岩石力学与工程学报，31(04)：696~702.
杨国香，叶海林，伍法权，等. 2012. 反倾层状结构岩质边坡动力响应特性及破坏机制振动台模型试验研究[J]. 岩石力学与工程学报，31(11)：2214~2221.
杨志华，张永双，郭长宝，等. 2017. 基于 Newmark 模型的尼泊尔 M_s8. 1 级地震滑坡危险性快速评估[J]. 地质力学学报，23(01)：115~124.
殷跃平，张永双，等. 2014. 汶川地震工程地质与地质灾害[M]. 北京：科学出版社.
殷跃平. 2004a. 三峡库区重大地质灾害及防治研究进展[J]. 岩土工程界，(08)：20~26.
殷跃平. 2004b. 中国地质灾害减灾战略初步研究[J]. 中国地质灾害与防治学报，(02)：4~11.
殷跃平. 2008. 汶川八级地震地质灾害研究[J]. 工程地质学报，(04)：433~444.
殷跃平. 2009a. 汶川八级地震滑坡高速远程特征分析[J]. 工程地质学报，17(02)：153~166.
殷跃平. 2009b. 汶川八级地震滑坡特征分析[J]. 工程地质学报，17(01)：29~38.

殷志强，程国明，胡贵寿，等. 2010. 晚更新世以来黄河上游巨型滑坡特征及形成机理初步研究[J]. 工程地质学报，18(01)：41~51.
臧浩. 2021. 基于协同过滤的无线通信系统性能预测技术[J]. 自动化应用，(09)：81~83.
曾润强，王思源，曾宇桐，等. 2015. 兰州市皋兰山铁三小滑坡形成条件及其稳定性分析[J]. 兰州大学学报(自然科学版)，51(03)：339~343+350.
张春山，张业成，马寅生. 2003. 黄河上游地区崩塌、滑坡、泥石流地质灾害区域危险性评价[J]. 地质力学学报，9(2)：143~153.
张龙，唐辉明，熊承仁，等. 2012. 鸡尾山高速远程滑坡运动过程 PFC~(3D)模拟[J]. 岩石力学与工程学报，31(S1)：2601~2611.
张明，胡瑞林，殷跃平，等. 2010. 滑坡型泥石流转化机制环剪试验研究[J]. 岩石力学与工程学报，29(04)：822-832.
张明，殷跃平，吴树仁，等. 2010. 高速远程滑坡-碎屑流运动机理研究发展现状与展望[J]. 工程地质学报，18(06)：805~817.
张鹏. 2021. 考虑剪切带颗粒破碎效应的堆积体滑坡大变形 MPM 模拟[D]. 西南交通大学.
张若琳，孟晖，连建发，等. 2010. 基于 GIS 的概率比率模型的滑坡易发性评价[J]. 地学前缘，17(6)：291~297.
张玉，徐卫亚，李德亮. 2013. 大型滑坡演化机制及滑带剪切特性试验研究[J]. 岩石力学与工程学报，32(S1)：2606~2616.
赵建华，陈汉林，杨树锋，等. 2004. 基于决策树算法的滑坡危险性区划评价[J]. 浙江大学学报(理学版)，31(4)：465~470.
郑颖人，叶海林，黄润秋，等. 边坡地震稳定性分析探讨[J]. 地震工程与工程振动，2010，30(2)：173-180.
郑颖人，赵尚毅，邓楚键，等. 2006. 有限元极限分析法发展及其在岩土工程中的应用[J]. 中国工程科学，(12)：39~61+112.
郑昭炀，罗磊，刘宁，何家能，邢爱国. 湖北大冶铜绿山铜铁矿尾矿库溃坝动力特性分析[J]. 金属矿山，2017(12)：136~141.
郑志勇. 2008. 黄土滑坡的形成机理[J]. 西安科技大学学报，28(4)：694~697.
周保，彭建兵，赖忠平，等. 2014. 黄河上游特大型滑坡群发特性的年代学研究[J]. 第四纪研究，34(02)：346~353.
周保. 2010. 黄河上游(拉干峡—寺沟峡段)特大型滑坡发育特征与群发机理研究[D]. 长安大学.
周永习，张得煊，罗春泳，等. 2008，陕西高楼滑坡机理研究[C]. 第八届全国工程地质大会论文集，574~578.
朱赛楠，殷跃平，李滨. 2018. 大型层状基岩滑坡软弱夹层演化特征研究——以重庆武隆鸡尾山滑坡为例[J]. 工程地质学报，26(06)：1638~1647.
左保成. 2011. “叠合悬臂梁”模型在层状反倾岩石边坡计算中应用的探讨[J]. 中国新技术新产品，(15)：2~3.
Müller L. 1964. The rock slide in the Vajont Valley[J]. Rock Mechanics and Engineering Geology, 2(3-4): 148~212.
Adhikary D P, Dyskin A V, Jewell R J, et al. 1997. A study of the mechanism of flexural toppling failure of rock slopes[J]. Rock Mechanics and Rock Engineering, 30(2): 75~93.
Adhikary D P, Dyskin A V, Jewell R J. 1996. Numerical modelling of the flexural deformation of foliated rock slopes[J]. International Journal of Rock Mechanics and Mining Sciences and Geomechanics Abstracts, 33(6): 595~606.
Adhikary D P, Dyskin A V. 2007. Modelling of Progressive and Instantaneous Failures of Foliated Rock Slopes[J]. Rock Mechanics and Rock Engineering, 40, 349~362.
Adhikary D P, Mühlhaus H B, Dyskin A V. 1999. Modelling the large deformations in stratified media-the Cosserat continuum approach[J]. Mechanics of Cohesive-frictional Materials, 4(3).
Adhikary D P. 1995. The modelling of flexural toppling of foliated rock slopes[D]. Department of Civil Engineering, University of Western Australia.
Ahmadipur A, Tong Q, Sheikh B. 2019. Investigation of basal friction effects on impact force from a granular sliding mass to a rigid obstruction [J]. Landslides, 16(5): 1089~1105.
Alejano L, Gomez-Marquez I, Martinez-Alegia R. 2010. Analysis of a complex toppling-circular slope failure[J]. Engineering Geology, 114 (1): 93~104.
Aleotti P, Chowdhury R. 1999. Landslide hazard assessment: summary review and new perspectives[J]. Bulletin of Engineering Geology and the Environment, 58(1): 21~44.
Andersen U, Leuchs G, Silberhorn C. 2010. Continuous-variable quantum information processing[J]. Laser & Photon. Rev., 4: 337~354.
Ashby J. 1971. Sliding and toppling modes of failure in model and jointed rock slope[D]. London: Imperier College Royal School of Mines.
Asiwaju A. 1972. Ashby Revisited: A Review of Nigeria's Educational Growth. 1961~1971[J]. African Studies Review, 15(1), 1~16.
Aydan O, Mehdi A. 2009. An experimental study on rock slopes against flexural toppling failure under dynamic loading and some theoretical considerations for its stability assessment[J]. J Sch Mar Sci Technol. 7. 25~40.
Aydan Ö, Kawamoto T. 1992. The stability of slopes and underground openings against flexural toppling and their stabilisation[J]. Rock Mechanics and Rock Engineering, 25, 143~165.
Aydan Ö. 1989. Reinforcement of rock engineering structures[D]. Nagoya University.
Azimi S R, Nikraz H, Yazdani-Chamzini A. 2018. Landslide risk assessment by using a new combination model based on a fuzzy inference system method[J]. KSCE Journal of Civil Engineering, 22(11): 4263~4271.
Bedford A, Drumheller D S. 1994. Introduction to elastic wave propagation[M]. Chichester etc. John Wiley & Sons.
Bednarik M, Yilmaz I, Marschalko M. 2012. Landslide hazard and risk assessment: a case study from the Hlohovec-Sered' landslide area in south-west Slovakia[J]. Natural Hazards, 64(1): 547~575.

Benz W. 1990. Smooth Particle Hydrodynamics: A Review. In: Buchler, J. R. (eds) The Numerical Modelling of Nonlinear Stellar Pulsations [J]. NATO ASI Series, vol 302. Springer, Dordrecht. https://doi.org/10.1007/978-94-009-0519-1_16

Binaghi E, Luzi L, Madella P, et al. 1998. Slope instability zonation; a comparison between certainty factor and fuzzy Dempster-Shafer approaches[J]. Natural Hazards, 17(1): 77~97.

Bobet A, Fakhimi A, Johnson S, et al. 2009. Numerical Models in Discontinuous Media: Review of Advances for Rock Mechanics Applications [J]. Journal of Geotechnical and Geoenvironmental Engineering, 135(11): 1547~1561.

Boultbee N. 2005. Characterization of the Zymoetz river rock avalanche[J]. Environmental Science, Geology, Corpus ID: 130437016.

Bray J W, Goodman R E. 1981. The theory of base friction models[J]. International Journal of Rock Mechanics and Mining Sciences & Geomechanics Abstracts, 18, 453~468.

Broili L. 1967. New knowledge on the geomorphology of the vajont slideslipe surface[J]. Felsmechanik und Ingenieurgeologie, 5(1): 38~88.

Caine N. 1980. The Rainfall Intensity-Duration Control of Shallow Landslides and Debris Flows. Geografiska Annaler: Series A[J]. Physical Geography, 62: 23~27.

Chen H R, et al. 2018. A physical model predicting instability of rock slopes with locked segments along a potential slip surface[J]. Engineering Geology, 242 : 34~43.

Colman, E. A. and Bodman, G. B. 1945. Moisture and Energy Conditions during Downward Entry of Water into Moist and Layered Soils[J]. Soil Science Society of America Journal, 9: 3-11.

Crosta G B, Imposimato S, Roddeman D. 2009. Numerical modeling of 2-D granular step collapse on erodible and nonerodible surface[J]. Journal of Geophysical Research Earth Surface, 114(F3).

Crozier M J. 1986. Landslides: Causes, consequences & environment[M]. London: Croom Helm.

Cundall P A, Strack O D L. 1979. A Discrete Numerical Model for Granular Assemblies[J]. Geotechnique, 29(1), 47~65 .

Cundall P A. 1971. A Computer Model for Simulating Progressive Large Scale Movements in Blocky Rock Systems. Proceedings of the Symposium of the International Society for Rock Mechanics[M]. France, Society for Rock Mechanics (ISRM).

Davies T R , McSaveney M J, Beetham R D. 2006. Rapid block glides: slide-surface fragmentation in New Zealand's Waikaremoana landslide [J]. Quarterly Journal of Engineering Geology and Hydrogeology, 39(2): 115~129.

Davies T R, Manville V, Kunz M, Donadini L. 2007. Modeling Landslide Dambreak Flood Magnitudes: Case Study[J]. Journal of Hydraulic Engineering, 133(7): 713~720.

Davies T R, Mcsaveney M J. 1999. Runout of dry granular avalanches[J]. Canadian Geotechnical Journal, 36(36): 313~320.

Davies T R, McSaveney M, Kelfoun K. 2010. Runout of the Socompa volcanic debris avalanche, Chile: A mechanical explanation for low basal shear resistance[J]. Bull. Volcanol. , 72, 933~944.

DeGraff J V, Canuti P. 1988. Using isopleth mapping to evaluate landslide activity in relation to agricultural practices[J]. Bulletin of the International Association of Engineering Geology-Bulletin de l'Association Internationale de Géologie de l'Ingénieur, 38(1): 61~71.

DeGraff J V. 1978. Regional landslide evaluation: two utah examples[J]. Environmental Geology, 2(4): 203~214.

Donze F, Richefeu V, Magnier S A. 2009. Advances in discrete element method applied to soil, rock and concrete mechanics. Electronic Journal of Geotechnical Engineering, 44: 31.

Du W Q, Wang G. 2016. A one-step Newmark displacement model for probabilistic seismic slope displacement hazard analysis[J]. Engineering Geology, 205: 12~23.

Evans S G, Hungr O, Clague J J. 2001. Dynamics of the 1984 rock avalanche and associated debris flow on Mount Cayley, British Columbia, Canada; implications for landslide hazard assessment on dissected volcanoes[J]. Eng. Geol, 61, 29~51.

Evans S G, Hungr O, Clague J J. 2001. Dynamics of the 1984 rock avalanche and associated distal debris flow on Mount Cayley, British Columbia, Canada: implications for landslide hazard assessment on dissected volcanoes[J]. Eng Geol 61: 29-51.

Fredlund D G and Morgenstern N R. 1977. Stress state variables for unsaturated soils[J]. Journal of Geotechnical Engineering Division, ASCE 103 (GT5): 447-466.

Gao Y, Yin Y P, Li B, et al. 2022. The role of fluid drag force in the dynamic process of two-phase flow-like landslides[J]. Landslides, 19 (7).

García-Moya S A, González-Galindo J, Olalla C. 2019. Underdip Toppling Failure Mechanism: Case Study Retrospective Analysis and Its Most Determinant Parameters[J]. International Journal of Geomechanics, 19(6).

Gardner W R, et al. 1970. Post-irrigation movement of soil water: 1. Redistribution. Water Resources Research, https://doi.org/10.1029/WR006i003p00851.

Gehle C, Kutter H K. 2003. Breakage and shear behaviour of intermittent rock joints [J]. Internationl Journal of Rock Mechanics and Mining Science, 405(5): 687 ~700.

Goricki A, Goodman R. 2003. Failure Modes of Rock Slopes Demonstrated with Base Friction and Simple Numerical Models[J]. 21: 25~30.

Guzzetti F, Peruccacci S, Rossi M, et al. 2008. The Rainfall Intensity-Duration Control of Shallow Landslides and Debris Flows: An Update[J].

Landslides, 5: 3~17.

Habib P. 1975. Production of gaseous pore pressure during rockslide[J]. Rock Mechanics & Rock Engineering, 7(4): 193~197.

Heim A. 1932. Bergsturz and Menschenleben[M]. Zurich. Naurforschenden Gesellschaft.

Huang R, Zhao J J, Ju N P, et al. 2013. Analysis of an anti-dip landslide triggered by the 2008 Wenchuan earthquake in China[J]. Natural Hazards, 68(2).

Huang Y, Dai Z L, Zhang W J, et al., 2013. SPH-based numerical simulations of flow slides in municipal solid waste landfills[J]. Waste Manage Research, 31(3): 256~264.

Huang Y, Dai Z L. 2014. Large deformation and failure simulations for geo-disasters using smoothed particle hydrodynamics method[J]. EngGeol, 168: 86~97.

Hungr O and Evans S G. 1996. Rock avalanche runout prediction using a dynamic model[J]. Procs. 7th International Symposium on Landslides, Trondheim, Norway, 1: 233-238.

Hungr O and McDougall S. 2009. Two numerical models for landslide dynamic analysis[J]. Computers & Geosciences, 35(5): 978-992.

Hungr O, Leroueil S, Picarelli L. 2014. The Varnes Classification of Landslide Types, an Update[J]. Landslides, 11, 167~194.

Hungr O. 1995. A model for the runout analysis of rapid flow slides, debris flows and avalanches[J]. Canadian Geotechnical Journal, 32(4): 610-623.

Ishida H, Umino T, Tsuji K, et al. 1987. Studies on antihemorrhagic substances in herbs classified as hemostatics in Chinese medicine. VI. On the antihemorrhagic principle in Sophora japonica L[J]. Chem. Pharm. Bull. (Tokyo). 35(2): 857~860.

Iverson R M, Logan M, Richard G. et al. 2010. The perfect debris flow? Aggregated results from 28 large-scale experiments[J]. John Wiley & Sons, Ltd, 115(F3).

Iverson R M, Reid M E, Logan M, et al. 2011. Positive feedback and momentum growth during debris-flow entrainment of wet bed sediment[J]. Nature Geoscience, 4(2): 116~121.

Iverson R M. 1997. The physics of debris flows[J]. Reviews of geophysics, 35(3): 245~296.

Iverson R M. 2003. The debris-flow rheology myth[C]//Debris flow Mechanics and Mitigation Conference, Mills Press, Davos: 303~314.

Jibson R W. 2007. Regression models for estimating coseismic landslide displacement[J]. Engineering Geology, 91(2-4): 209~218.

Iverson R M. 2009. Elements of an improved model of debris-flowmotion, in Powders and Grains[M]. Melville, New York: 9-16.

Iverson R M, Vallance J W. 2001. New views of granular mass flows[J]. Geology, 29: 115~118.

Johnson D W, Johnson R T. 1990. Cooperative Learning and Achievement. In S. Sharan (Ed.), Cooperative Learning: Theory and Research [M]. New York: Praeger.

Kazmi, Konagai, Ikeda. 2014. Field Measurements and Numerical Simulation of Debris Flows from Dolomite Slopes Destabilized during the 2005 Kashmir Earthquake, Pakistan[J]. Journal of Earthquake Engineering, 18(3): 364~388.

Kent P E. 1966. The transport mechanism in catastrophic rock falls[J]. Journal of Geology, 74(1): 79~83.

Kruggel-Emden H, Rickelt S, Wirtz S, et al. 2008. A Study on the Validity of the Multi-Sphere Discrete Element Method[J]. Powder Technology. 188. 153~165.

Kruggel-Emden H, Simsek E, Wirtz S, et al. 2007. A Comparative Numerical Study of Particle Mixing on Different Grate Designs Through the Discrete Element Method[J]. Journal of Pressure Vessel Technology, 129(4).

Lajtai E Z. 1969. Strength of discontinuous rocks in direct shear[J]. Geotechnique, (2): 218~219.

Li B, Feng Z, Wang G Z, et al. 2016. Processes and behaviors of block topple avalanches resulting from carbonate slope failures due to underground mining[J]. Environmental Earth Sciences, 75(8): 694.

Li B, Gao Y, Yin Y P, et al. 2022. Rainstorm-induced large-scale landslides in Northeastern Chongqing, China, August 31 to September 2, 2014[J]. Bulletin of Engineering Geology and the Environment, 81(7)271. 1~271. 15.

Li B, Wang N, Chen J. 2021. GIS-Based landslide susceptibility mapping using information, frequency ratio, and artificial neural network methods in Qinghai province, northwestern China[J]. Advances in Civil Engineering, 2021(11): 1~14.

Li G, Su X, Pu H. 2020. An unconditionally stable and high-accuracy finite element scheme for dynamic analysis of saturated poroelastic media [J]. Soil Dynamics and Earthquake Engineering, 136(2): 106~226.

Liu X. 1994. Disasters and regional risks of debris flow in Zhaotong Prefecture, Yunnan Province, China[J]. Chinese Geographical Science, 4(4): 371~382.

Lucy L B. 1977. A numerical approach to the testing of the fission hypothesis[J]. Astronomical Journal, 82(12): 1013~1024.

McDougall S, Hungr O. 2004. A model for the analysis of rapid landslide motion across three-dimensional terrain[J]. Canadian Geotechnical Journal, 41(6) 1084-1097.

McDougall S, Hungr O. 2005. Modelling of landslides which entrain material from the path [J]. Canadian Geotechnical Journal, 42: 1437-1448.

McDougall S. 2016. A new continuum dynamic model for the analysis of extremely rapid landslide motion across complex 3D terrain[D]. Vancouver: University of British Columbia.

Michael E A, Samanta S. 2016. Landslide vulnerability mapping (LVM) using weighted linear combination (WLC) model through remote sensing and GIS techniques[J]. Modeling Earth Systems and Environment, 2(2): 1~15.

Midi G D R. 2004. On Dense Granular Flows[J]. The European Physical Journal E, 14(4): 341-365.

Monaghan J J. 1992. Smoothed Particle Hydrodynamics[J]. Annual Review of Astronomy and Astrophysics, 30: 543-574.

Müller L. 1968. New considerations on the Vaiont slide[J]. Rock Mechanics and Engineering Geology, 6(1-2): 1~91.

Müller L. 1987. The vajont catastrophe - a personal review[J]. Engineering Geology, 24(1-4): 423~444.

Ngecu W M, Ichang'I D W. 1999. The environmental impact of landslides on the population living on the eastern footslopes of the Aberdare Ranges in Kenya; a case study of maringa village landslide[J]. Environmental Geology, 38(3): 259~264.

Nguyen L C, Tie P V, DoT. 2020. Deep-Seated Rainfall-Induced Landslides on a New Expressway: A Case Study in Vietnam[J]. Landslides, 17: 395~407.

Pirulli M, Pasfor M. 2012. Numerical study on the entrainment of bed material into rapaid Land slides[J]. Geotechnique, 63(10): 887~888.

Pouliquen O, Forterre Y. 2009. A Non-Local Rheology for Dense Granular Flows[J]. Philosophical Transactions Series A, Mathematical, Physical, and Engineering Sciences, 367(1909): 5091-5107.

Pritchard M A, Savigny K W. 1990. Numerical modelling of toppling. Canadian Geotechnical Journal, 27, 823~834.

Revellino P, Hungr O, Guadagno F M and Evans S G. 2004. Velocity and runout simulation of destructive debris flows and debris avalanches in pyroclastic deposits, Campania region, Italy[J]. Environmental Geology, 45: 295-311.

Romeo R. 2000. Seismically induced landslide displacements: a predictive model[J]. Engineering Geology, 58(3): 337~351.

Sassa K. 1988. Geotechnical model for the motion of landslides[J]. In Proceedings of the 5 th International Symposium on Landslides, Lausanne. Edited by Bonnard C, Balkema A A, Rotterdam[M]. 37~56.

Sassa K. 1992. Access to the dynamics of landslides during earthquakes by a new cyclic loading high-speed ring-shear apparatus. 6th International Symposium on Landslides. "Landslides", A. A[J]. Balkema. Christchurch, 3: 1919~1937.

Sassa K. 1998. Motion of landslides and debris flows-prediction of hazard area[R]. Report for Grant-in-Aid for scientific research Project No. 61480062, Japanese Ministry on Education, Science and Culture, Tokyo: 4~52.

Sassa K, Fukuoka H, Wang G, et al. 2004. Undrained dynamic-loading ring-shear apparatus and its application to landslide dynamics[J]. Landslides, 1: 7~19.

Sassa K, Osamu Nagai, Renato Solidum, et al. 2010. An integrated model simulating the initiation and motion of earthquake and rain induced rapid landslides and its application to the 2006 Leyte landslide[J]. Landslides, 7(3): 219~236.

Sassa K, Željko Arbanas. 2013. 2012 Recipient of the ICL Varnes Medal: Dr. Rajendra Kumar Bhandari[J]. Landslides, 10(3).

Savage S B, Hutter K. 1989. The motion of a finite mass of granular material down a rough incline[J]. Journal of Fluid Mechanics, 199: 177-215.

Savage S B, Hutter K. 1991. The dynamics of avalanches of granular materials from initiation to run-out[J]. Acta Mech. 86: 201~223.

Shang Y H, Lee C T. 2010. Empirical estimation of the Newmark displacement from the Arias intensity and critical acceleration[J]. Engineering Geology, 122(1): 34~42.

Shreve R L, Cloos M. 1986. Dynamics of sediment subduction, melange formation, and prism accretion[J]. J. Geophys. Res., 91(B10), 10229~10245.

Sjoberg J. 1999. Analysis of failure mechanisms in high rock slopes. In Vouille G, Berest P. Proceeding of the Ninth International Congress on Rock Mechanics[M]. Paris: Taylor and Francis Group, 127~130.

Sosio R, Crosta G B, Hungr O. 2008. Complete dynamic modelling calibration for the Thurwieser rock avalanche (Italian Central Alps) [J]. Eng. Geol. 100 (1-2), 11-26.

Soto C. 1974. A comparative study of slope modeling techniques for fracture ground[D]. London University, Imperial College.

Spreafico M C, Cervi F, Francioni M, et al. 2017. An investigation into the development of toppling at the edge of fractured rock plateaux using a numerical modelling approach[J]. Geomorphology, 288(1): 83~98.

Stillwell H D. 1992. Natural hazards and disasters in Latin America[J]. Natural Hazards, 6(2): 131~159.

Stiny J, Die Muren. 1910. Debris Flows[J]. Wagnerschen Univ., Buchhandlung, Innsbruck, Austria.

Sulsky D, Chen Z, Schreyer H L. 1994. A particle methodfor history-dependent materials[J]. Computer Methods in Applied Mechanics and Engineering, 118 (1-2): 179-196.

Sulsky D, Zhou S J, Schreyer H L. 1995. Application of a particle-in-cellmethod to solid mechanics[J]. Computer Physics Communications, 87 (1): 236~252.

Talaei R. 2014. Landslide risk assessment using a multi-method approach in Hashtchin region (NW of Iran)[J]. Acta geodaetica et geophysica, 49(3): 381~401.

Tang C L, Hu J C, Lin M L., et al. 2009. The Tsaoling landslide triggered by the Chi-Chi earthquake, Taiwan: Insights from a discrete element simulation[J]. Engineering Geology, 106(1-2): 1~19.

Tohari A, Mukti M M, Yuniat M D, et al. 2018. Study of Rainfall-Induced Landslide: A Review. IOP Conference Series[J]. Earth and Environmental Science, 118: 12036.

Uromeihy A, Mahdavifar M R. 2000. Landslide hazard zonation of the Khorshrostam area, Iran[J]. Bulletin of Engineering Geology and the Environment, 58(3): 645~651.

Valagussa A, Marc O, Frattini P, Crosta G B. 2019. Seismic and geological controls on earthquake-induced landslide size[J]. Earth and Planetary Science Letters, 506: 268~281.

Van Genuchten M Th. 1980. A closed-form equation for predicting the hydraulic conductivity of unsaturated soils[J]. Soil Sci. Soc. Am. J. 44: 892-898.

Varnes D J. 1978. Slope Movement Types and Processes. In: Schuster R L and Krizek R J, Eds., Landslide Analysis and Control, Special Report 176, Transportation Research Board[M]. National Academy of Sciences, Washington DC, 12~33.

Voight B, Faust C. 1982. Frictional heat and strength loss in same rapid slides[J]. Géotechnique, 32(1): 43~54.

Wang Y, Song C Z, Lin Q G, Li J. 2016. Occurrence probability assessment of earthquake-triggered landslides with Newmark displacement values and logistic regression: The Wenchuan earthquake, China[J]. Geomorphology, 258: 108~119.

Wang Z B, Chen R, Wang H, et al. 2016. An overview of smoothed particle hydrodynamics for simulating multiphase flow[J]. Applied Mathematical Modelling, 40(23~24).

Wong R H C, and Chiu M. 2001. A Study On Failure Mechanism of Block-Flexural Toppling By Physical Modelling Testing[C]. The 38th U. S. Symposium on Rock Mechanics (USRMS), Washington, D. C.

Xing A G, Xu Q, Gan J J. 2015. On characteristics and dynamic analysis of the Niumian valley rock avalanche triggered by the 2008 Wenchuan earthquake, Sichuan, China[J]. Environmental Earth Sciences, 73(7): 3387~3401.

Yoichi Okura, Hikaru Kitahara, Hirotaka Ochiai, et al. 2002. Landslide fluidization process by flume experiments[J]. Engineering Geology, 66(1): 65~78.